Manual to Veterinary Video-Oto-Endoscopy

Use and Utility in Canine and Feline Ear Diseases

犬猫视频耳内镜诊疗手册

Springer

Manual to Veterinary Video-Oto-Endoscopy

Use and Utility in Canine and Feline Ear Diseases

犬猫视频耳内镜诊疗手册

[意] 乔瓦尼·吉博多
（Giovanni Ghibaudo） 编著
张建康 译

北方联合出版传媒（集团）股份有限公司
辽宁科学技术出版社

First published in English under the title *Manual to Veterinary Video-Oto-Endoscopy: Use and Utility in Canine and Feline Ear Diseases*

by Giovanni Ghibaudo, edition: 1

图书在版编目（CIP）数据

犬猫视频耳内镜诊疗手册 /（意）乔瓦尼 · 吉博多（Giovanni Ghibaudo）编著；张建康译. -- 沈阳：辽宁科学技术出版社，2024.9.

ISBN 978-7-5591-3728-9

Ⅰ. S858.207.7-62

中国国家版本馆CIP数据核字第202437ZK88号

出 品 人：陈　刚
出版发行：辽宁科学技术出版社
（地址：沈阳市和平区十一纬路 25 号　邮编：110003）
印 刷 者：辽宁新华印务有限公司
经 销 者：各地新华书店
幅面尺寸：185mm×260mm
印　　张：12.5
字　　数：240 千字
出版时间：2024 年 9 月第 1 版
印刷时间：2024 年 9 月第 1 次印刷
责任编辑：闻　通
封面设计：周　洁
版式设计：周　洁
责任校对：朴海玉

书　　号：ISBN 978-7-5591-3728-9
定　　价：198.00 元

联系编辑：024-23284372
邮购热线：024-23284502

谨以此书献给我的家人：

致我的妻子弗朗西斯卡（Francesca），感谢她给予我的时间、爱和耐心。

致亚历山德罗（Alessandro），我珍爱的儿子。

前 言

毕业后，我在最初的几年从事兽医工作，钻研内科和临床病理学。但自从接触皮肤病学以后，我对这个学科产生了极大的兴趣。虽然了解了用于诊断皮肤病的工具，并且将这些工具应用于每个临床病例中，但是我注意到用于诊断和治疗耳部疾病的信息和指南却较少。之后，我在心中便产生了将耳科学作为一门学科的意识和灵感。我开始阅读克雷格·格里芬（Craig Griffin）、莱内特·科尔（Lynette Cole）、罗德·罗西查克（Rod Rosychuck）、拉尔夫·穆勒（Ralf Muller）、蒂姆·纳托尔（Tim Nuttall）和苏珊·帕特森（Susan Patterson）等杰出兽医皮肤病学专家的著述，并参加了他们的学术会议和课程。

多亏了他们，让我意识到耳部疾病的治疗完全是皮肤科医生的责任（因为从外耳到鼓膜都由皮肤覆盖着）。在经历了大约20年的临床工作以及使用耳内镜治疗1000多例犬猫耳部疾病之后，我认为是时候分享我的经验和知识了，不仅是理论知识，更重要的是实践知识，包括如何启用耳内镜检查，选择哪些仪器，如何使用它们以及如何避免失误或临床错误。

书中包含了对高级成像诊断的深入研究，因为这些工具在犬猫耳病的定义和分级中具有重要作用。此外，耳清洁技术的描述和激光手术等治疗设备的使用也是本书的组成部分。

因此，本书旨在指导和支持对这个学科有兴趣和热情的临床兽医以及所有专业学生。

意大利，法诺 **乔瓦尼·吉博多**

致 谢

作为一名兽医，我从见过的每一只患宠和主人身上学到了很多东西，相比于成功，失败的案例更让我受益匪浅。与同事会面分享经验和知识也同样让我收获颇丰。感谢皮肤科和耳科的专家们，他们启发并激励了我去积累和应用我在该领域所学到的知识。

本书的图像部分至关重要。为此，我要感谢医学插画师马西米利亚诺·克雷斯皮（Massimiliano Crespi），他的解剖图非常可信，对于技术解释非常有用。特别感谢我的同事丹尼尔·斯帕齐安特（Daniele Spaziante）博士 、玛尔塔·布鲁萨蒂（Marta Brusati）博士和安娜·汤巴（Anna Tomba）博士允许我引用他们珍贵的CT和MRI图像。我还要感谢我的朋友兼同事弗朗西斯科·阿尔巴内塞（Francesco Albanese）联系Springer Nature的编辑拉尔斯·科尔纳（Lars Koerner）。得益于拉尔斯的认可，我才有机会开始着手撰写本书。感谢Springer Nature工作人员的协助和专业精神。感谢西尔维娅·赫罗德（Silvia Herold）、比布提·夏尔马（Bibhuti Sharma）和罗曼娜·费奇（Romana Feitsch）。最后，感谢凡妮莎·施密特（Vanessa Schmidt）博士在审查和改进文字方面给予的大力支持。

关于作者

乔瓦尼·吉博多（Giovanni Ghibaudo）于 1994 年毕业于米兰大学兽医专业。自 1996 年以来，他一直从事犬猫的临床皮肤科、耳科、耳内镜、激光手术（CO_2和二极管）以及皮肤科激光治疗。他参加了意大利和国外的许多会议和课程。他是欧洲 (ESVD) 和意大利 (SIDEV) 兽医皮肤病学会的成员，都灵大学兽医学院和帕尔玛大学兽医学院皮肤科课程的演讲者和讲师，意大利视频耳内镜课程和皮肤科激光课程的演讲者和讲师，并多次在全国和国际大会上发表演讲。

他在国内和国际同行评审期刊上发表过多篇文章，还撰写了一些有关犬猫皮肤病学以及视频耳内镜检查的图书，例如，已经被翻译成3种语言的《犬猫临床和显微皮肤病学》（Poletto Ed.）和《犬猫耳病》（Elanco Ed.）。吉博多博士目前在意大利不同的私人诊所从事犬猫皮肤病学和视频耳内镜诊疗工作。

目 录

视频耳内镜的技术信息

1

内镜检查作为一种诊断和治疗程序，长期以来一直在兽医学中使用。硬性内镜可检查诸如泌尿道、鼻、喉及关节等器官和系统。视频耳内镜(VOE)检查用来描述在犬猫耳道中硬性内镜的使用。本章介绍VOE的特征、可视化检查以及治疗犬猫外耳、鼓膜、中耳的生理与病理状况所需的工具和技术。

1.1 设备

传统的耳镜由电池光源（卤素灯或LED）组成，光源通过一个狭缝照明组件或操作头投射到锥形管中（图1.1）。目镜上较大的放大镜聚焦在耳镜锥体的末端并将图像放大。这种标准的诊断工具可在常规临床就诊时使用，但是，与内镜相比有一定局限性，主要是前者的光强度和放大倍数较低。

进行VOE检查时需要有合适的设备。根据个人预算，市场上有一系列的产品可供选择，但我建议大家购买可提供优质图像且使用寿命较长的VOE套件。此外，从有卓越技术支持保障的零售商处采购VOE设备也至关重要。

完整的VOE套件包括光源和电缆、摄像头、计算机和图像/视频采集软件、冲洗/抽吸装置以及带护套的硬性内镜（光纤束），或者一个耳内镜加一个监视器。其他用于清洗的配件包括二通和三通旋塞阀、钳子、刮匙、刷子、圈套器、鼓膜切开针和直径1.67mm(**专栏1.1**)饲管或聚丙烯导尿管。

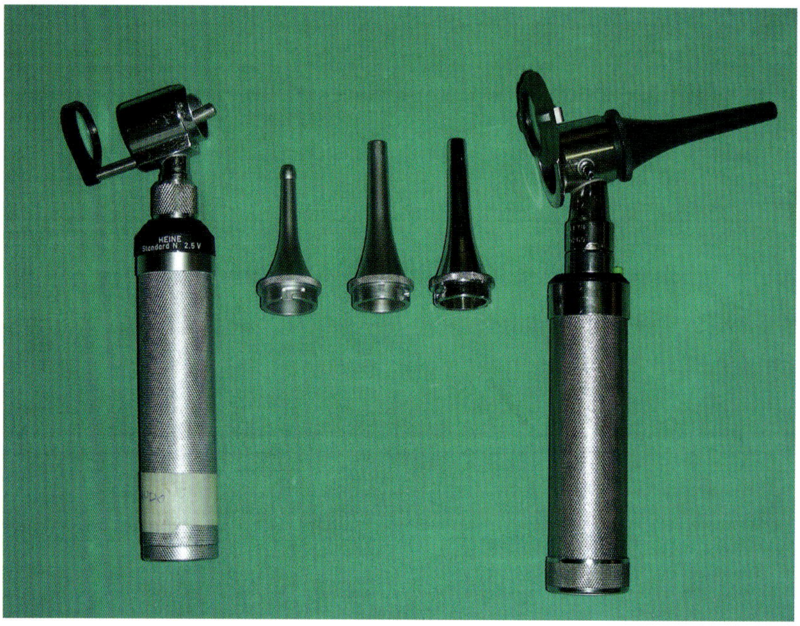

图 1.1　Heine 耳镜 2.5V 卤素灯和可重复使用的耳镜头

耳内镜套件包括用于活检、抓取和细胞学细针抽吸的设备以及可选择的电手术和/或激光手术设备。光源应足够亮以便获得高质量的图像，可以选择卤素光源（较便宜，图 1.2）、氙气光源（更亮但昂贵，图 1.3）或 LED 光源（成本和亮度之间的良好折中）。此外，还有电池 LED 光源（便宜又实用，图 1.4）以及内置视频监视器和摄像头的光源（图 1.5）。光传输电缆必须与内镜探头的连接处兼容。

专栏 1.1　单位换算

法国导管刻度（缩写为 Fr）通常用于测量圆柱形医疗器械（包括导管）的外周长。4Fr 相当于 1.33mm，5Fr 相当于 1.67mm，6Fr 相当于 2.00mm。

相机可选择包括便携式内置相机（舒适、小型、便宜但图像质量较差），以及带有 1 个 CCD（电荷耦合器件）或 3 个 CCD 的外置相机。

CCD 是摄像机的真正心脏。它是一块覆盖着传感器的小硅板，与镜头一起捕获图像并将其转换为电信号。反过来，这些信号通过位置、颜色和强度进行解析，并转换为数字摄像机的 Bit 或模拟摄像机的脉冲。以紧密的间隔从传感器中提取多个连续图像以实现

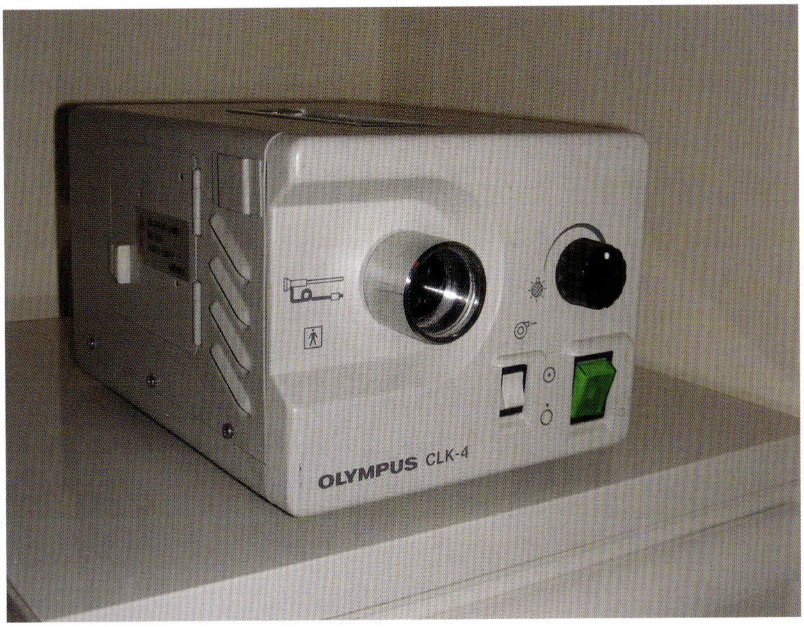

图 1.2 奥林巴斯CLK-4卤素光源

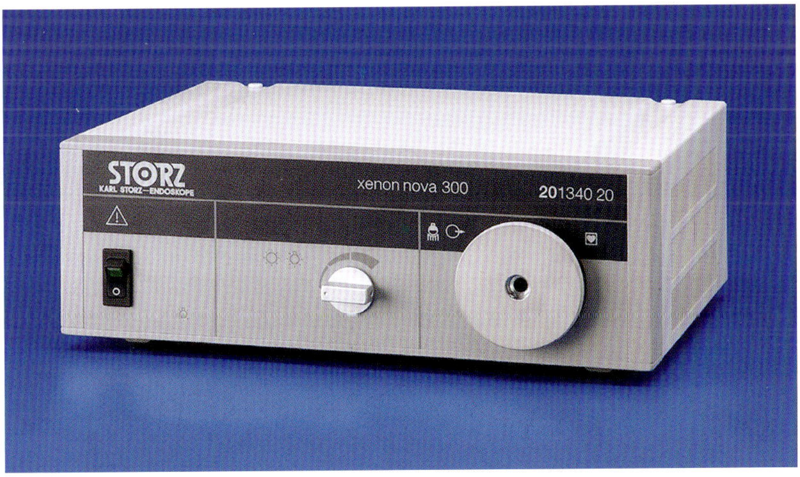

图 1.3 Karl Storz Xenon Nova 300，氙气光源（图片来源：Karl Storz：©Karl Storz SE & Co KG，德国）

动态运动。与1个CCD相比，配备3个CCD的相机具有更好的显色性。然而，耳道中的颜色范围并不广泛，无须花费额外的成本。因此，第一次购买时，1个CCD相机就足够了。得益于全高清（图 1.6）和4K摄像机技术，图像质量和清晰度不断提高。

图 1.4 Karl Storz 电池 LED 光源（图片来源：Karl Storz：©Karl Storz SE & Co KG，德国）

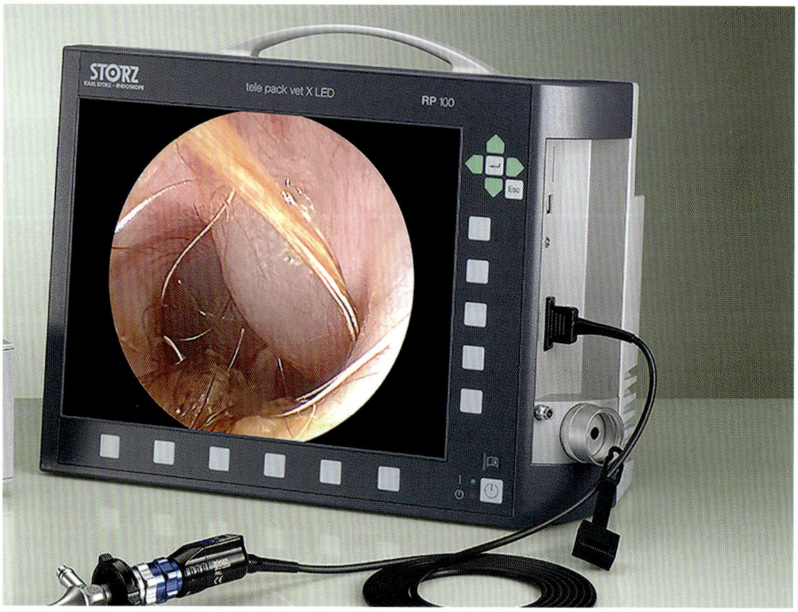

图 1.5 Karl Storz Telepack，可用于Telecam单芯片摄像头、兽医视频摄像头和视频内镜。它包括LED光源、集成数字图像处理模块、带LED背光的15in（1in≈2.54cm）LCD TFT 显示器和USB/SD内存模块（图片来源：Karl Storz：©Karl Storz SE & Co KG，德国）

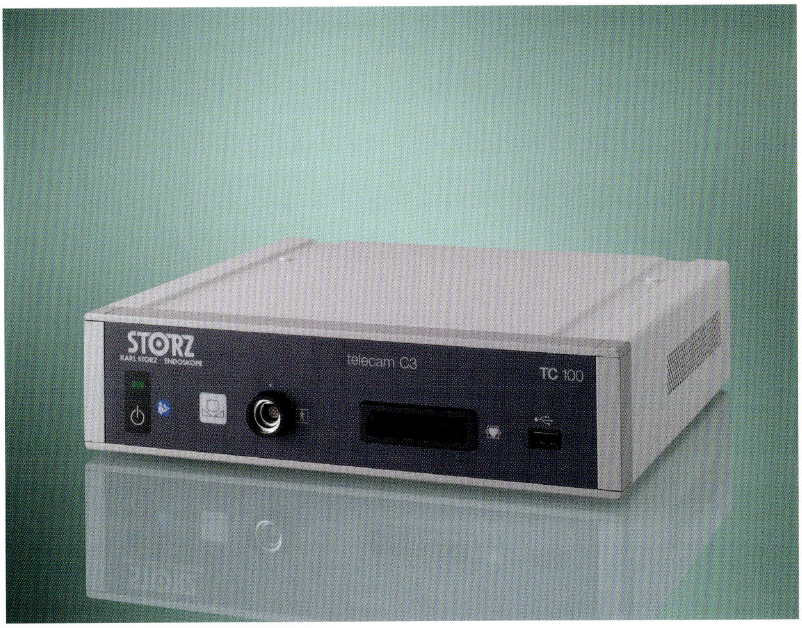

图 1.6 Karl Storz Telecam C3，全高清摄像机控制单元（图片来源：Karl Storz：©Karl Storz SE & Co KG，德国）

此外，还有适合自由执业兽医的高效便携式设备，例如带有微型摄像头和显示器（图 1.7）或智能手机适配器（图 1.8）的设备。放大系统（变焦）有助于查看适当尺寸的图像。变焦位于耦合器或摄像头上，可以是数字模式的，在这种情况下，图片是经过处理的，并且在最大放大倍数下通常会损失图片质量；它也可以是光学模式的，由一组镜头组成（跟相机中一样），并在任何放大倍数下保持最佳清晰度。

内镜探头必须是硬性的，并有足够的长度和合适的直径。对于猫和中小型犬来说，直径2.7mm的镜头很实用，有助于进入并（部分地）观察中耳。对于大型犬，直径为4mm的镜头是最佳选择。最好的镜头配置提供30°视角［尤其是犬，其水平耳道和鼓膜之间的角度为45°（图 1.9）］和0°视角（图 1.10）。内镜的质量至关重要。有一种耳内镜，其光学器件是一个带有护套的单体，形状与传统耳镜相同（图 1.11）。该耳内镜有一个直径为2mm(6Fr)的操作通道，与镜头系统分开（在具有可拆卸护套的传统硬性内镜中）（图 1.12）。该通道用于插入导管（图 1.13）、刮匙和钳子（图 1.14）。该工作通道出口在探头尖端的12点钟位置，可以通过旋转耦合器相机连接处的耳镜锥体，来改变工作通道12点钟出口点的方向。耳镜的用途仅限于耳道，但实际上，它有着更多的功能性和实用性，也有着更强的耐用性。

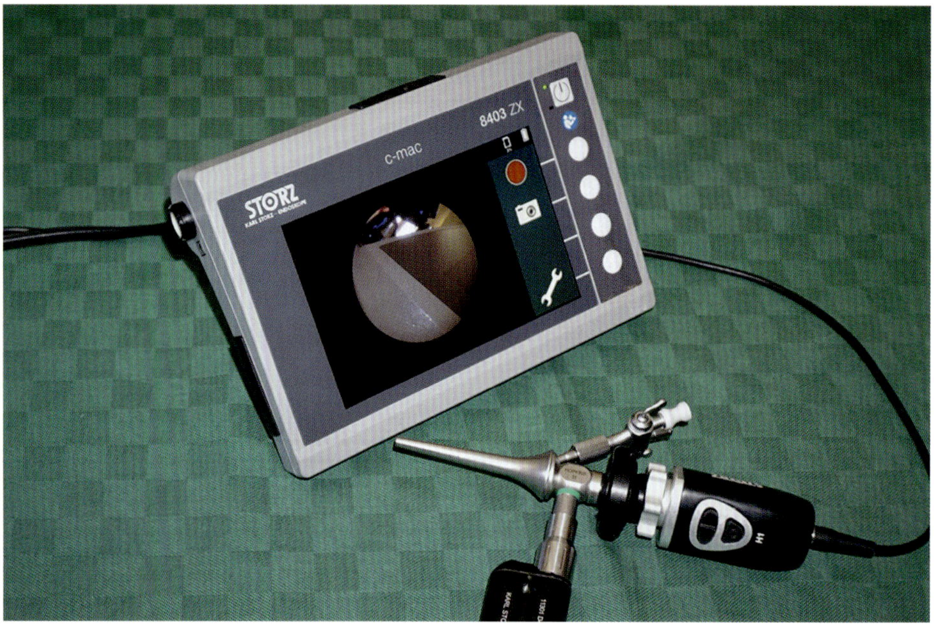

图 1.7 Karl Storz C-Mac 用于单芯片CMOS摄像头；屏幕尺寸7in，1280×800像素分辨率，两个摄像头输入，一个USB和一个HDMI端口，优化的用户界面，在 SD卡上实时捕获视频和图像（图片来源：Karl Storz：ⒸKarl Storz SE & Co KG，德国）

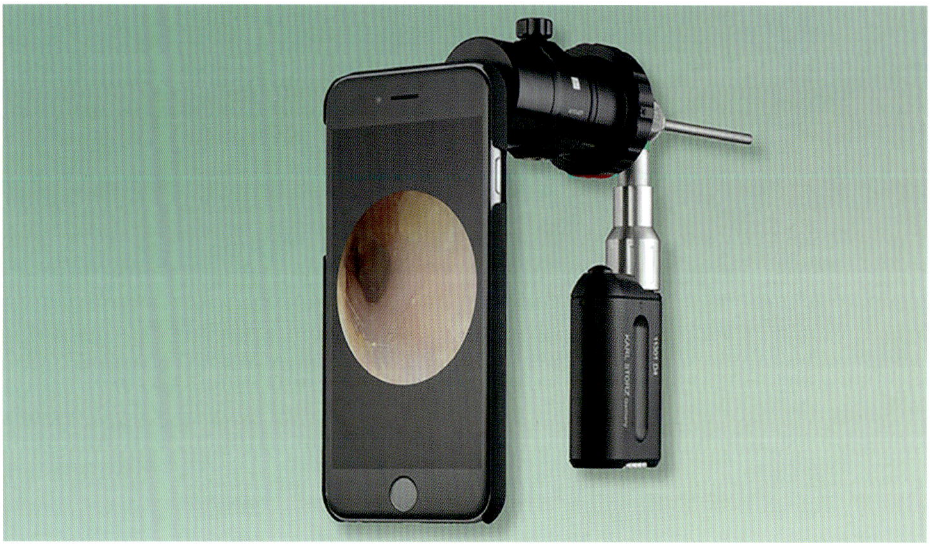

图 1.8 Karl Storz Smartscope，与标准 Storz 目镜和各种智能手机兼容（图片来源：Karl Storz：ⒸKarl Storz SE & Co KG，德国）

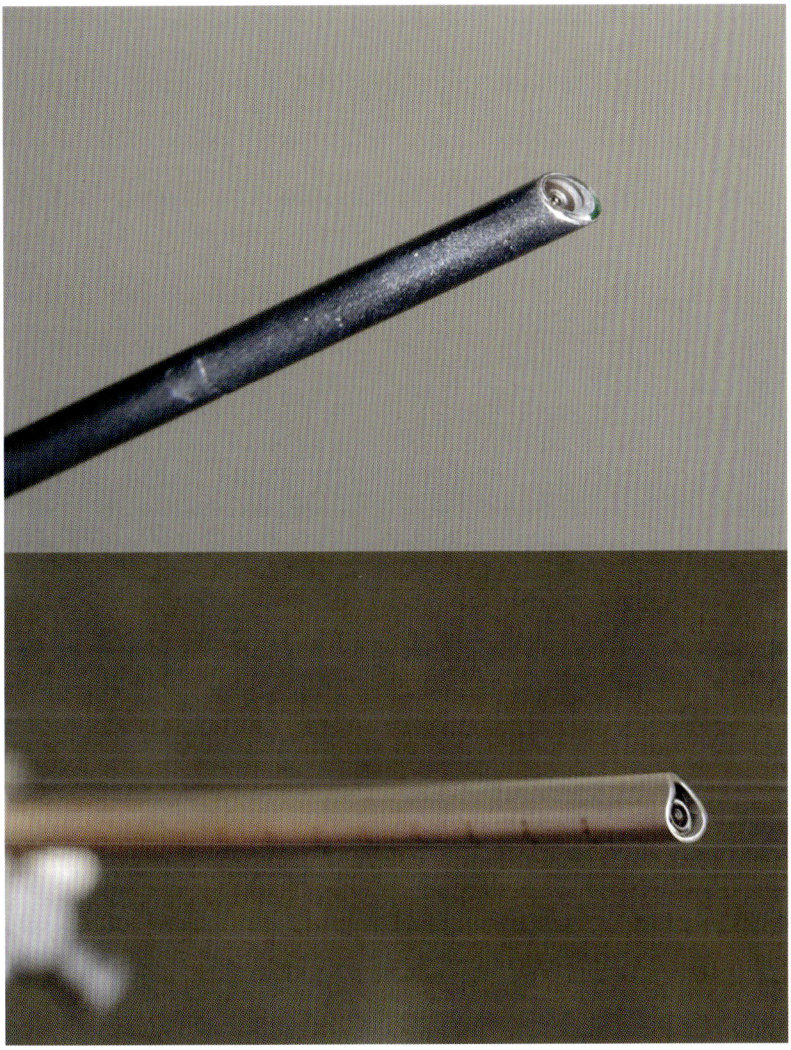

图 1.9 霍普金斯前斜30°硬性内镜，直径2.7mm，长度18cm。镜头细节：不带（上方）和带（下方）保护套

经典硬性内镜也适用于关节镜检查、膀胱镜检查或鼻镜检查。但由于耳朵的解剖学特点，经典硬性内镜在耳朵内的使用更容易造成耳朵的机械损伤。

在耳内镜操作期间，二通和三通旋塞阀是非常有用的主要附件，可连接到耳内镜端口，以便同时使用各种设备、冲洗或抽吸（图1.15），以及连接活检钳、抓钳（图1.16）、鼓膜切开针、耳刮匙和耳刷（图1.17和图1.18）。此外，还有一个抽吸和冲洗装置，可在内镜视觉下进行耳道清洁。其中，有一些设备允许使用数字压力（通过连接到管道的手柄）来控制冲洗或抽吸，并修改其力度（图1.19）。

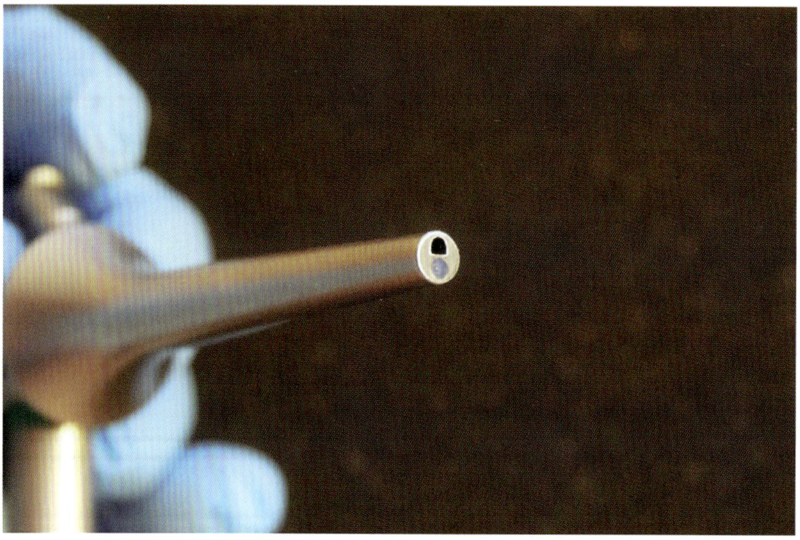

图 1.10　Karl Storz 耳镜，镜头细节：内镜0°，直径5mm，护套和集成操作通道一体，集成操作通道直径为1.67mm

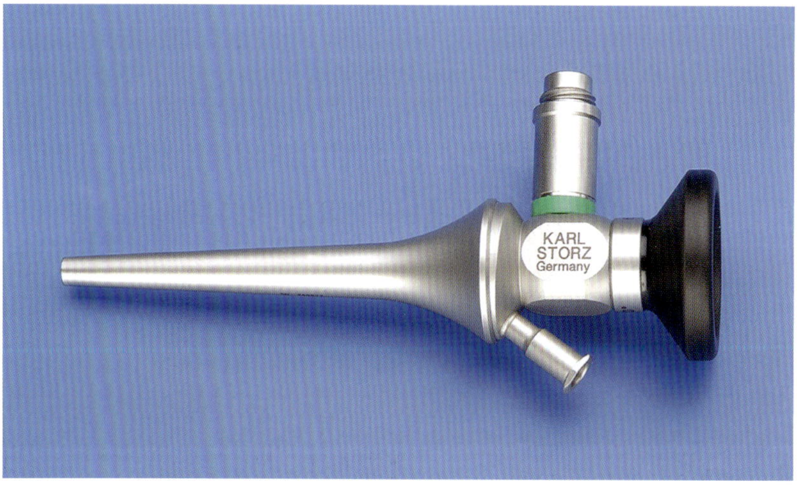

图 1.11　Karl Storz 耳镜，用于犬和猫，可高压灭菌，直径5mm，长度8.5cm，内镜0°（图片来源：Karl Storz：©Karl Storz SE & Co KG，德国）

组合抽吸系统由传统手术吸引器和冲洗系统组成，诸如，连接到无菌输液（输注）装置的2L盐水溶液袋，也能帮助彻底深入地清洁耳道。输液管的末端连接到旋塞阀的第二个端口（图1.20）。输液管的调控开关（和/或夹子）控制灌注的液体流量。通过盐水袋周围的压缩装置可以实现更大的冲洗压力。

为了抽吸，塑料管的一端连接到抽吸器入口，另一端通过“圣诞树适配器”连接到

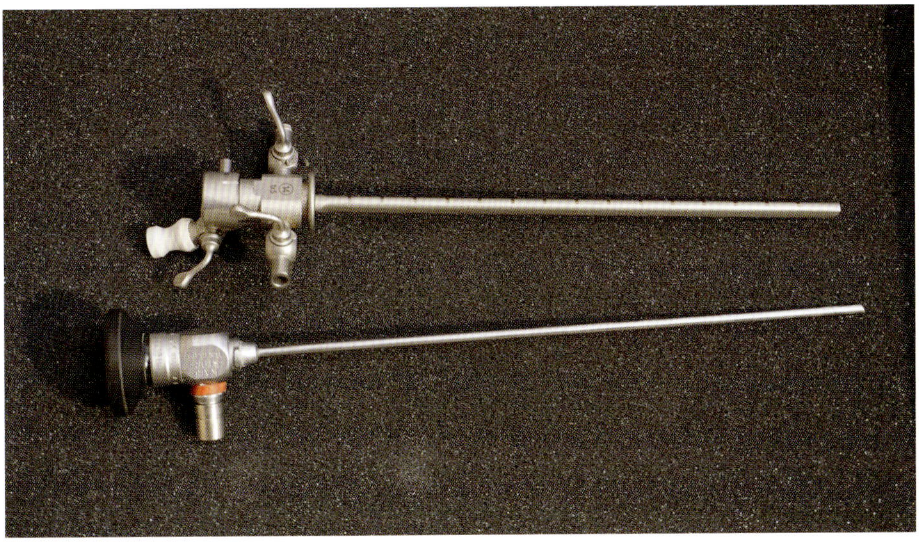

图 1.12 Hopkins前斜30°硬性内镜，直径2.7mm，长度18cm（下），保护套（上）上带有三通旋塞阀

图 1.13 Karl Storz 耳镜，镜头细节：内镜0°，直径5mm，护套与操作通道一体，直径1.33mm的导管插入直径为1.67mm的背侧集成操作通道

直径1.33mm的导尿管或饲管（图1.21）。首先，应剪去导尿管或饲管尖端以去除侧孔（图1.22）。接下来，将导尿管或饲管插入旋塞入口并穿过耳内镜操作通道，直到在耳道内可见。

图 1.14 Karl Storz 耳镜，镜头细节：内镜0°，直径5mm，护套与操作通道一体，直径1.33mm的钳子插入直径1.67mm的背侧集成操作通道

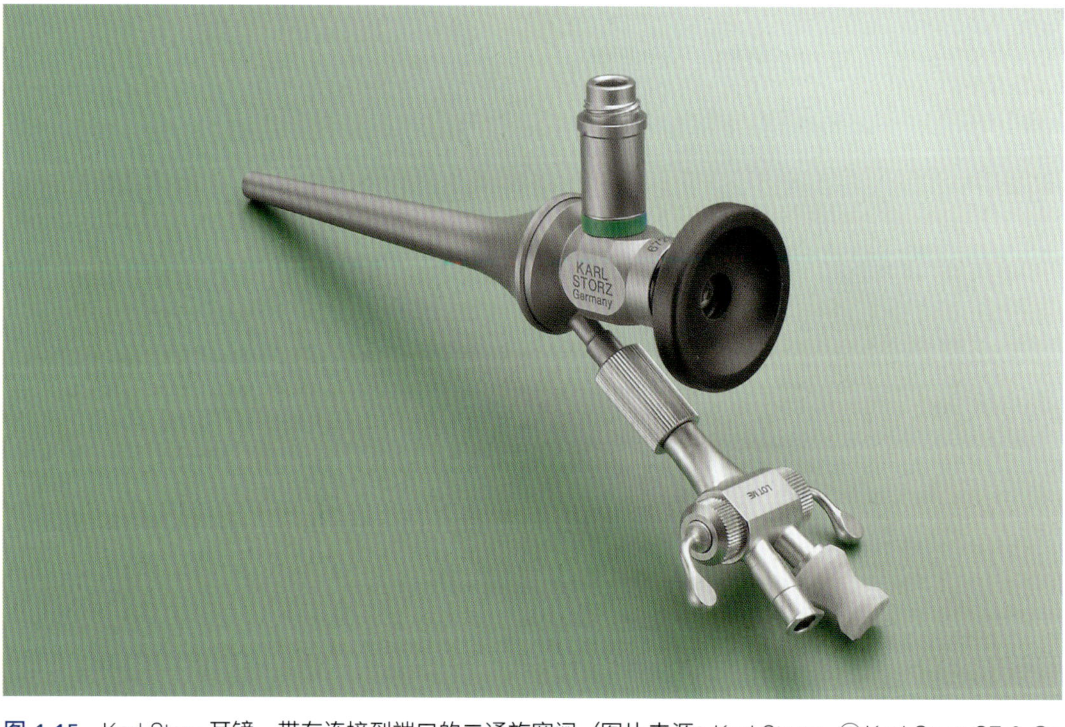

图 1.15 Karl Storz 耳镜，带有连接到端口的二通旋塞阀（图片来源：Karl Storz：ⒸKarl Storz SE & Co KG，德国）

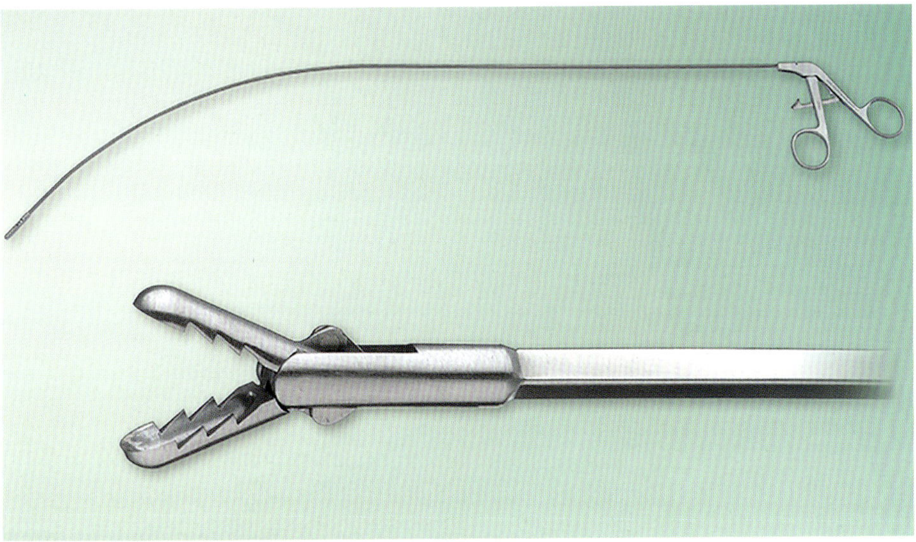

图 1.16 Karl Storz 抓钳，可弯曲，椭圆形双动钳口，直径1.67mm，长度34cm（图片来源：Karl Storz：ⒸKarl Storz SE & Co KG，德国）

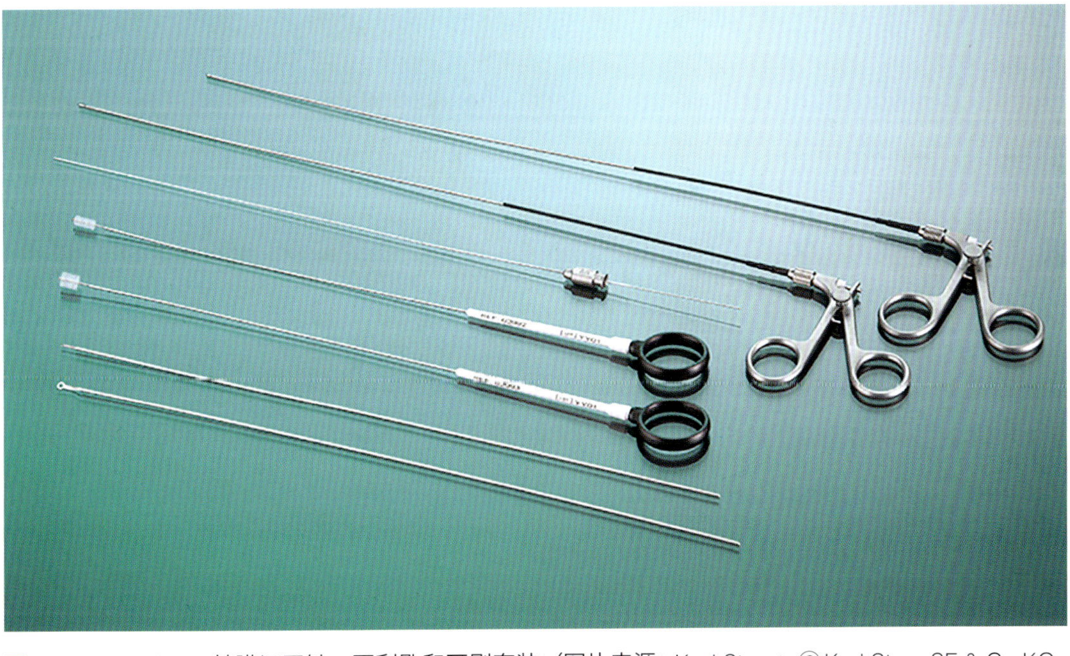

图 1.17 Karl Storz 鼓膜切开针、耳刮匙和耳刷套装（图片来源：Karl Storz：ⒸKarl Storz SE & Co KG，德国）

二极管激光器（图1.23）是一种可用于耳内肿块切除的装置。激光设备价格昂贵，是否购置这一重要的设备取决于预期的使用频率。可进行激光手术会使诊所内的多个外科部门受益，从而可以分摊费用。手术用激光设备属于Ⅳ类激光，必须了解使用警示并

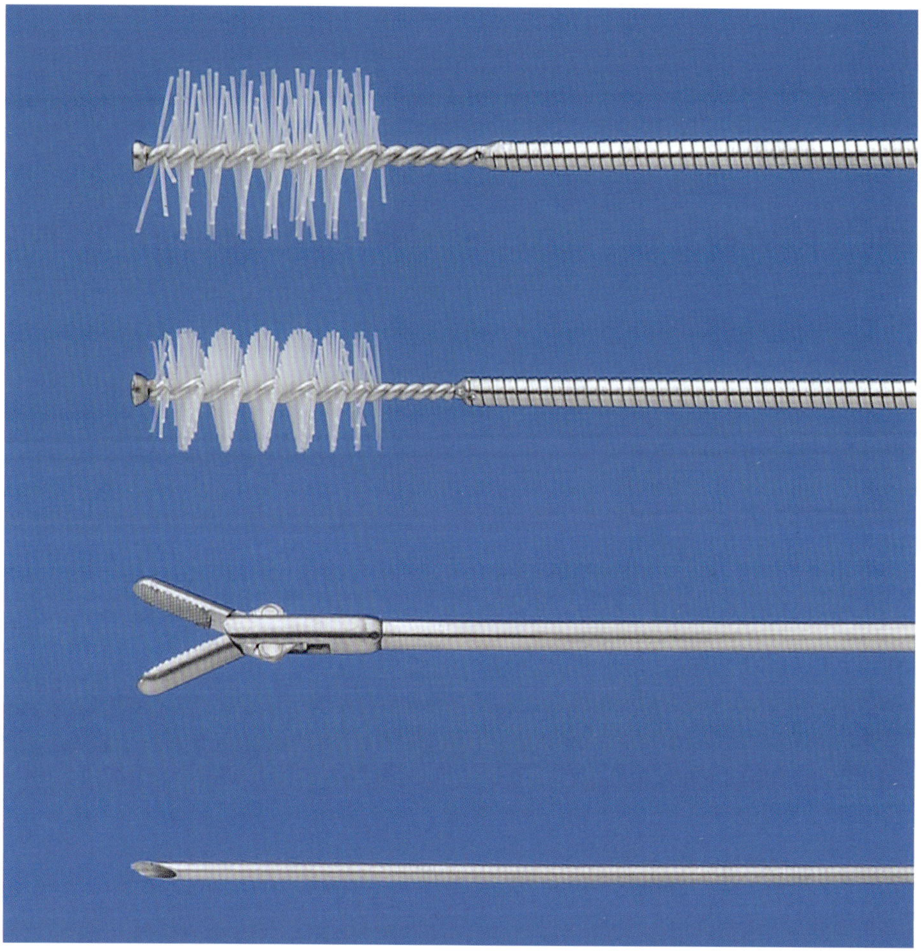

图 1.18 Karl Storz 耳刷、抓钳和鼓膜切开针套件（图片来源：Karl Storz：©Karl Storz SE & Co KG，德国）

掌握正确的使用方法。在使用激光设备之前，必须通过碳化来激活光纤。激光纤维的直径通常为300～600μm（图1.23），可插入耳内镜三通旋塞阀中（图1.24）。或者，如果使用2.7mm“儿科”硬性内镜，光纤则连接到带有护套的旋塞阀（图1.25）。外科医生必须始终在监视器上清楚地看到激光纤维的头部。在接触模式下，使用3～6W（连续波）的功率可实现止血。液体灌注非常重要。每次操作时间不得超过3s。在施加大功率10～15W的激光后，肿块会变白。当肿块的血管化消失时，就可以用内镜钳将其取出。激光可以治疗多种病理性耳部疾病，包括增生性增殖性耳炎、猫顶浆囊瘤病、炎性和良性耳

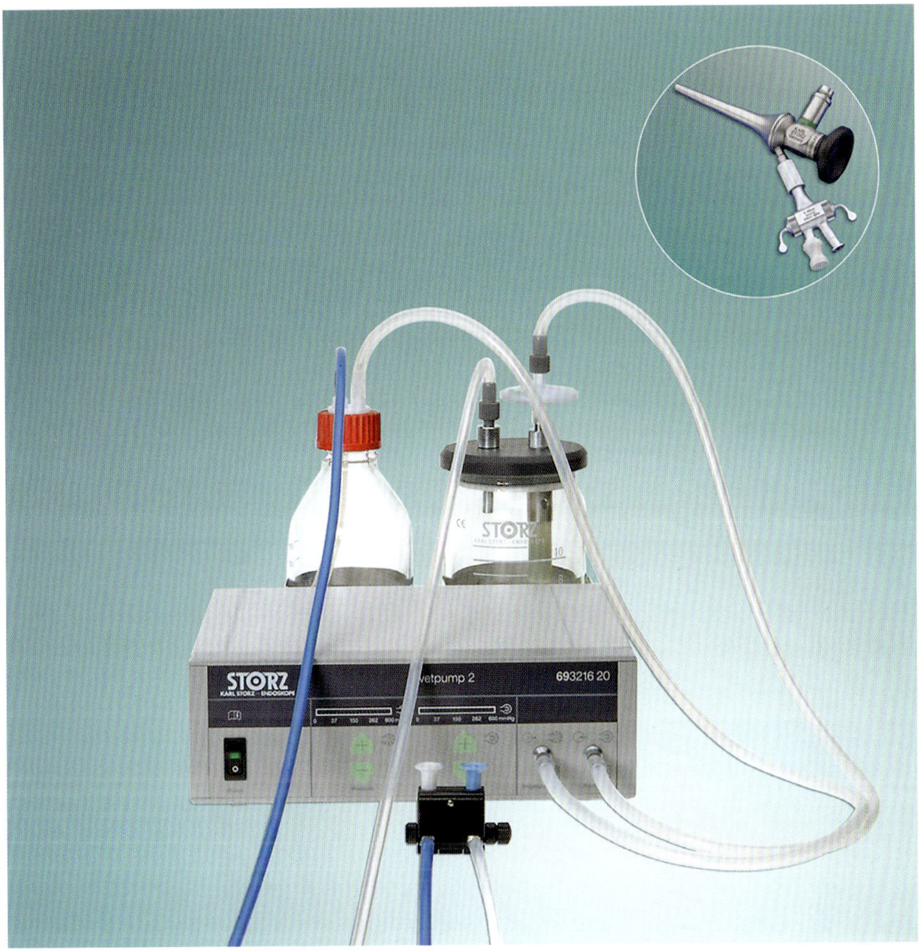

图 1.19 Karl Storz Vetpump 2，可调节性抽吸/冲洗泵，供电系统（图片来源：Karl Storz：©Karl Storz SE & Co KG，德国）

道肿瘤。此外，它还可以用来减小恶性肿瘤的肿块体积，有助于姑息治疗。

正确使用和维护所有内镜组件对于确保最大化延长设备寿命从而最大限度地降低成本至关重要。为每个部件保留一个备件，从而让医院随时可以提供耳内镜服务。

监视器允许客户和兽医在耳内镜操作期间观察患宠的耳道。最重要的图像和视频由软件系统记录并传输到计算机。文档管理能力对于转诊服务是非常有益的。转诊兽医可以收到一份带有检查照片的书面报告（图1.26）。

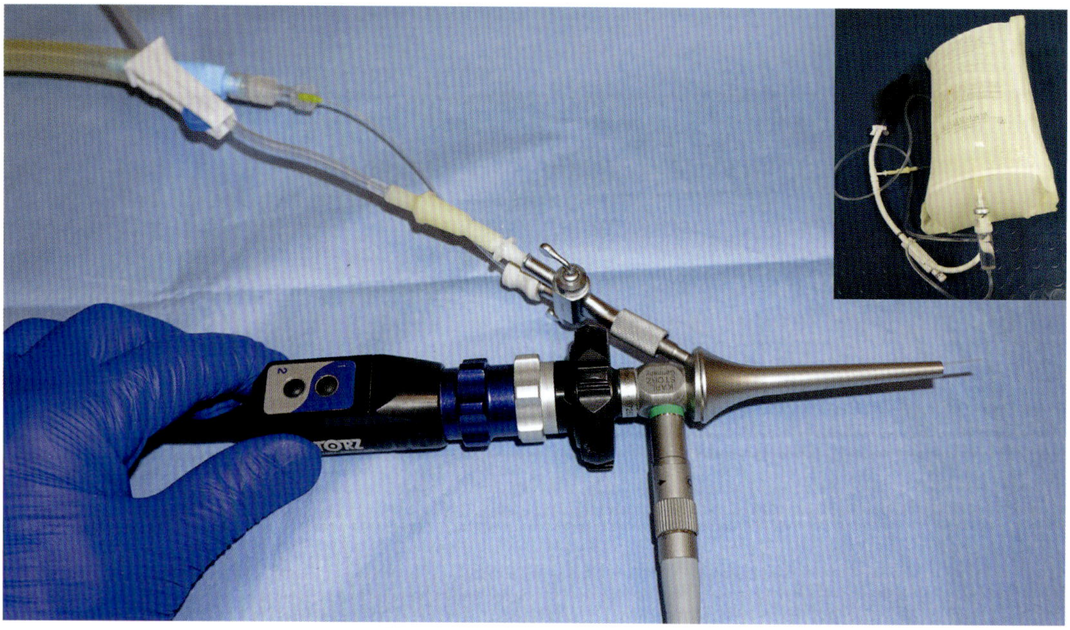

图1.20 灌注/冲洗系统：一次性无菌输液管与2L生理盐水溶液袋连接，后者被装入关节镜挤压器中，输液管的另一端连接旋塞阀的第二个端口

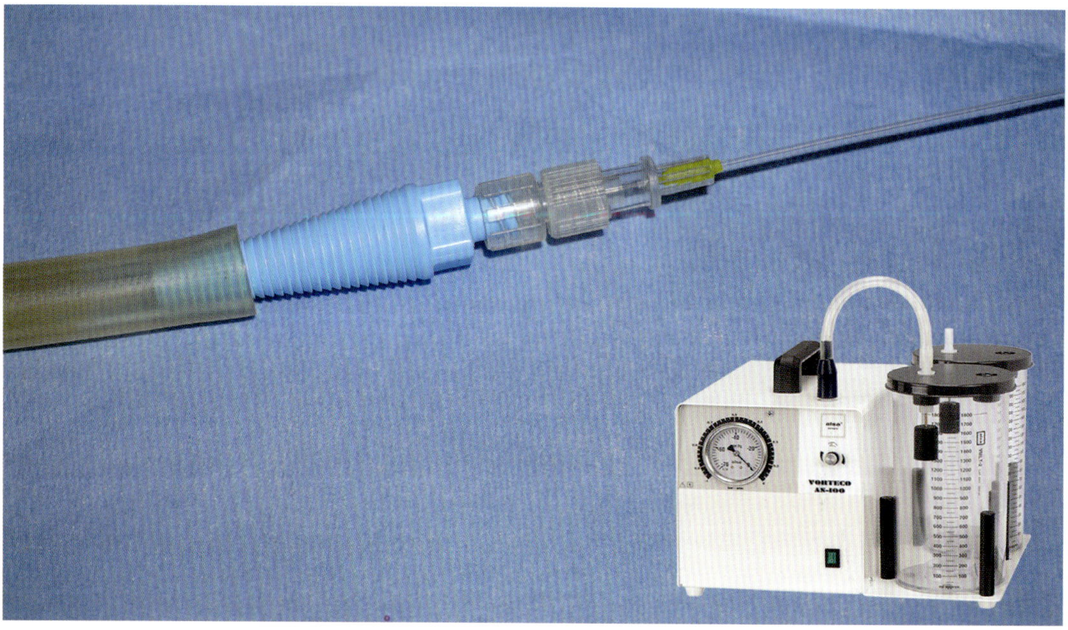

图 1.21 抽吸系统：塑料管的一端连接到抽吸器的入口，另一端（通过圣诞树适配器）连接到直径1.33mm的导尿管

图1.22 在侧孔之上将导尿管头部剪去

1.2 清洁和维护

在进行高级消毒之前，建立一个有效的手动清洁方案是非常重要的。手动清洁可以清除有机碎屑，注意应在耳内镜检查之后立即进行。

根据制造商说明，将器械浸泡在与温水混合的酶剂清洁溶液中。必须适当检查和清洁操作通道、旋塞阀内部及器械部件。酶洗后，内镜和器械必须彻底冲洗（图1.27）并干燥。请务必先阅读制造商手册，特别是应注意一些较老的内镜并不完全防水。此外，浸泡时间不得超过制造商的指导时间。

只有可高温高压灭菌的内镜才能按照制造商的说明进行蒸汽灭菌。耳镜和所有相关仪器必须始终小心使用，因为它们很容易损坏。诊所内干燥、安静且不易受创的地方是保存VOE装置的绝佳场所。

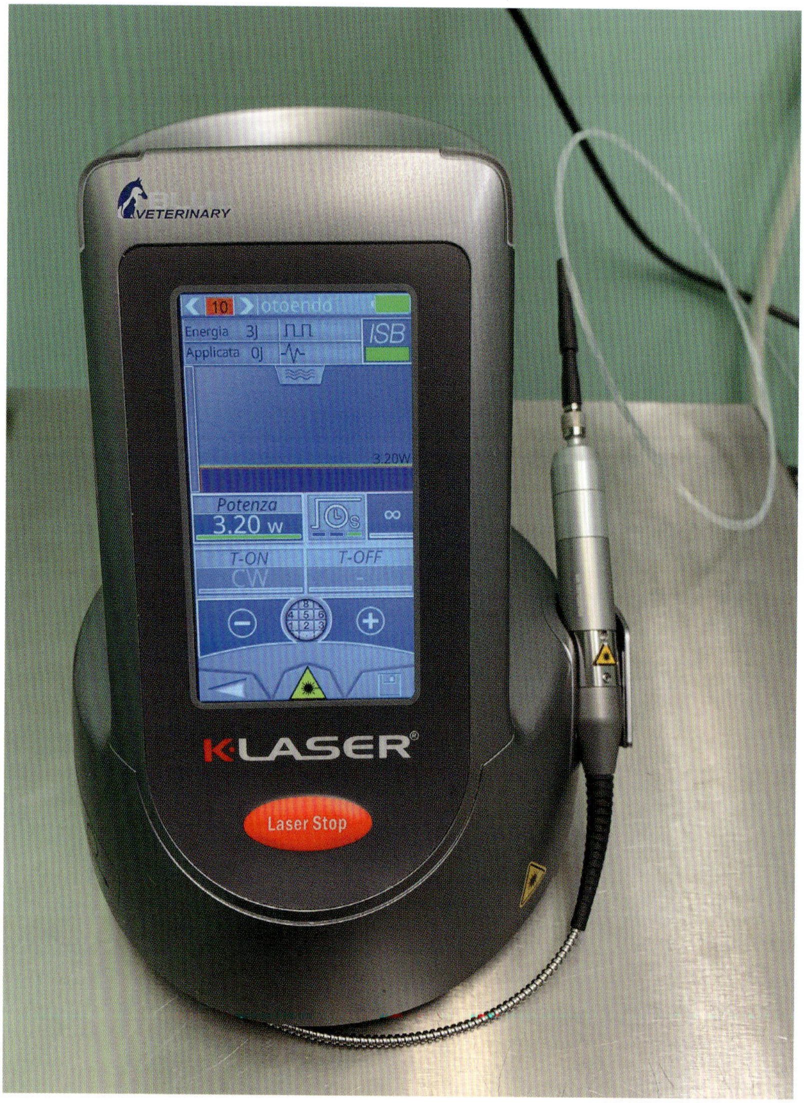

图 1.23 K-laser Blue Vet，二极管激光器，最高功率 10W，长度有445nm、660nm、970nm（图片来源：ⒸK-laser：Eltech K-Laser s.r.l.，意大利）

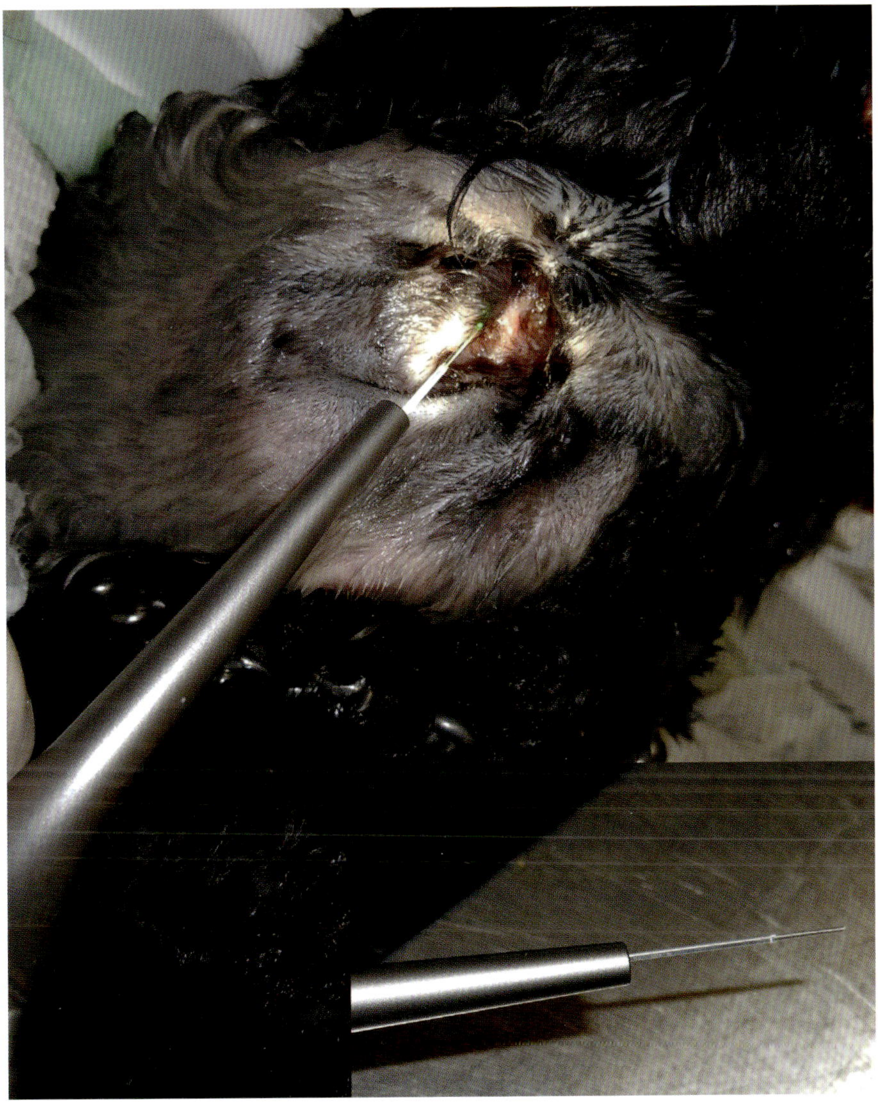

图1.24 从耳内镜操作通道中伸出直径为300μm的光纤

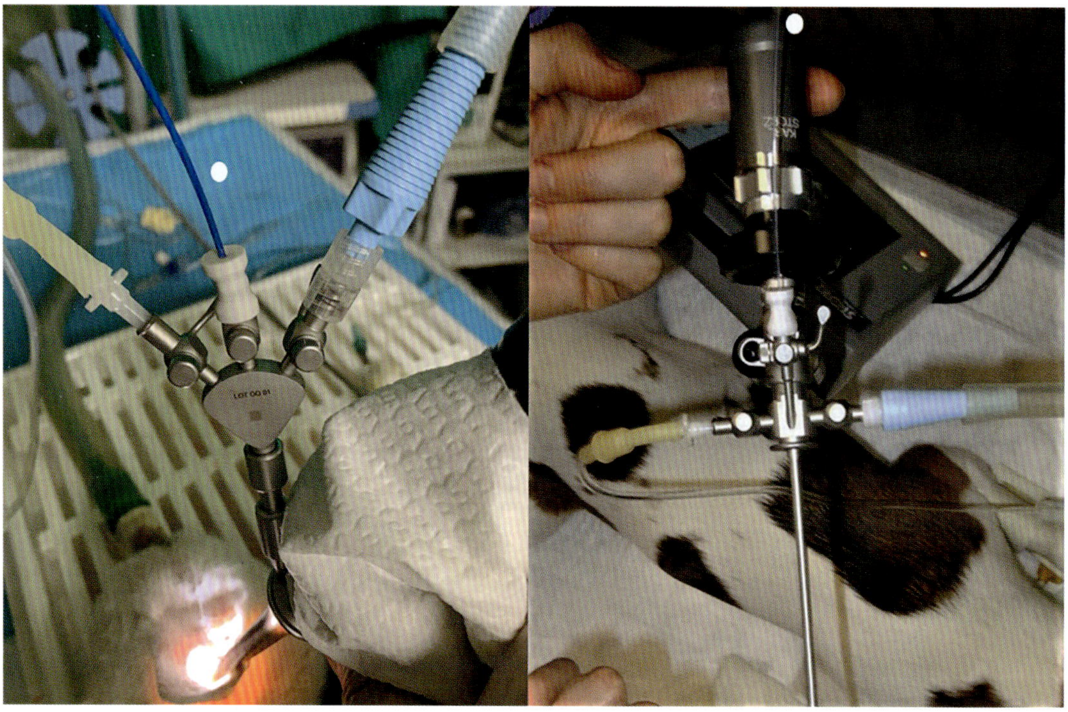

图 1.25　白点表示激光纤维及其在三通旋塞阀处的插入状态

耳内镜检查
医生

所有者				城市		日期	
品种	缅因猫			街道			
性别	公	年龄	3	电话			
物种	猫	重量	2.8kg				

转诊医生		电话		传真		email	

左耳郭
耵聍物质

右耳郭
正常

左耳道
耳道轻微发红、渗出，并存在占位性息肉样肿块

右耳道
正常

左耳鼓膜
鼓室盂唇（完全破裂）

右耳鼓膜
完好无损

左侧鼓室大泡

右侧鼓室大泡

内镜检查

冲洗前左侧耳道

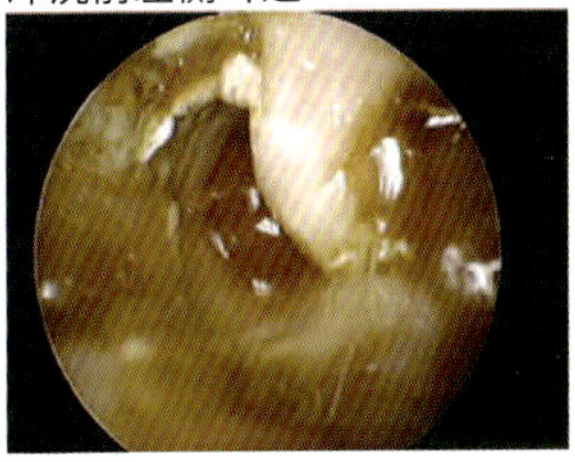

右耳道

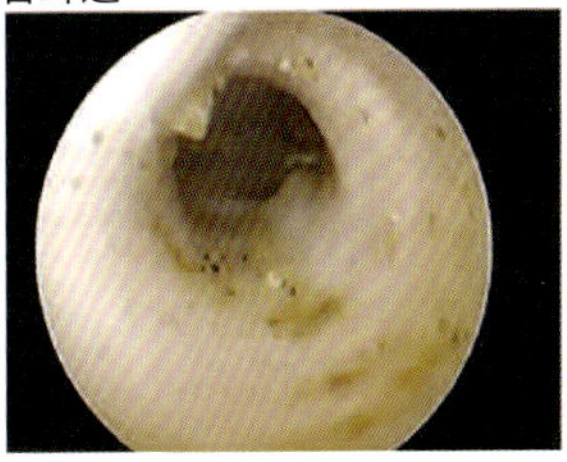

冲洗后左侧耳道

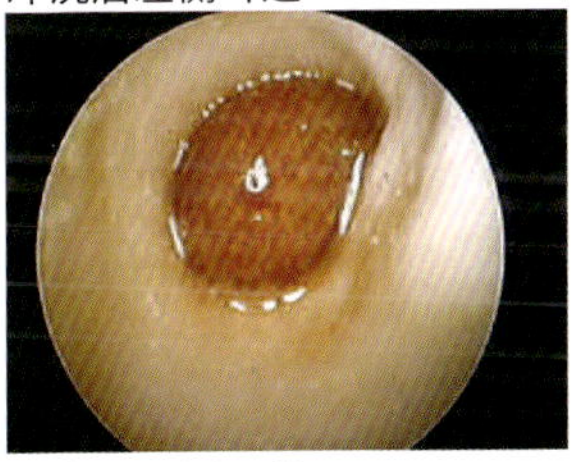

右耳道

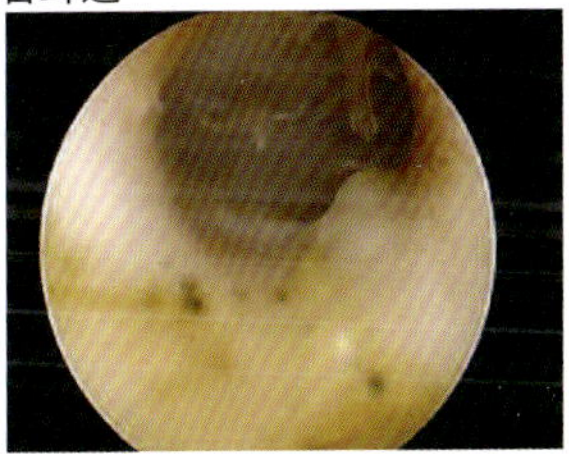

冲洗后左侧耳道

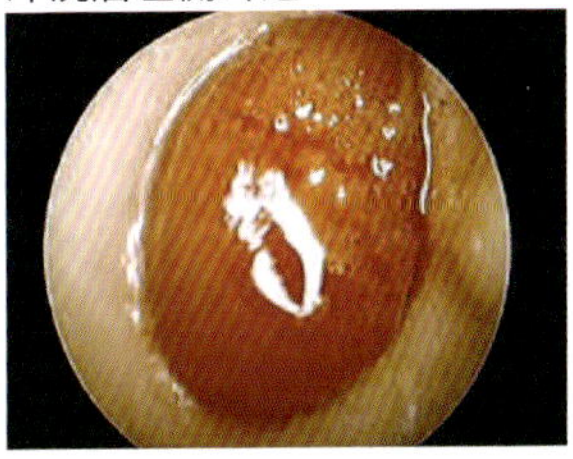

右耳鼓膜

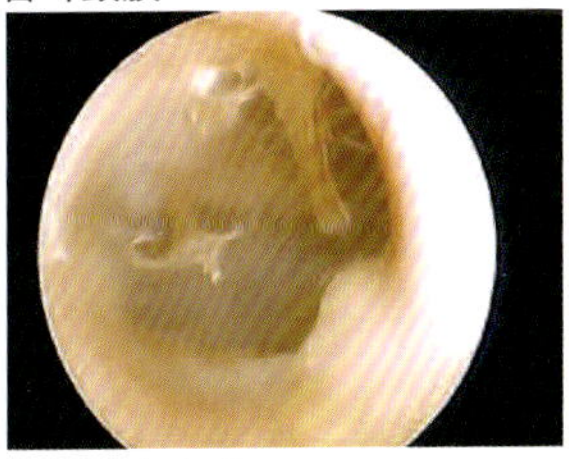

息肉去除后左侧耳道

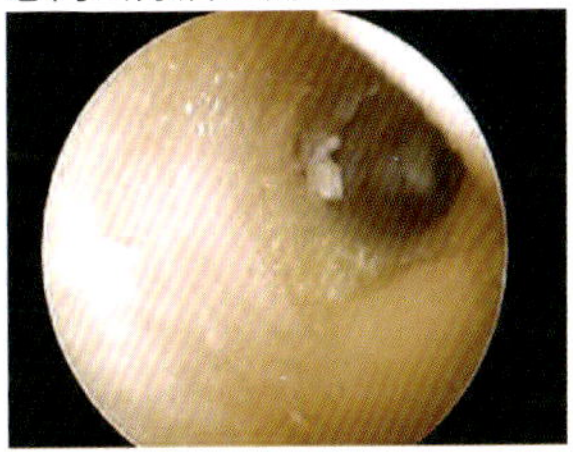

左侧息肉炎症

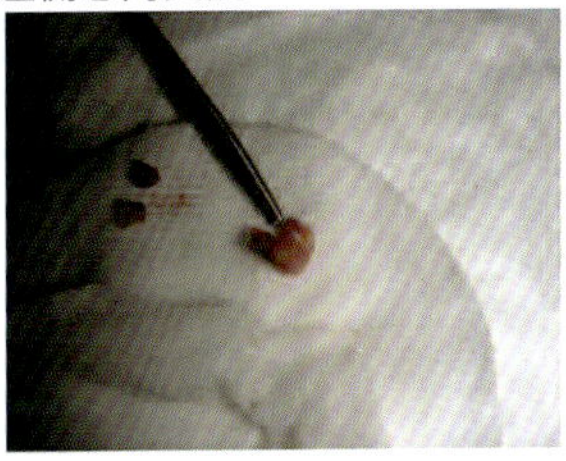

评论和建议的治疗方法

治疗：
棉花干燥，舒露朗连用3周，然后每周2次，连用2个月。建议2个月后进行耳内镜检查。

图 1.26 包含耳内镜操作照片和书面评论的文档示例

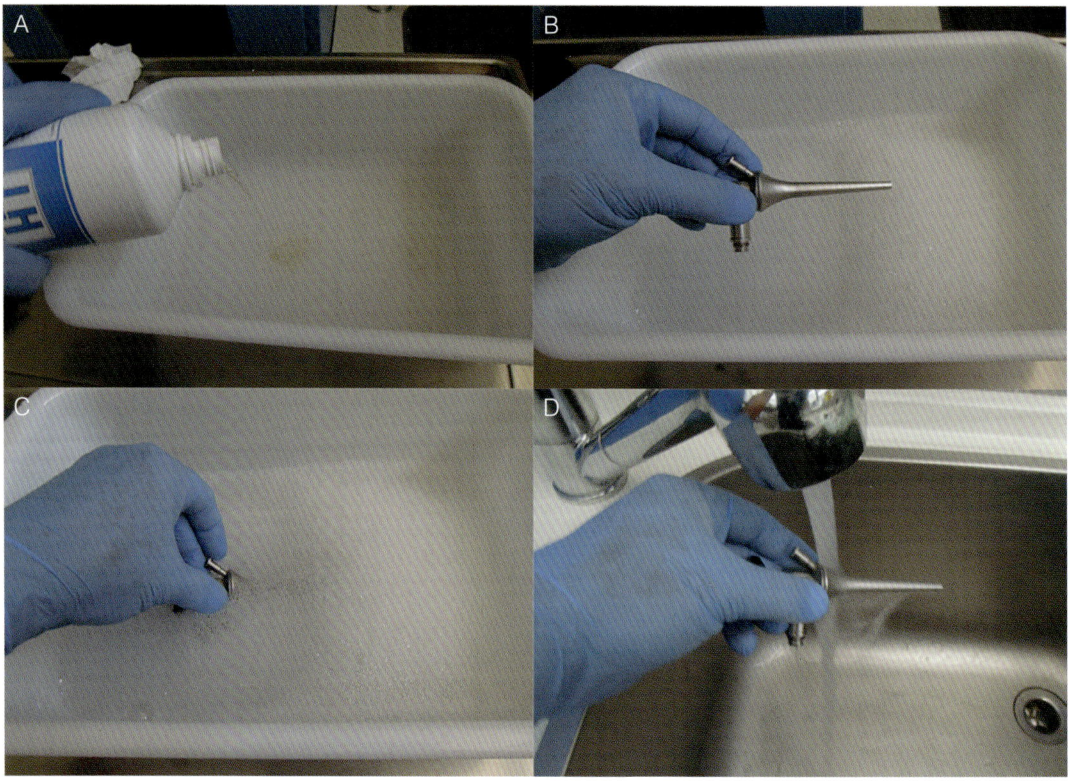

图 1.27 在加酶清洁液的温水中清洗后 (A~C)，必须彻底冲洗内镜和器械 (D)

延伸阅读

Cole LK (2011) Otoscopy. In: Tams TR, Rawlings CA (eds) Small animal endoscopy, vol 20, 3rd edn. Elsevier – Mosby, St. Louis, MO, pp 587–605

Gotthelf LN (2005) Examination of the external ear canal. In: Small animal ear diseases an illustrated guide, vol 2, 2nd edn. Elsevier – Mosby, St. Louis, MO, pp 31–39

McCarthy TC (2021) Instrumentation for endoscopy. In: Veterinary endoscopy for the small animal practitioner, vol 2, 2nd edn. Wiley, Boca Raton, FL, pp 9–26

Sobel DS (2012) Endoscopy of the canine and feline ear: otoendoscopy. In: Ragni SA, Moore AH (eds) Clinical manual of small animal endosurgery, vol 9, 1st edn. Blackwell Publishing, London, pp 256–272

患宠准备和耳内镜手术程序 2

应在术前收集完整的患宠病史，包括并发症和同时服用的药物，这对于建立个性化且安全的医疗方案很重要。知情同意也很有必要，让主人了解全身麻醉和使用VOE的潜在风险。建立一个包括围手术期和术后的完整疼痛管理的麻醉方案也很重要。应恰当准备手术室，以便麻醉师和内镜师（以及技术人员，如果有的话）可以根据需要不受限制地接触患宠。

对有慢性和复发性耳炎患宠的治疗方法与所有皮肤病病例相同。详细询问病史后，进行彻底的常规体检和皮肤科检查。此外，应进行仔细的神经学评估，特别注意脑神经和中枢皮质状态。在进行VOE检查之前，可以进行磁共振成像(MRI)、计算机断层扫描(CT)或常规放射线成像检查，以告知预后并指导治疗决策。耳内镜检查前使用糖皮质激素（泼尼松龙0.5 ～ 1.0mg/kg或甲基泼尼松龙0.4 ～ 0.8mg/kg，每24h一次）治疗10 ～ 14d，有助于减少炎症、溃疡和耳道狭窄。该治疗方案使内镜更容易通过，减少潜在的创伤，改善可视化并易于清洁，并最大限度地减少内镜检查后的神经并发症。

术前患宠应禁食12h，为全身麻醉做准备。在麻醉之前，一些患宠可能需要进一步检查，例如在检测到心脏杂音时应当进行超声心动图检查，或进行血液检查以进一步评估整体健康状况。鉴于耳朵的高敏感特征，尤其是在患病状态下，VOE检查应始终在全身麻醉和使用带套囊的气管插管下进行，这可以提高冲洗时的安全性，预防吸入性肺炎。

针对此类患宠的镇静和全身麻醉方案必须考虑严重耳痛和感觉过敏的可能性，并进行个性化定制。术后疼痛缓解也非常重要，患宠通常需要继续全身使用糖皮质激素以减轻炎症。治疗选择、剂量、频率和持续时间应根据个体情况决定。犬猫在进行牙科和耳朵清洁术后出现麻醉后耳聋病例已有报道。这种耳聋在老年犬中似乎更常见，因此获得耳内镜操作和全身麻醉风险的知情同意至关重要。

根据内镜师的喜好对患宠进行位置摆放。卧式摆放的选择可以根据手术室的设计、操作员的位置和内镜塔的位置来决定。由于经常使用大量冲洗液，该手术应在湿台或手术水槽台上进行，这对于保持患宠温暖和干燥以及防止手术室地板被淹至关重要。

对于单侧中耳炎，患宠可以侧卧，患侧朝上（图2.1）。在笔者的偏好中，内镜塔常位于患宠的背部旁边，接近头部的水平。然而，内镜塔的位置应使内镜师能够看到屏幕的全貌。在这种情况下，抓握内镜的手也可同时抓住耳郭并将其向上向外拉出以拉直耳道（图2.2）。如果内镜师从后脑勺进行操作，视频监视器屏幕上的图像是上下颠倒的。因此，让患宠的四肢朝向内镜师可能会有所帮助，以便图像在屏幕上形成正常的方向。如果检查双耳，则可能需要在手术过程中从一侧耳朵转移到另一侧耳朵。此外，将卷起的毛巾放在患宠头下可能会有好处，以使口鼻朝下（图2.3）。这种处理可以使冲洗液从鼻子排出，而不是回流到后咽部。笔者首选的患宠体位是胸卧位（图2.4）。在患宠的头部10点钟位置查看左耳，2点钟的位置查看右耳。这种定位的优点是不需要在两耳操作之间移动患宠。如上所述，缺点是需要（内镜师）在手术台两侧移动。当患宠处于胸卧位时，一只手握住内镜，另一只手抓住耳郭并将其向上向外拉出以拉直耳道（图2.5）。

一旦患宠、内镜师和VOE机器设置完毕，在执行手术之前，校准相机白平衡会很有帮助（图2.6）。另外，用一只手（松散的拳头形状）模拟耳道的形状（图2.7）来对焦。最后，用浸有70%异丙醇的棉球擦拭镜片，可以避免镜片起雾或碎片遮挡视野（图2.8）。在任何耳内镜检查操作过程中通常必须重复这一操作，通过这种方式，可以在任何手术术前、术中和术后均能获得清晰且高质量的图像。

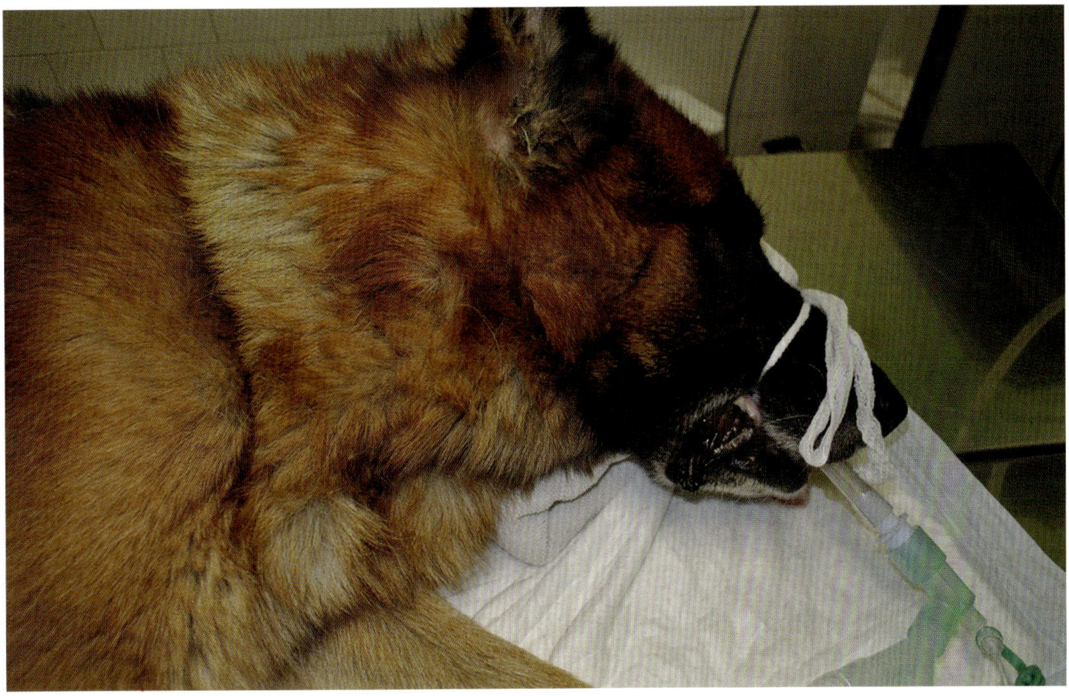

图2.1 患宠侧卧

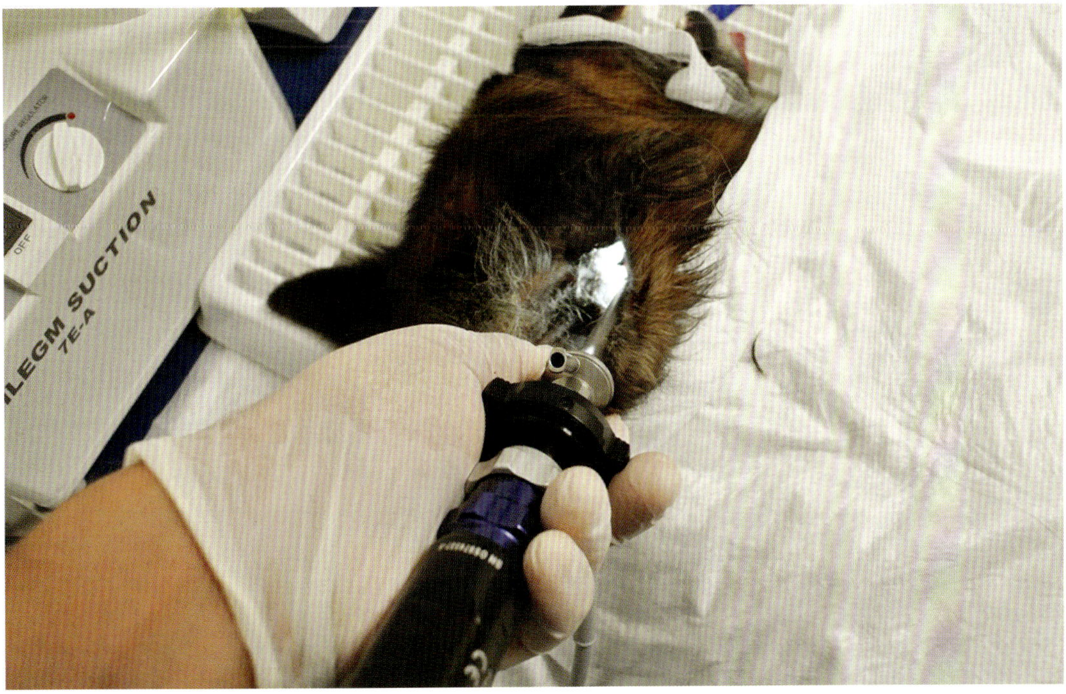

图2.2 患宠侧卧：内镜师用同一只手握住内镜并抓住耳郭，将其向上向外拉出以拉直耳道，另一只手可以自由使用器械

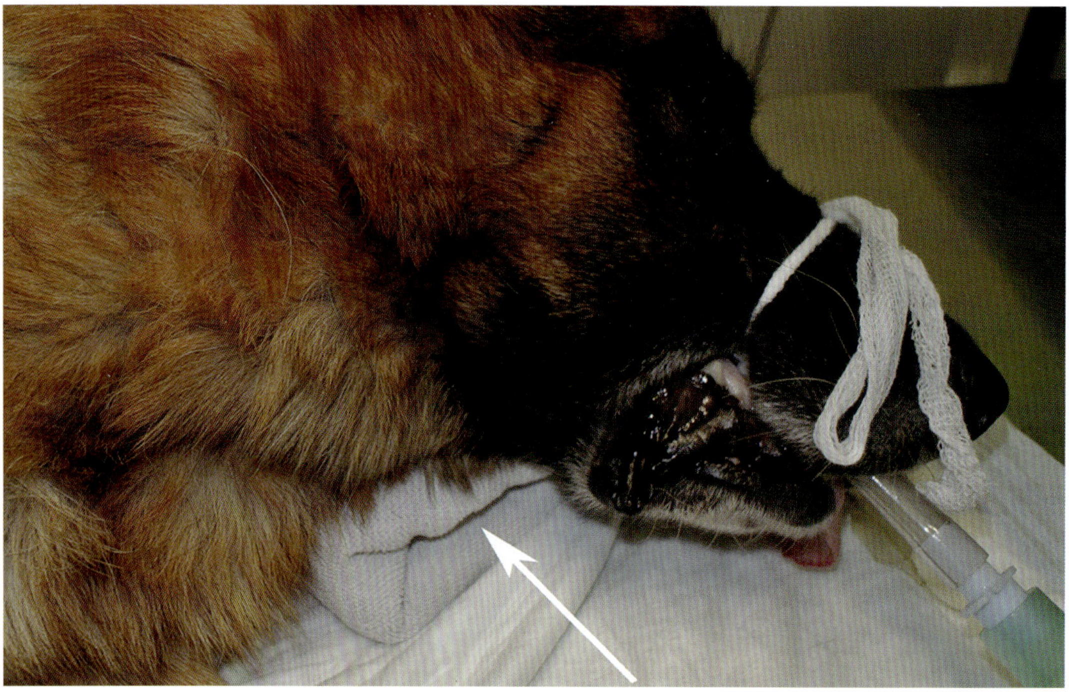

图2.3 将卷好的毛巾放在患宠头下（白色箭头），使口鼻朝下

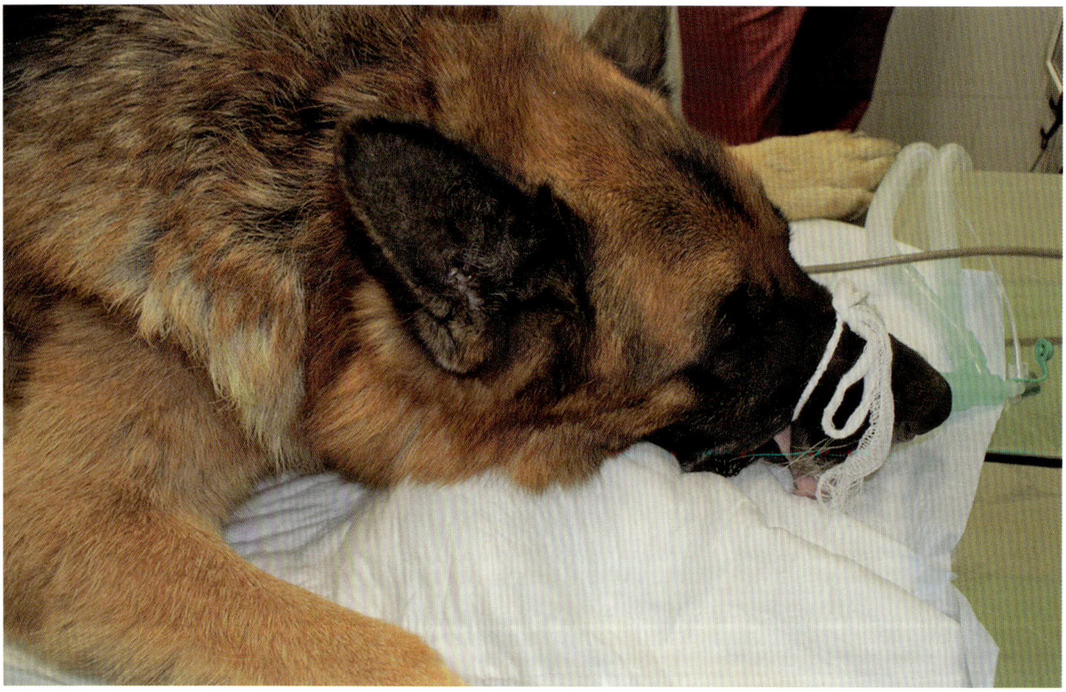

图2.4 患宠胸卧位。这种体位摆放的优点是无须移动患宠即可检查双侧耳朵

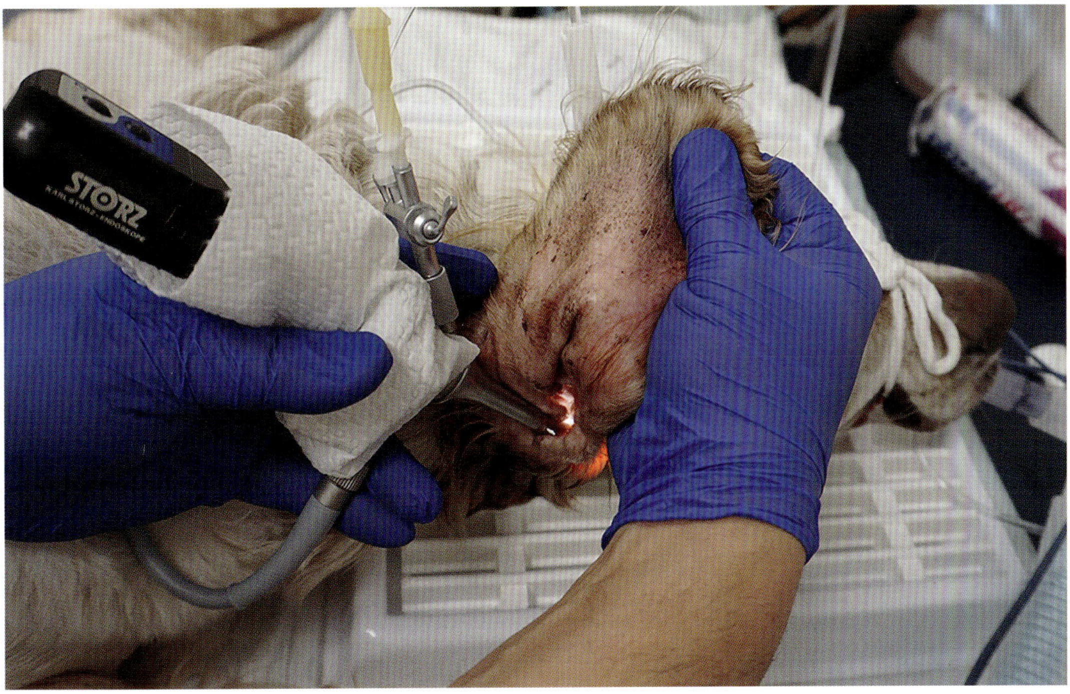

图2.5 患宠胸卧位：内镜师像拿手枪一样操作内镜；一只手握住内镜，另一只手抓住耳郭向上向外拉出以拉直耳道

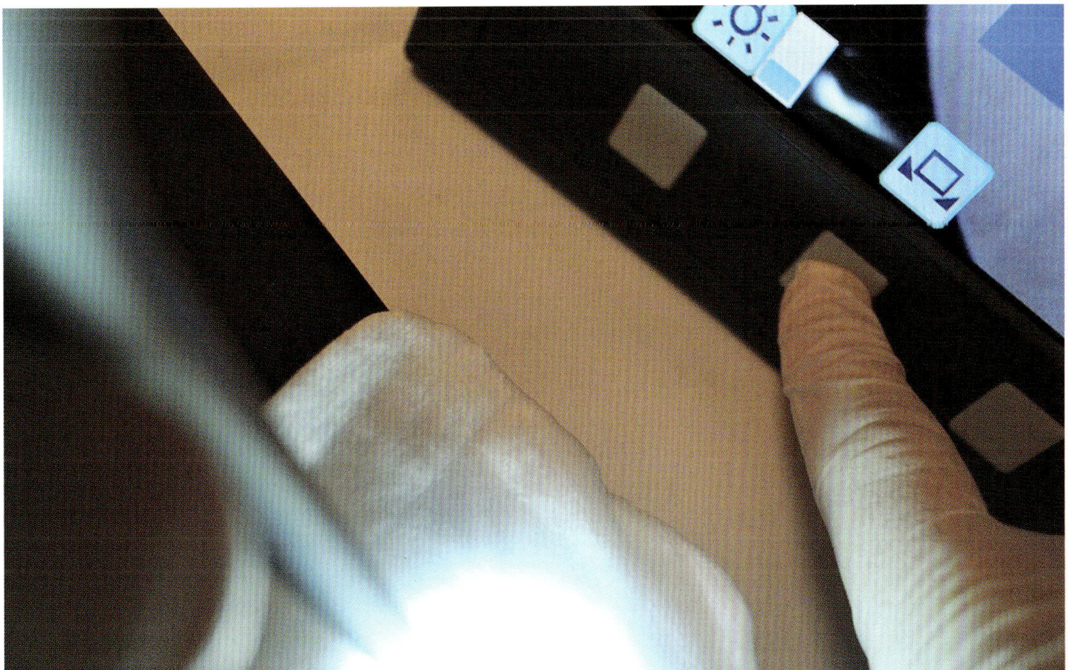

图 2.6 相机白平衡检查。将内镜/耳内镜对准白色表面并按下白平衡按钮，从而校正白度

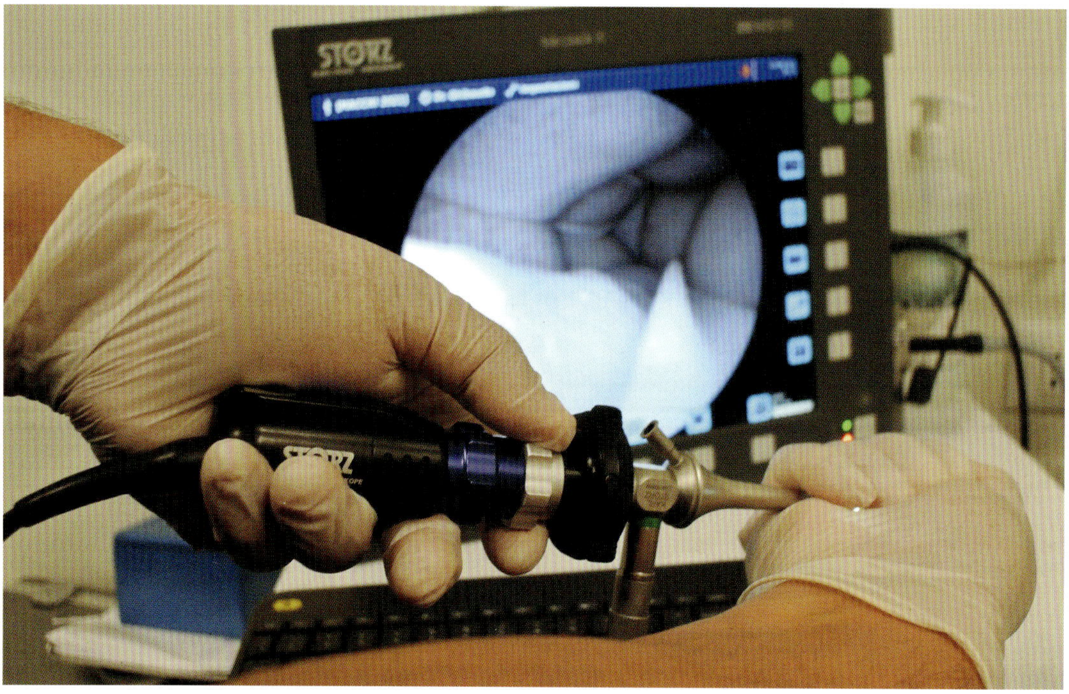

图2.7 使用手（形状为松散的拳头）模拟耳道来调整焦距

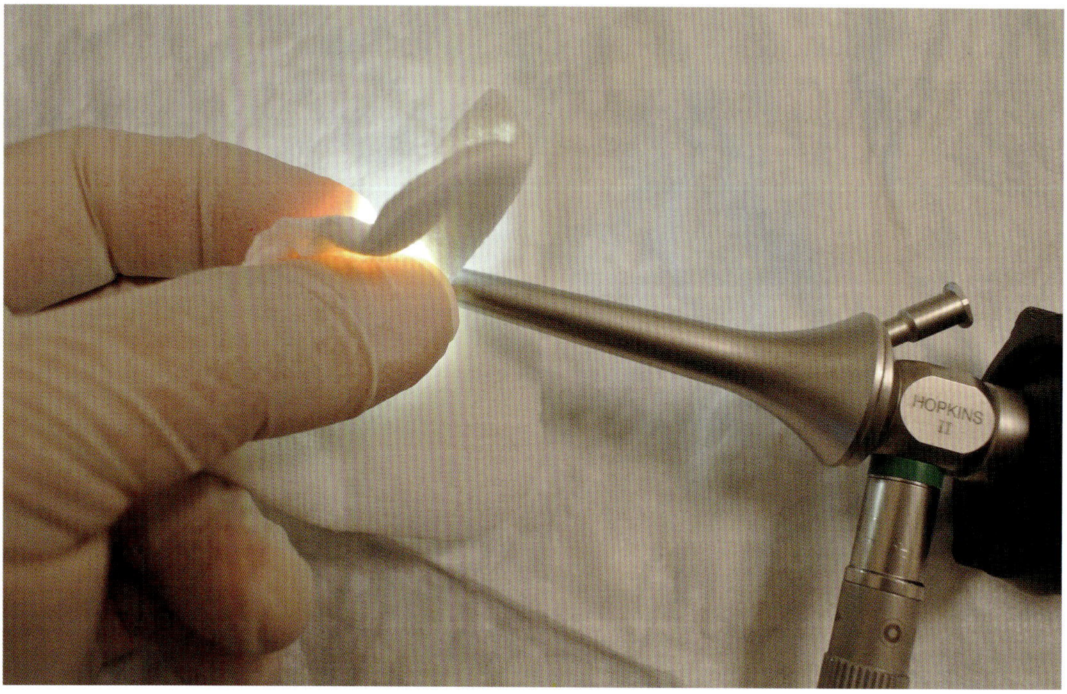

图2.8 用浸有 70% 异丙醇的棉球擦拭镜片对于保持清晰良好的视野至关重要

延伸阅读

Cole LK (2011) Otoscopy. In: Tams TR, Rawlings CA (eds) Small animal endoscopy, vol 20, 3rd edn. Elsevier – Mosby, St. Louis, MO, pp 587–605

Rosychuk R (2021) Video otoscopy. In: McCarthy T (ed) Veterinary endoscopy for the small animal practitioner, vol 10, 2nd edn. Wiley, Boca Raton, FL, pp 637–659

Sobel DS (2012) Endoscopy of the canine and feline ear: otoendoscopy. In: Ragni SA, Moore AH (eds) Clinical manual of small animal endosurgery, vol 9, 1st edn. Blackwell, London, pp 256–272

Stevens-Sparks CK, Strain GM (2010) Post-anesthesia deafness in dogs and cats following dental and ear cleaning procedures. Vet Anaesth Analg 37(4):347–351

耳部解剖 3

了解外耳、鼓膜和中耳的解剖结构对于安全有效地进行VOE检查至关重要。正常犬猫的内镜图像是学习如何使用耳镜的基础。必须了解每个品种（尤其是犬）的差异，才能正确解读VOE操作时的图像。犬和猫之间的解剖学差异具有诊断学和治疗学意义。

3.1 外耳道

在进行深度耳朵冲洗时，必须注意耳朵的细微结构，以避免损伤它们，进而避免导致神经学并发症。

外耳道的开口以吻侧耳轮、侧方耳屏和尾侧对耳屏为界。对耳屏是耳屏尾侧的一块薄而细长的软骨，并通过耳屏间切痕（切迹）与耳屏分开。该解剖部位是插入耳内镜以开始手术的位置（图3.1）。犬的外耳道长5～10cm，直径0.5～1cm。它由两部分组成：第一部分为垂直耳道（图3.2和图3.3），与耳郭直接连通；第二部分为水平耳道（图3.4和图3.5），连接垂直耳道和鼓膜（图3.6和图3.7）。

根据品种的不同，耳道管腔的形状可分为长头型（图3.8）、中头型（图3.9）和短头型（图3.10）。有些品种，例如可卡犬，具有扭曲且较长的耳道管腔构造（图3.11），其他犬的耳道管腔呈圆锥形，如法国斗牛犬（图3.12）。

猫的外耳道长1.8～2.5cm，宽0.2～0.4cm（图3.13）。耳郭的耳软骨自行卷起，形成圆锥形（垂直耳道）。

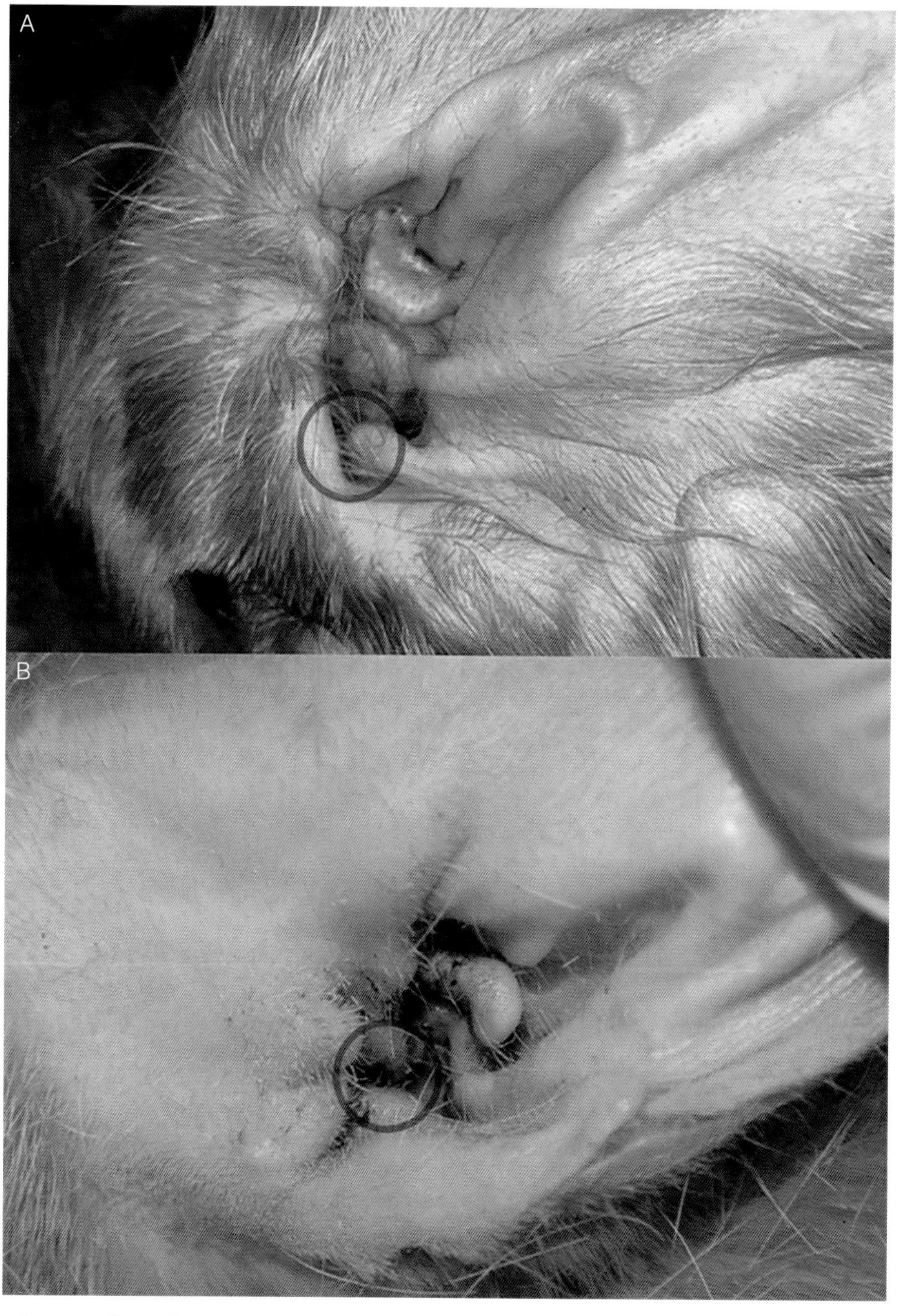

图 3.1 犬 (A) 和猫 (B) 的耳屏间切痕（切迹）。该区域（灰色圆圈）是VOE检查的起始标志

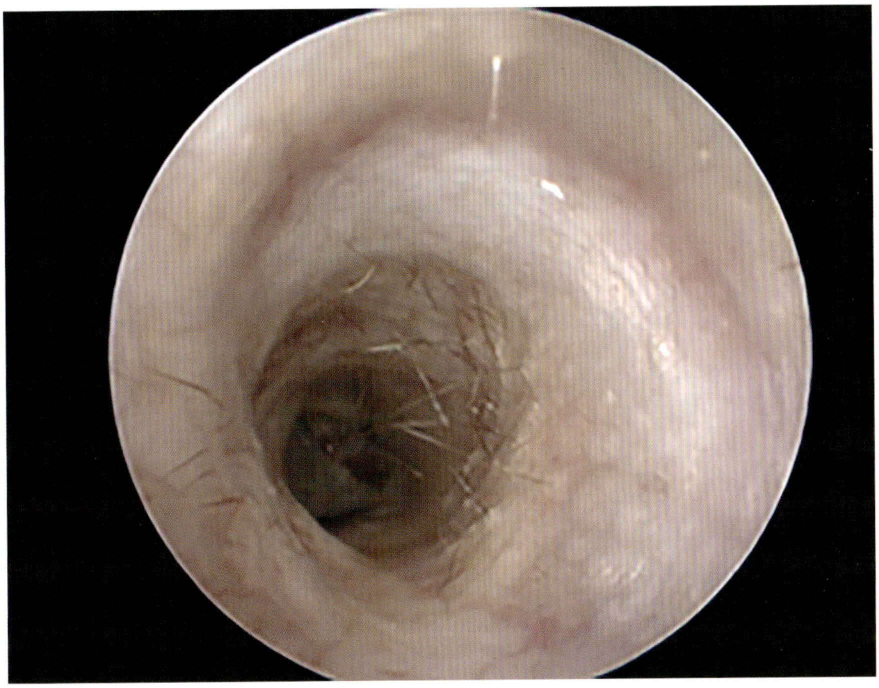

图 3.2 犬左耳垂直耳道VOE图像

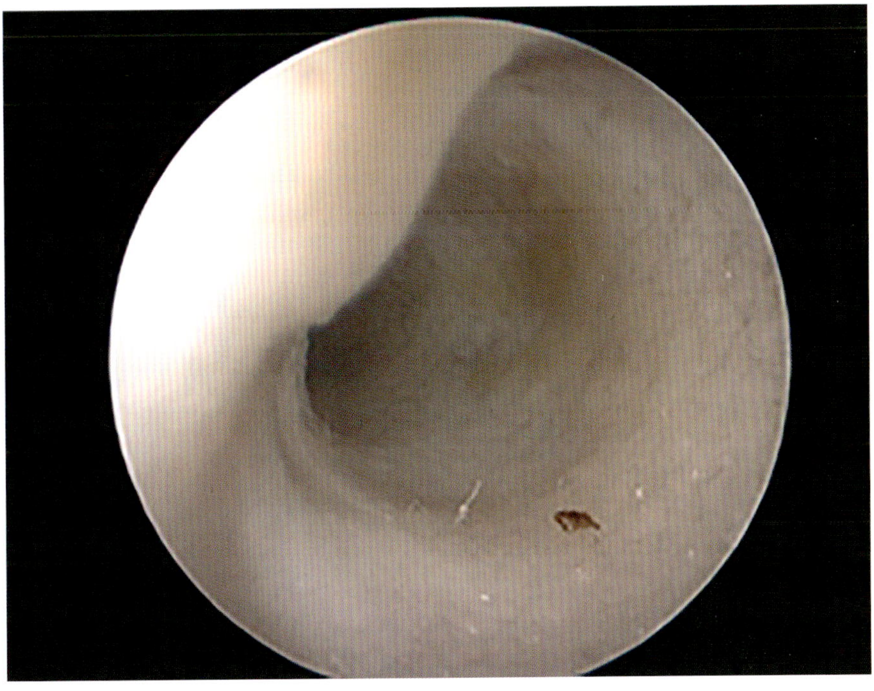

图 3.3 猫左耳垂直耳道VOE图像

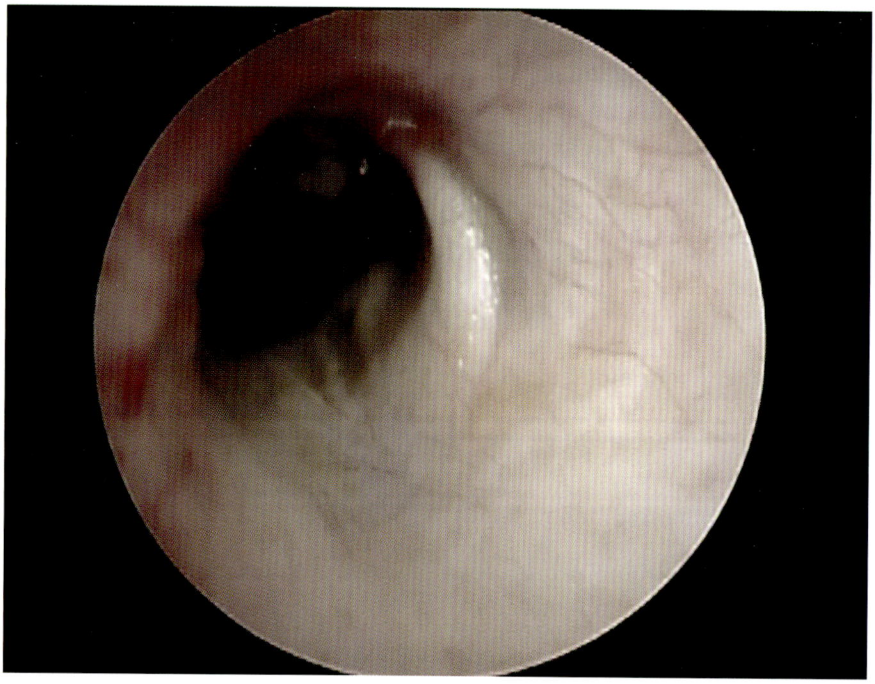

图 3.4 犬右耳水平耳道的VOE图像

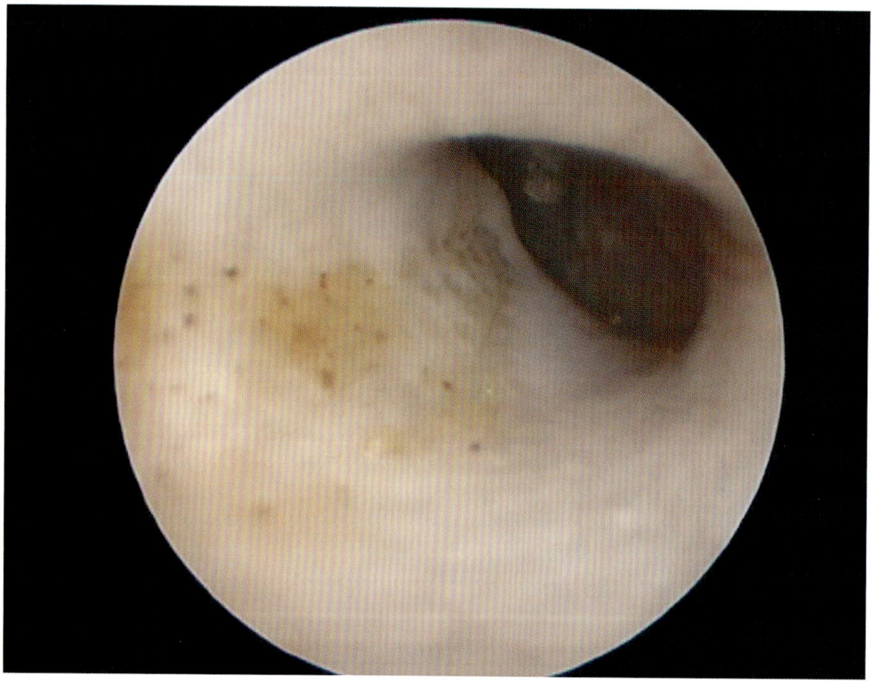

图 3.5 猫左耳水平耳道的VOE图像

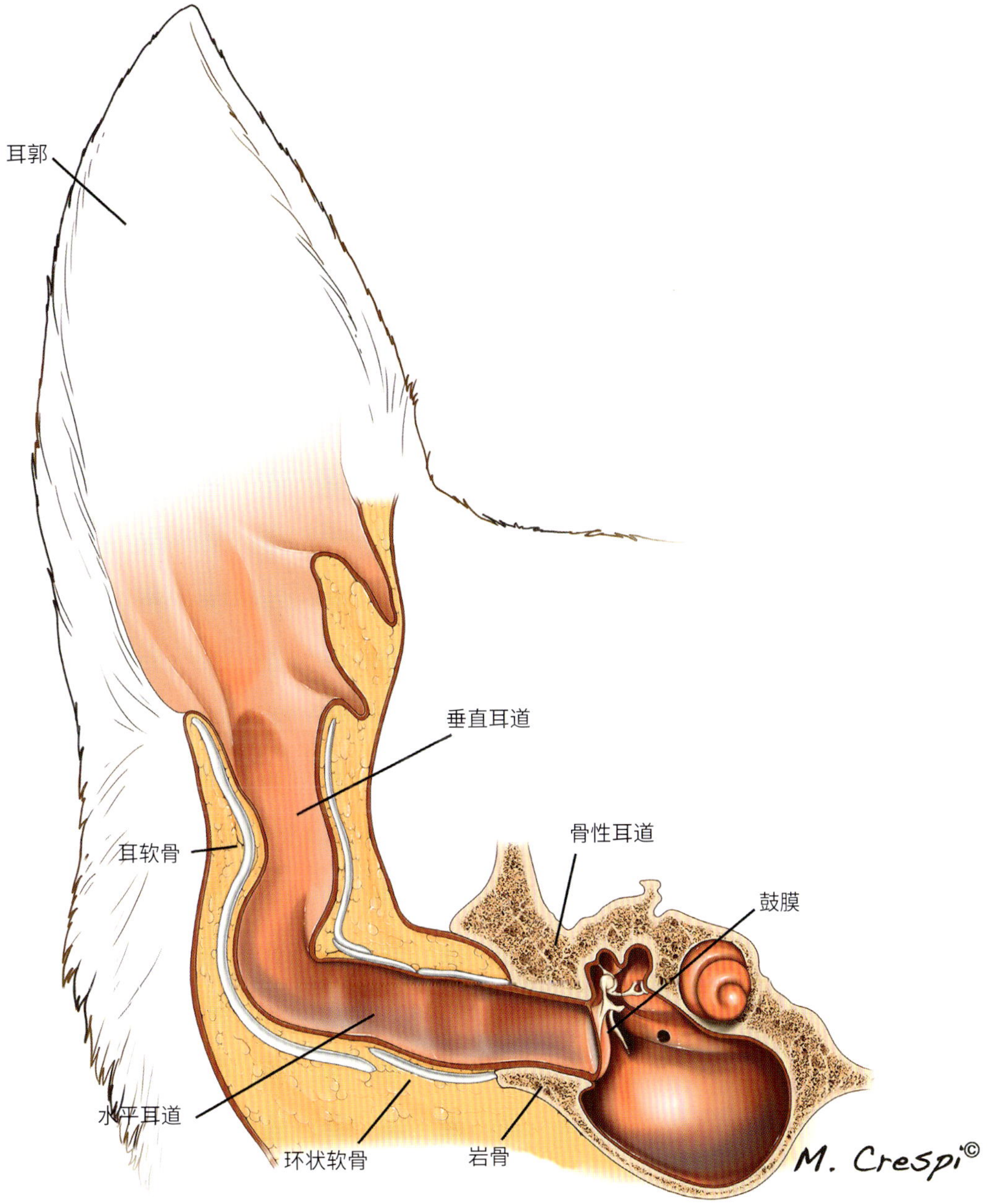

图3.6 犬的外耳、中耳和内耳示意图。颅骨横截面（图片来源：由Massimiliano Crespi提供）

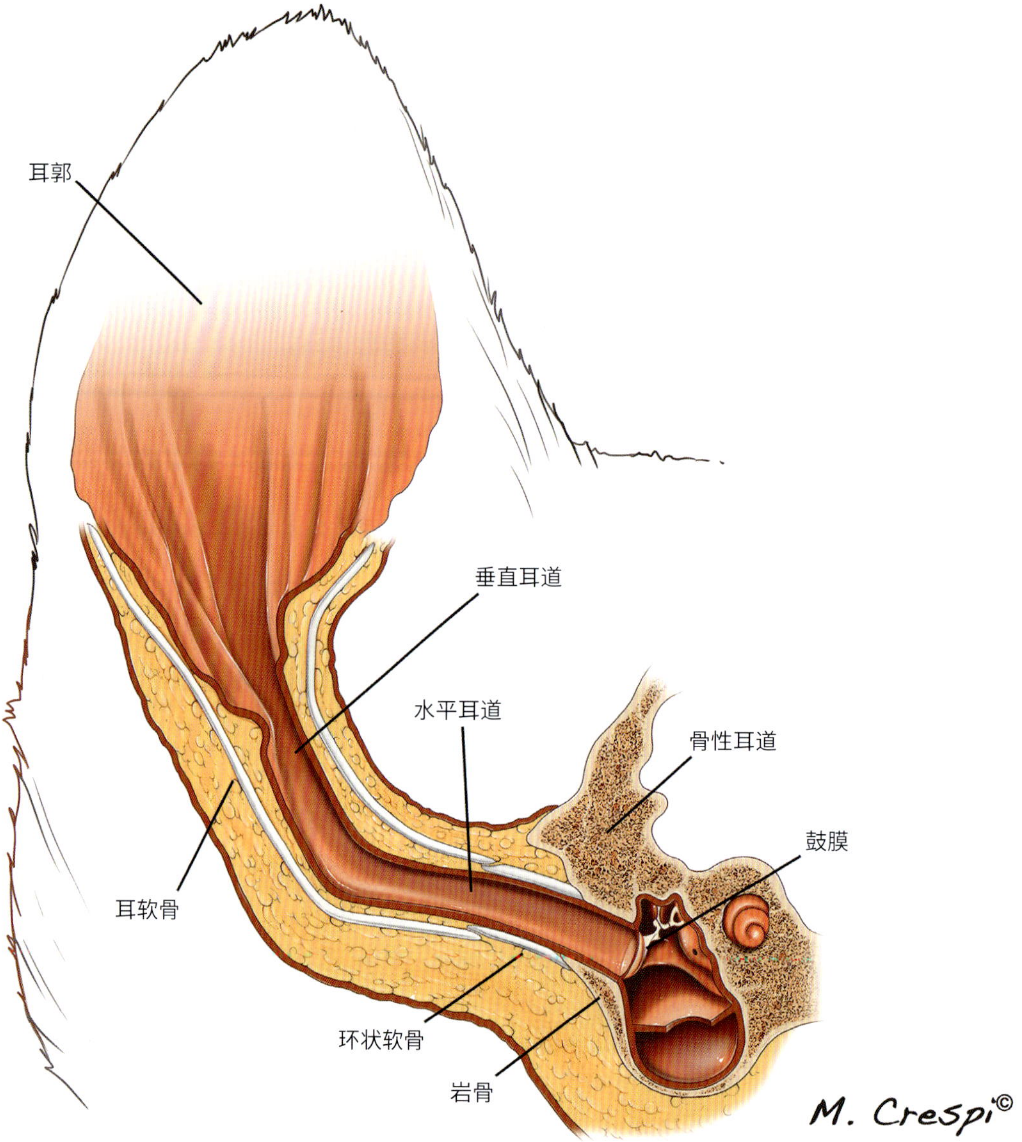

图3.7　猫的外耳、中耳和内耳示意图。颅骨横截面（图片来源：由Massimiliano Crespi提供）

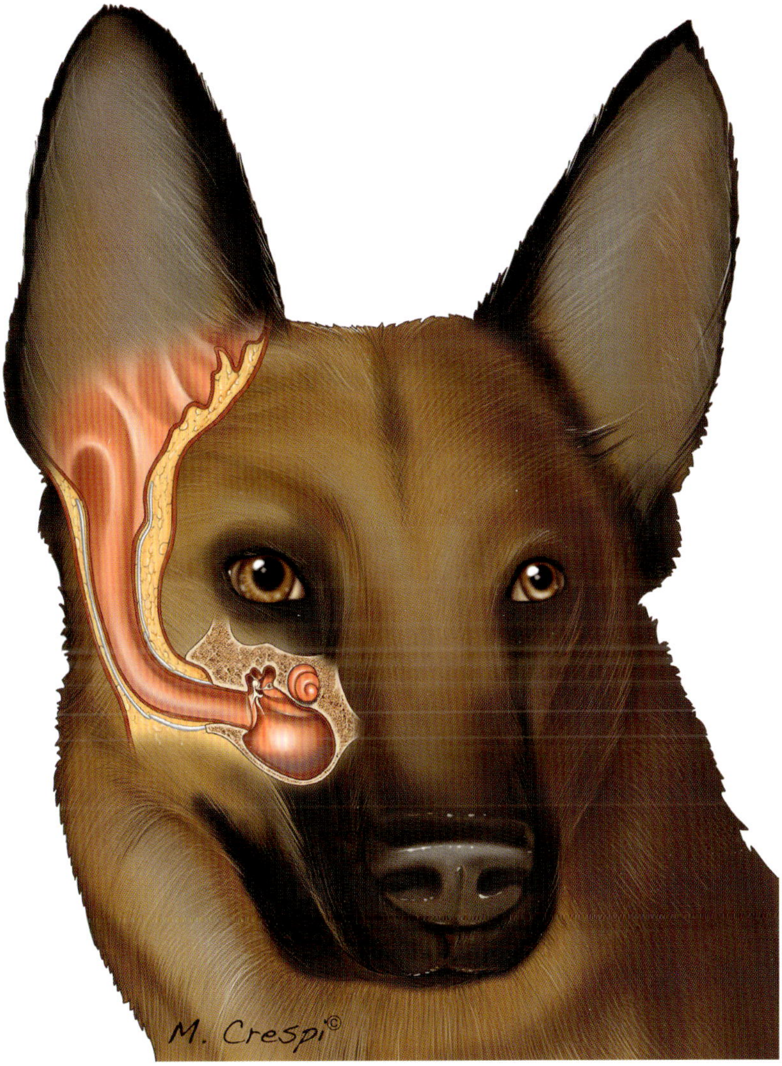

图 3.8 长头品种（德国牧羊犬）的外耳、中耳和内耳示意图。颅骨横截面（图片来源：由Massimiliano Crespi提供）

图 3.9 中头品种（骑士查理王小猎犬）的外耳、中耳和内耳示意图。颅骨横截面（图片来源：由 Massimiliano Crespi提供）

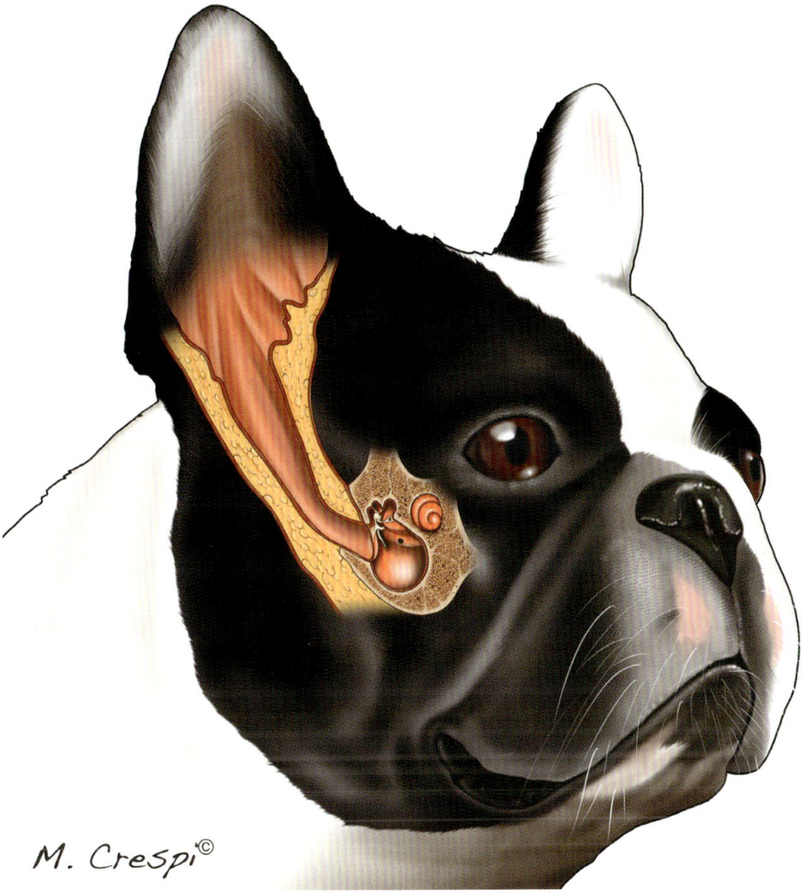

图 3.10 短头品种（法国斗牛犬）的外耳、中耳和内耳示意图。颅骨横截面（图片来源：由Massimiliano Crespi提供）

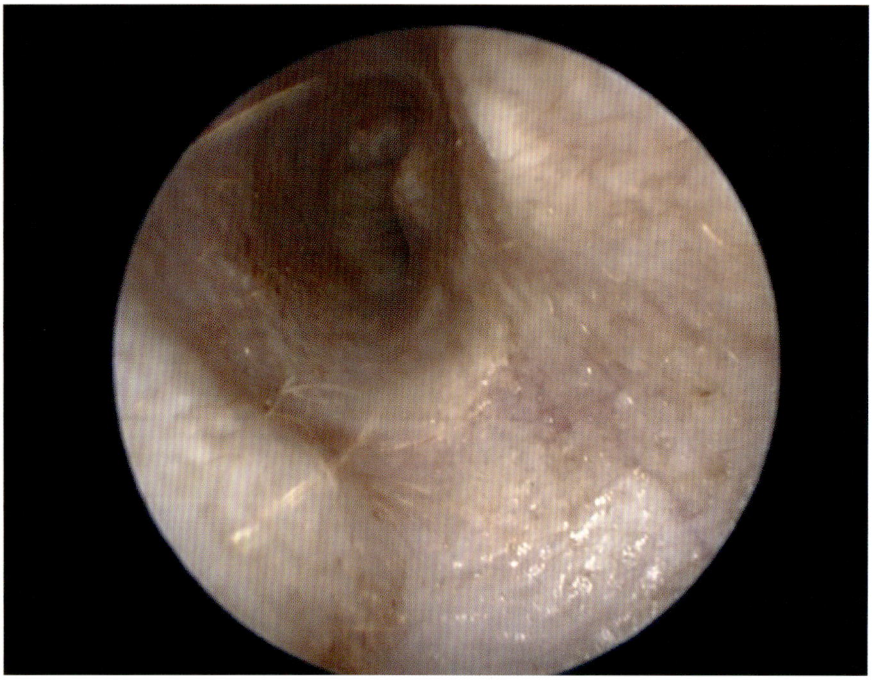

图 3.11 可卡犬右侧垂直耳道的VOE图像。注意较长的扭曲的耳道构造

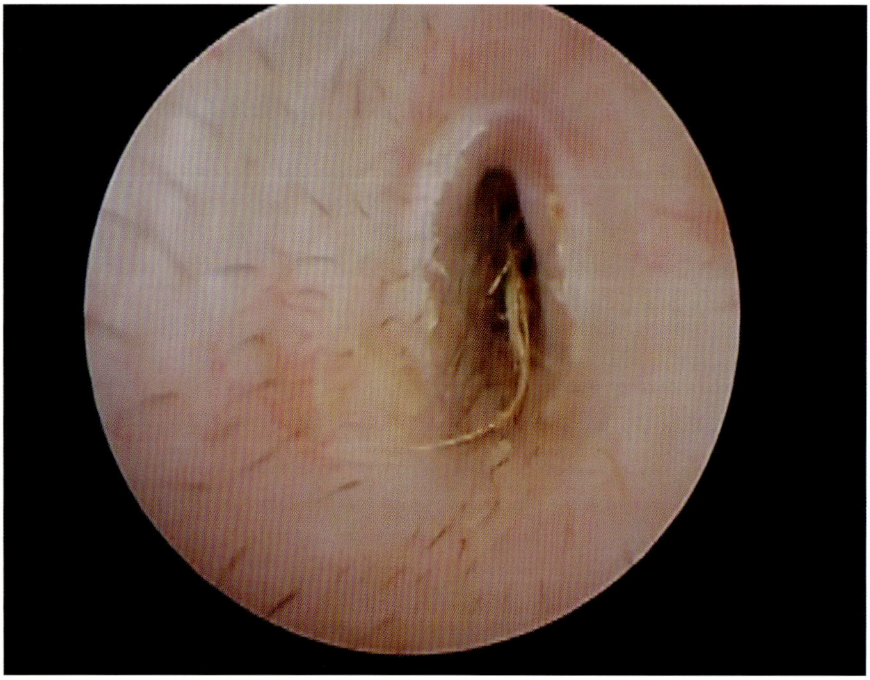

图 3.12 法国斗牛犬左侧垂直耳道的VOE图像。注意这些品种耳道的典型的“生理性”狭窄（圆锥形）

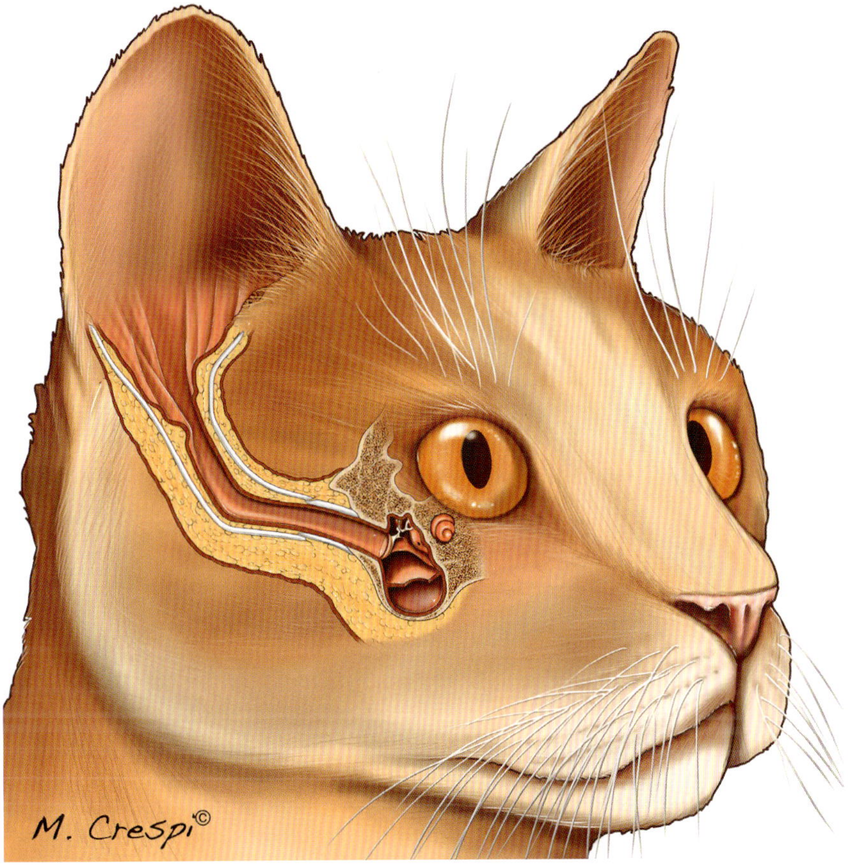

图3.13 欧洲猫的外耳、中耳、内耳示意图。颅骨横截面（图片来源：由Massimiliano Crespi提供）

垂直耳道向腹侧并稍微向吻侧延伸，然后转向内侧，形成水平耳道。突出的软骨脊，即管腔皱褶，将垂直耳道与水平耳道分开（图3.14和图3.15）。为了使耳镜进入水平耳道，可以通过抓住耳郭并牵拉耳朵来提起管腔皱褶（图3.16）。

猫的管腔皱褶不太明显，但仍然可以利用上述针对犬的技术将其最小化。水平耳道向腹侧转向并延伸至鼓膜（图3.17和图3.18）。水平耳道由耳软骨和环状软骨组成（图3.19）。环状软骨带位于远端耳软骨管腔内，并附着于颞岩骨的突出部分，即骨性外耳道。

纤维结缔组织确保环状软骨-耳软骨和骨性外耳道-软骨之间的连接，并赋予其柔韧性。鼓膜形成外耳道的底部，并将外耳与中耳分开（图3.20和图3.21）。在犬耳内，通常会看到少量耵聍积聚在水平耳道底部生长的毛发内，就在鼓膜之前，这通常被认为是正常的。当使用VOE在水平耳道深处工作时，这些毛发提供了鼓膜的方向和大致位置。皮肤覆盖外耳道，与耳郭直接相连，并延伸到鼓膜上，形成外层。与正常皮肤相比，耳表皮更薄。在皮肤表面的表皮中，角质细胞直接脱落到外部环境中，而在耳道中，脱落发生在耳道腔内。由于没有纤毛细胞能够去除脱落细胞，因此存在一种“自清洁机制”，可以避免外耳道终端部分的阻塞。这种被称为“上皮迁移”的生理机制在人类、实验动物以及最近在犬身上都有描述和记录。上皮迁移的生理机制是由鼓膜的角质形成细胞和覆盖于软骨的角质形成细胞的共同径向离心迁移构成的。

在这个过程中，耵聍从鼓膜移向耳道开口。因此，上皮迁移机制代表了一种鼓膜的自清洁过程，在鼓膜病灶修复过程中发挥着重要作用。外耳道皮肤下方真皮富含弹性纤维和胶原蛋白，也赋予了外耳道一定的弹性，这可以在耳触诊和耳镜检查时感觉到。毛囊沿着整个耳道分布，密度不同（图3.22和图3.23），与品种有关。与构成被毛的毛囊不同，耳道内毛囊属于简单类型，但可卡犬除外。后者除了密度较大外，复合毛囊为主要毛囊（图3.24）。猫的耳道内毛发通常稀疏或缺失（图3.25）。

耳道真皮内有皮脂腺，以及被称为耵聍腺的改良顶浆腺。皮脂腺位于真皮浅层，垂直耳道的皮脂腺密度通常比水平耳道的皮脂腺密度更高。耵聍腺位于真皮深处，与皮脂腺不同，耵聍腺通常在鼓膜附近的水平耳道中数量更多。在正常的犬猫中，使用VOE经常可见耳道壁内的血管（图3.26）。由于炎症导致的耳道壁增厚的最早症状之一是无法看到这些血管。

耳动脉和颞浅动脉的分支位于垂直耳道的内侧，而耳尾动脉为外耳提供主要血液供应。腮腺与垂直耳道的外侧和近端部分重叠，其下方是面神经、上颌内静脉和颈外动脉分支。面神经从颅骨发出（通过茎乳孔）并从水平耳道的吻腹部分下方（图3.27）穿过。面神经的分支和三叉神经下颌部分的耳颞支沿着吻部方向向垂直耳道延伸。

3.2 鼓膜

犬的鼓膜(TM)和水平耳道的中心轴形成45°夹角（图3.28),而猫的夹角为90°（图3.29)。鼓膜是一种半透明的三层膜，将外耳道与中耳分开：中间部分较薄，两边较厚。内侧上皮起源于咽袋，中间层由咽壁的纤维结缔组织组成，而外侧复层鳞状上皮源自第一咽沟的外胚层，实际上，它是外耳道的一部分。鼓膜分为两部分：位于背侧的较小、粉红色且有血管化的松弛部和位于下方的较大的紧张部（图3.30)。大多数犬的松弛部是明显且平坦的。

松弛部在中耳内气压轻度增加时有可能扩张或“凸出”到水平耳道中（图3.31)。因此，松弛部很有可能是犬鼓膜两侧压力平衡系统的一部分。在耳朵检查过程中，发现松弛部扩张被认为是犬的正常情况，可以在健康犬和患有外耳炎的犬中见到（图3.32)。然而，骑士查理王小猎犬的松弛部扩张表明患有原发性分泌性中耳炎(PSOM)。

松弛部通过锤骨褶与较大的紧张部分开（图3.33)。紧张部占据了鼓膜的其余部分。它薄而紧绷，呈灰色，带有放射状条纹。条纹从锤骨柄延伸至鼓膜周边。锤骨柄黏附在紧张部的内侧表面，当用耳内镜观察锤骨时，可以看到其外侧部分，即锤纹。犬的锤纹呈“C”形，而猫的锤纹则更直，像“J”形。在耳内镜检查过程中，可观察到紧张部呈现凹形外观，这是由于锤骨柄对其内表面施加牵引力所致。鼓膜上最大凹陷点被称为鼓膜凸（umbo)（图3.34)。在正常情况下，鼓膜在被实验性破坏后会在21～35d内再生。

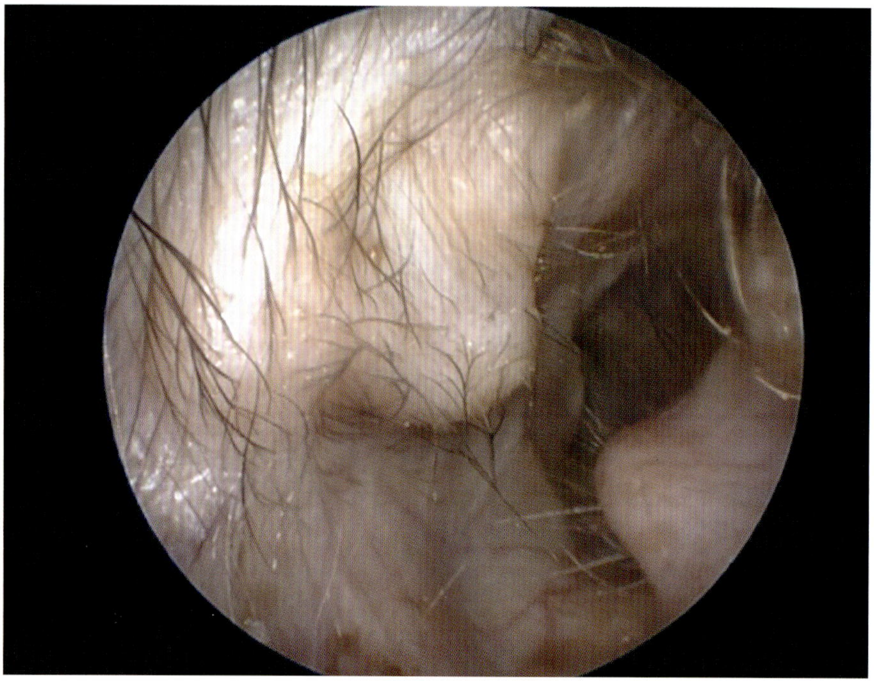

图 3.14 德国牧羊犬左侧垂直耳道的VOE图像。明显突起的软骨脊，即管腔皱褶，将垂直耳道与水平耳道分开

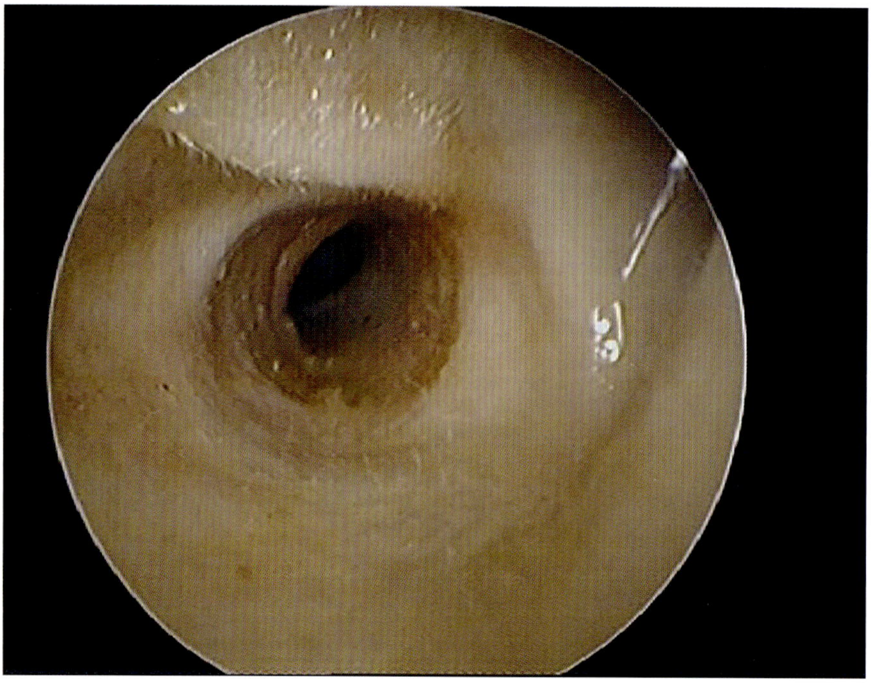

图 3.15 欧洲猫左侧垂直耳道的VOE图像。隐隐的软骨脊，即管腔皱褶，将垂直耳道与水平耳道分开

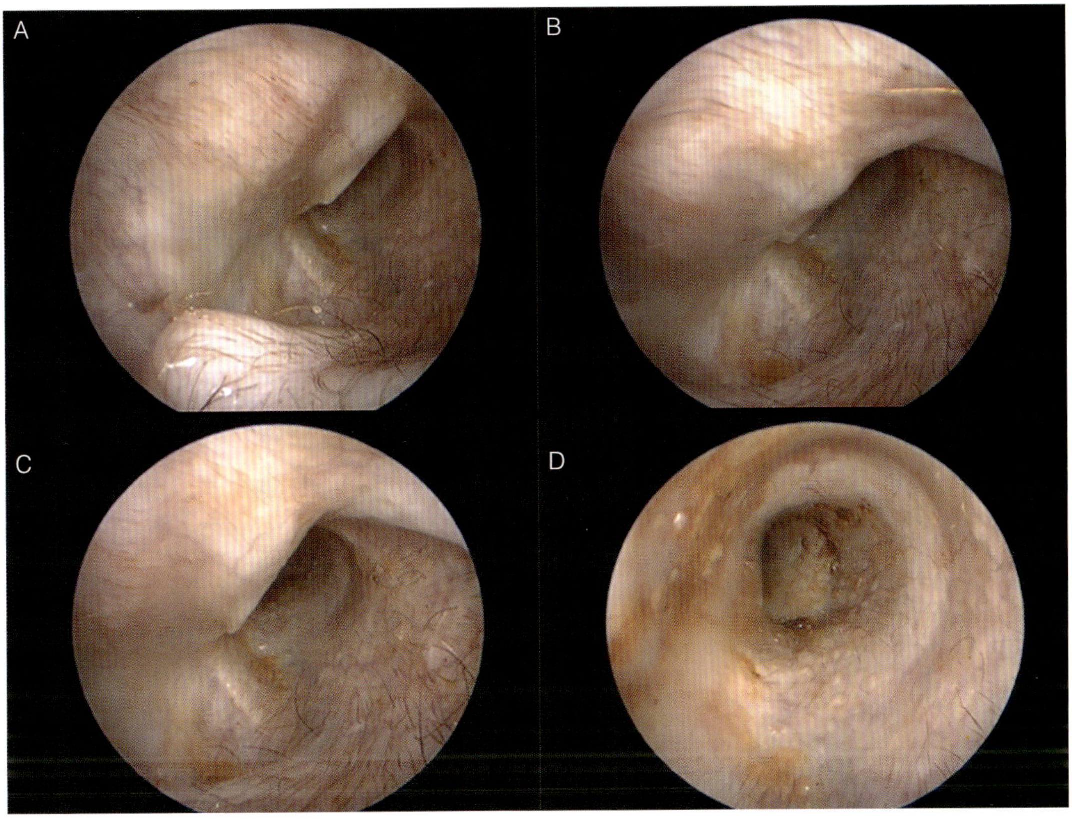

图 3.16 当耳朵处于正常状态 (A) 时，管腔皱褶使水平耳道的耳部检查变得非常困难。然而，当内镜师通过握住耳郭并牵拉耳朵来抬高该软骨脊时 (B, C)，则可以看到耳道的其余部分 (D)

3.3 中耳

鼓室分为三部分：背侧、中侧和腹侧。背侧部，即上鼓室隐窝，是最小的，几乎完全被锤骨头、砧骨和镫骨（听小骨）占据。镫骨底板向内侧连接至卵圆（前庭）窗。中侧部（固有鼓室）位于鼓膜的吻端侧面，并包含背内侧圆窗和腹内侧咽鼓管。

鼓室的最大部分为腹侧部，位于骨性鼓泡内。腹侧鼓室充满空气，衬有呼吸上皮，在一层薄薄的结缔组织上有简单或立方鳞状上皮细胞（有些有纤毛）。

在犬的中耳中，通常栖息少量酵母菌和细菌。

鼓泡隔是一种骨架结构，将鼓室从腹侧鼓室或腹侧鼓泡处分开。在犬中，它是一个狭窄的、不完整的脊，与岩颞骨的吻部连接（图3.35）。因此，可以进入腹侧鼓室取样

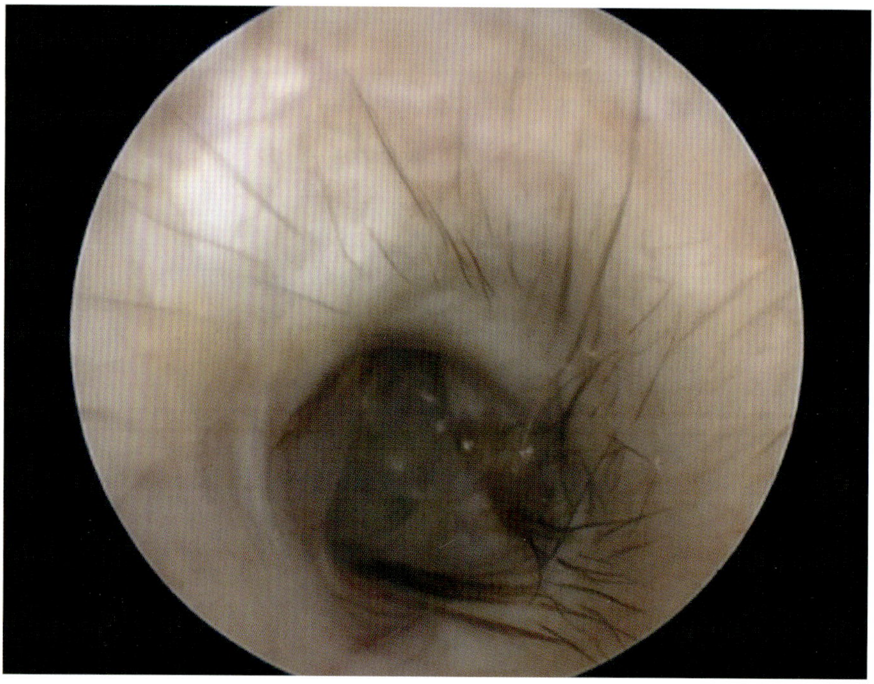

图3.17　杰克罗素梗右侧水平耳道的VOE图像

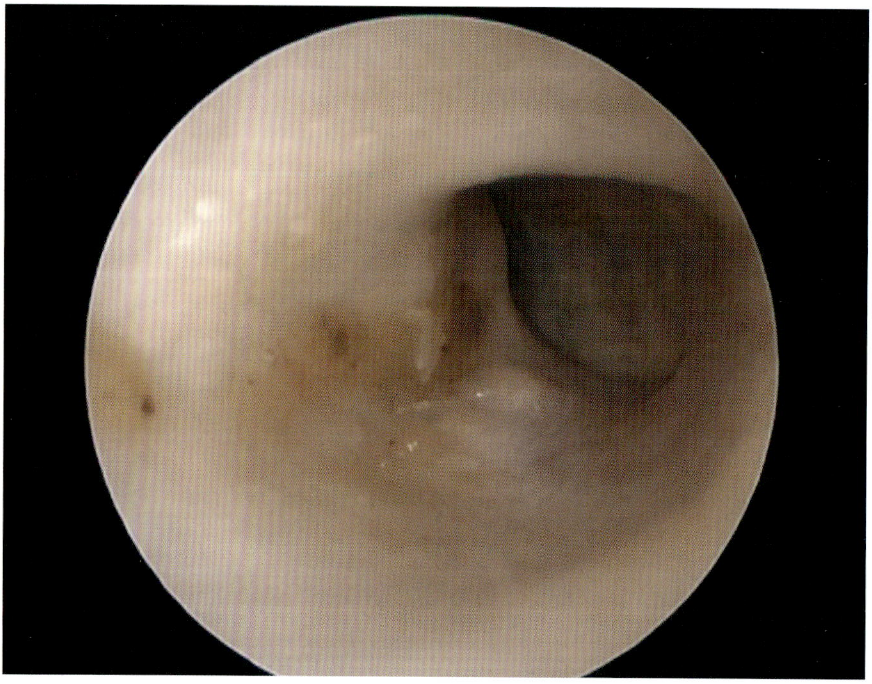

图 3.18　欧洲猫右侧水平耳道 VOE 图像

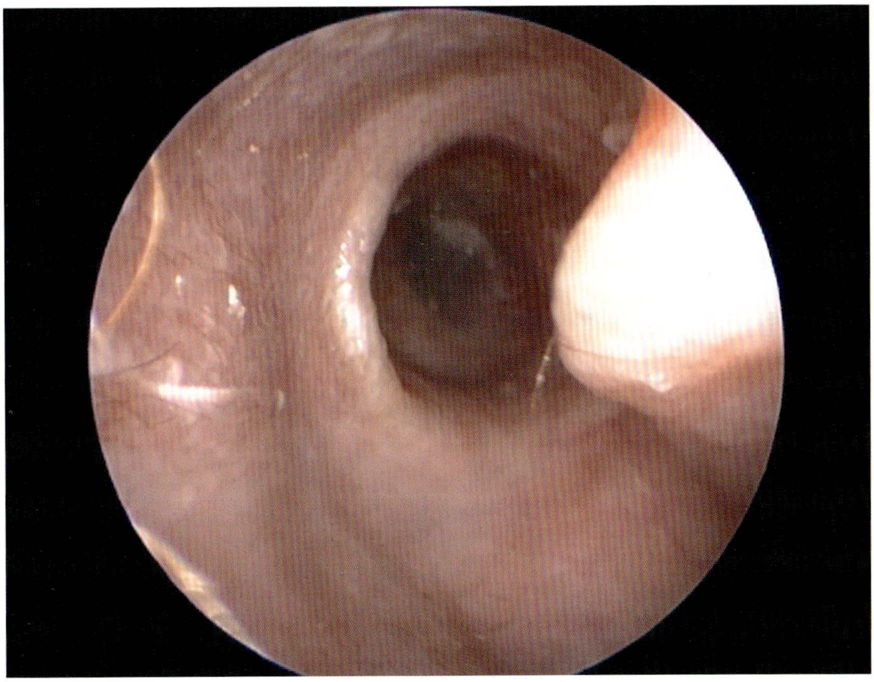

图 3.19 爱尔兰塞特梗右侧水平耳道的VOE图像。如果不牵拉耳朵，可以看到耳软骨内的环状软骨内陷

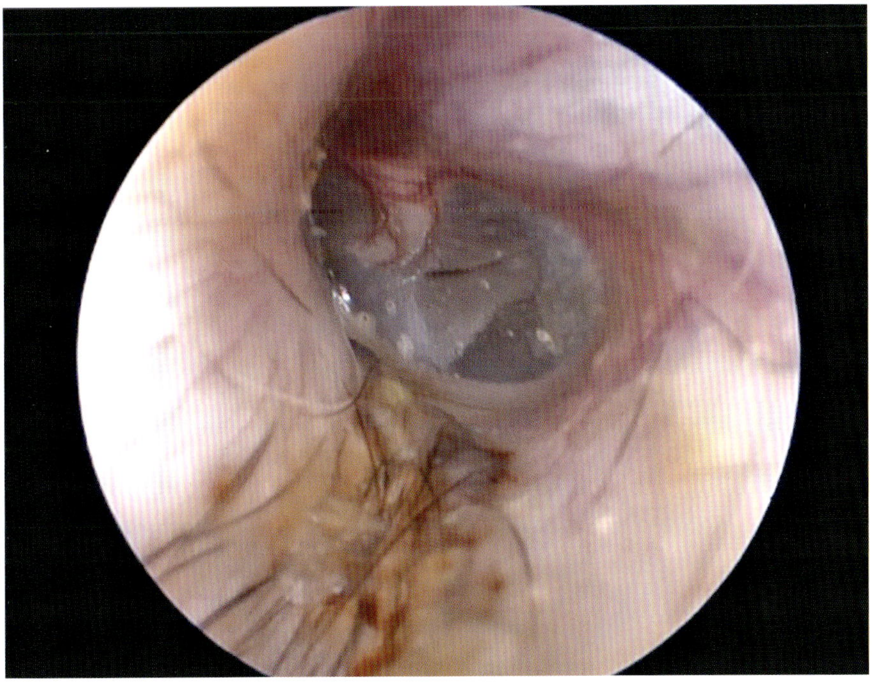

图 3.20 犬左耳鼓膜的VOE图像。紧邻鼓膜的远端有一簇明显的毛发和耵聍。犬的锤纹呈明显的“C”形

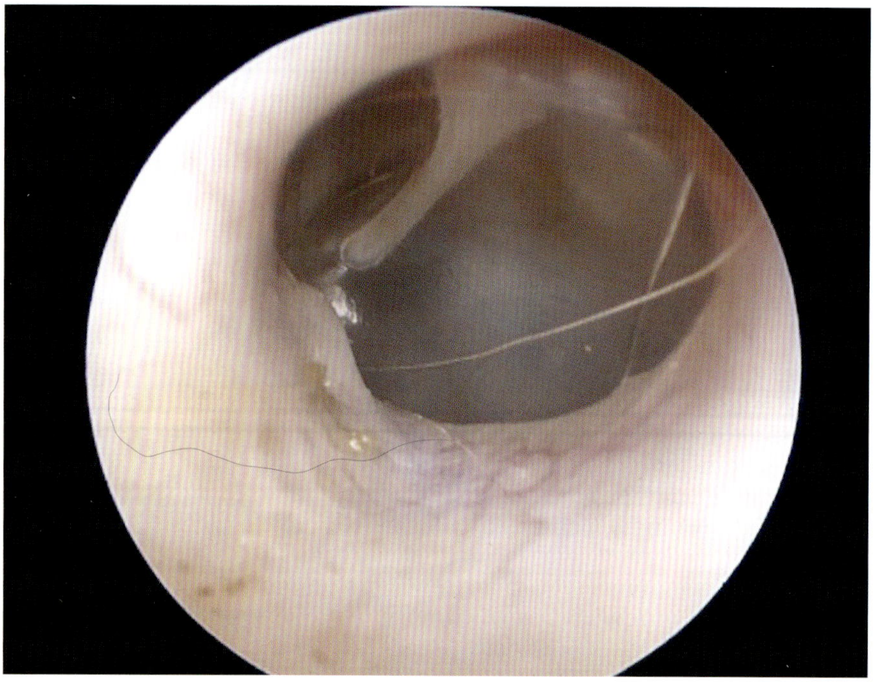

图 3.21 猫左耳鼓膜的VOE图像。猫的锤纹更直，缺乏犬上观察到的“C”形（它看起来更像“J”形）

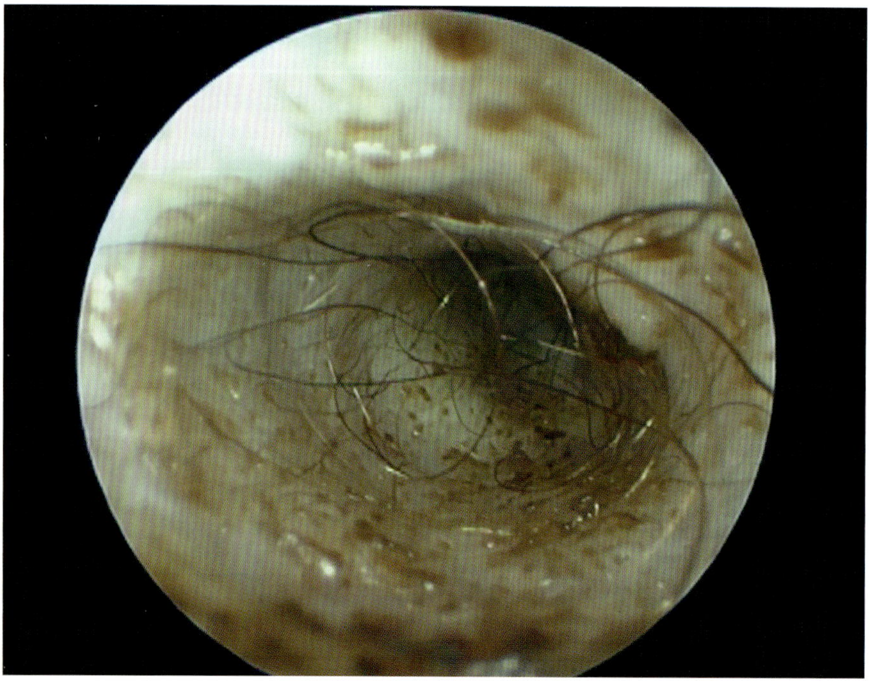

图 3.22 马尔济斯犬左侧耳道的VOE图像。注意毛发的丰富程度

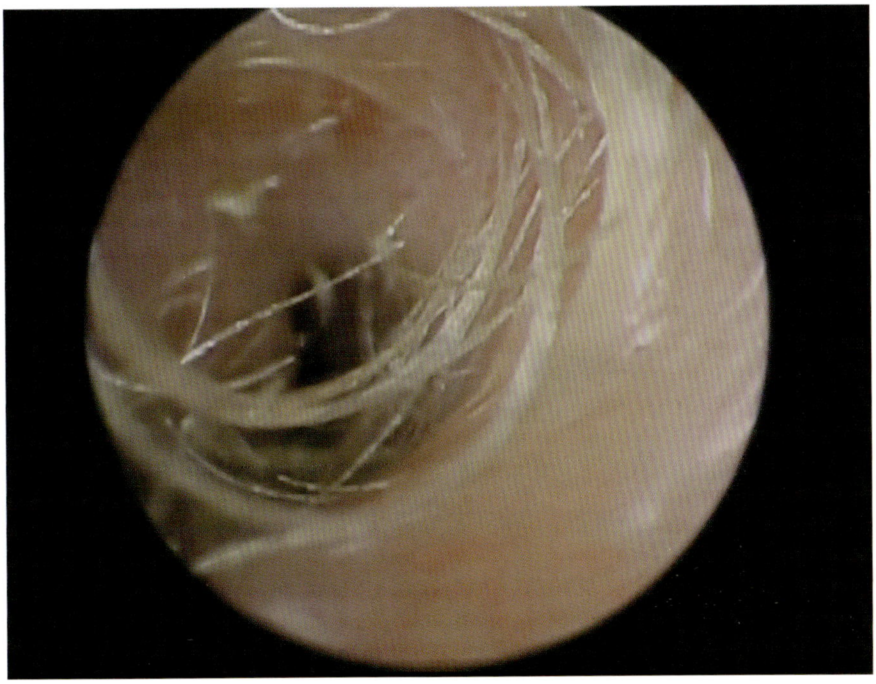

图 3.23 贵宾犬左侧耳道的VOE图像。注意毛发的丰富程度

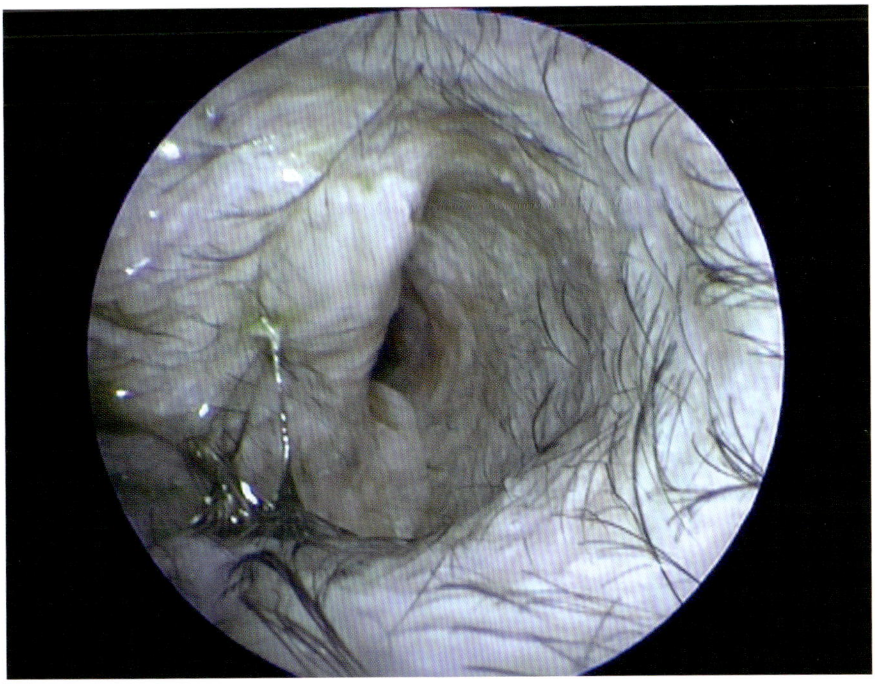

图 3.24 可卡犬右侧耳道的VOE图像。注意毛发的丰富性和复合毛囊的优势性

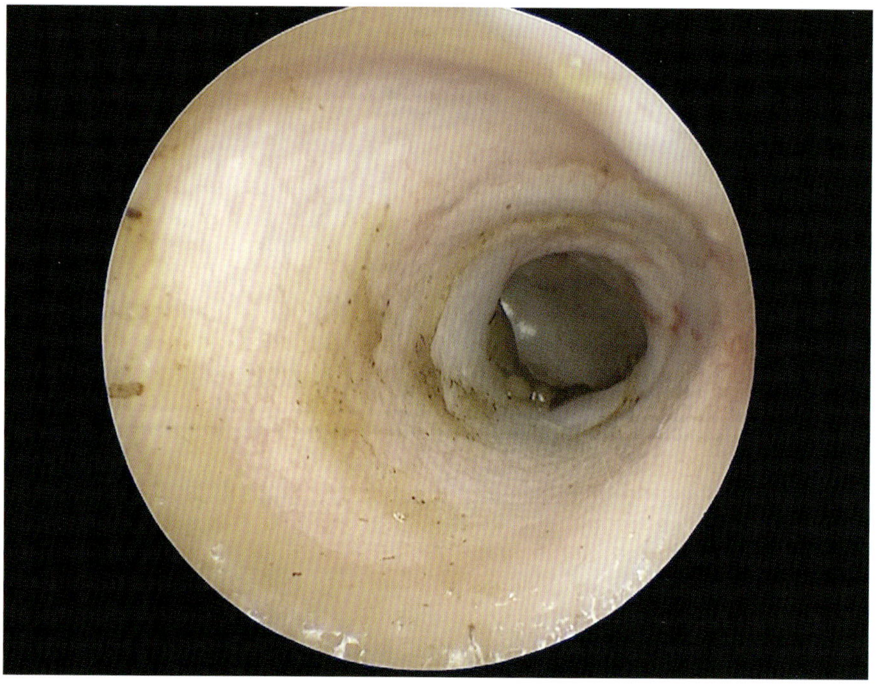

图 3.25 猫左侧耳道的VOE图像。注意没有毛发

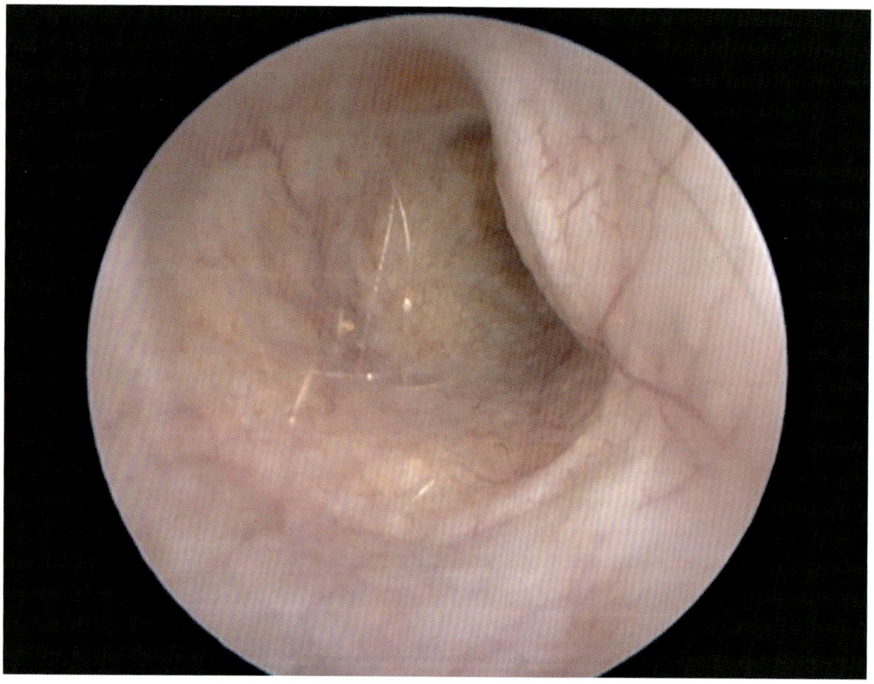

图 3.26 比格犬左侧垂直耳道的VOE图像。注意正常的血管系统

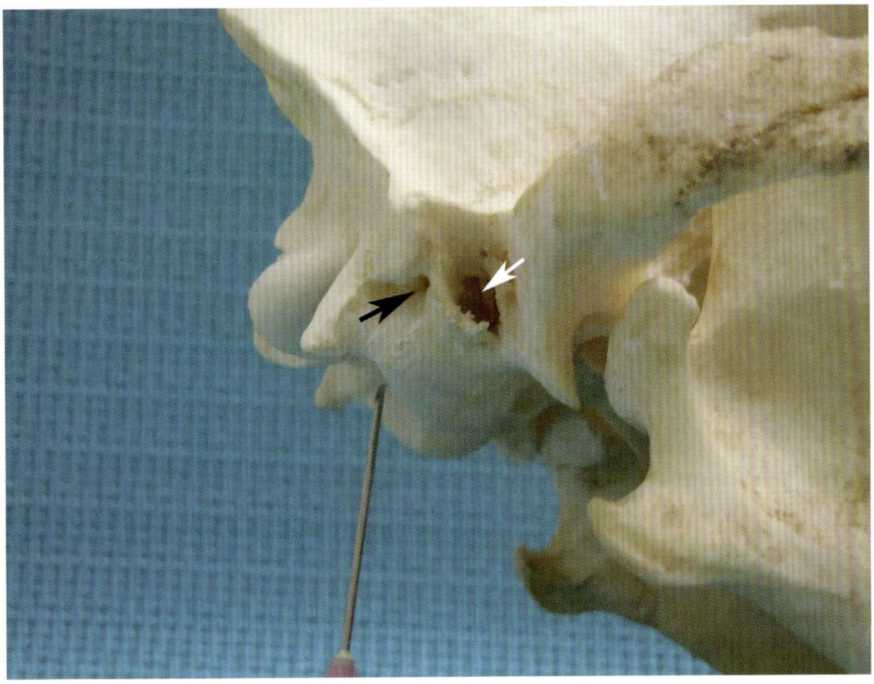

图 3.27 犬颅骨骨骼的尾外侧部分。外耳道（白色箭头）和茎乳孔（黑色箭头）相邻

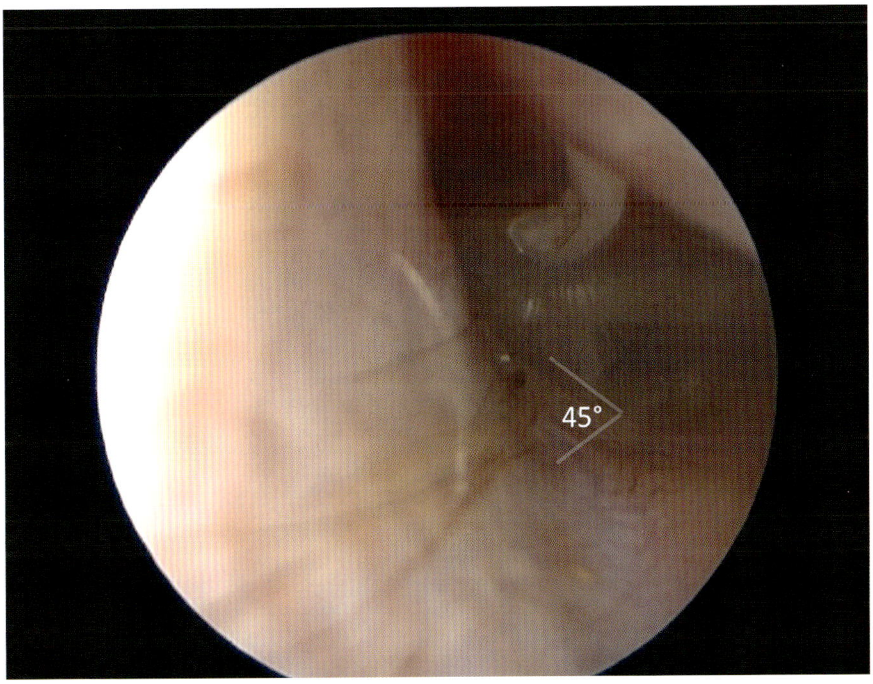

图 3.28 犬左侧耳道的VOE图像。鼓膜与水平外耳道的中心轴呈45°角

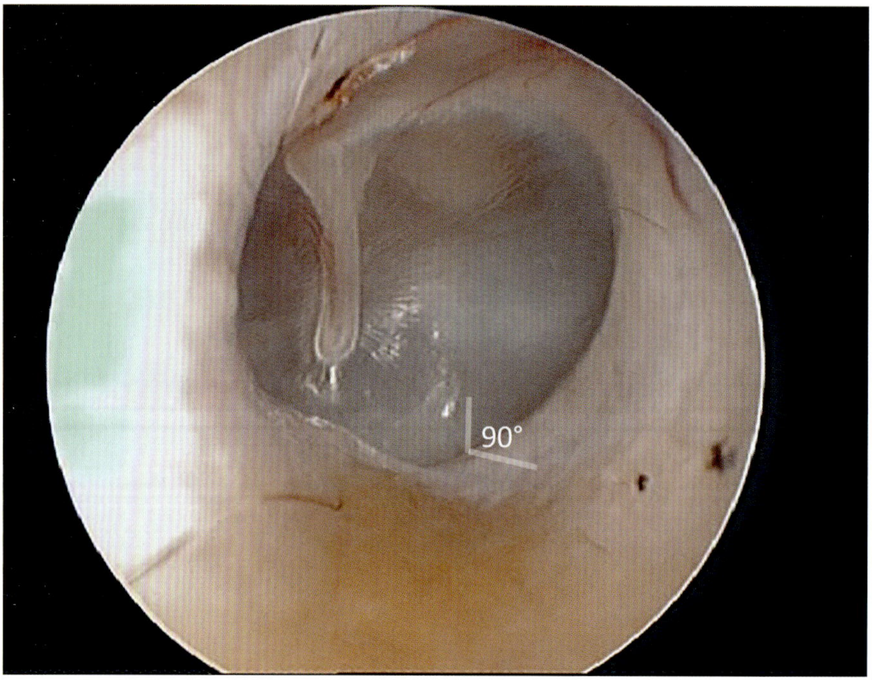

图 3.29 猫左侧耳道的VOE图像。鼓膜与水平外耳道的中心轴呈90°角

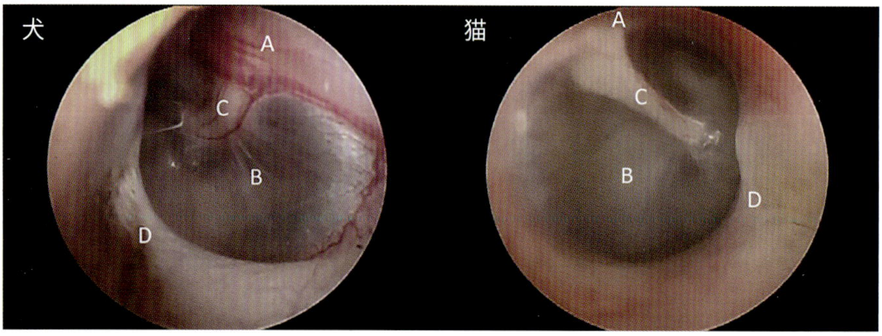

图 3.30 犬 (左) 和猫 (右) 鼓膜的VOE图像。注意松弛部 (A) 和紧张部 (B) 的大小差异。犬的锤骨柄 (C) 更弯曲，猫的锤骨柄更直。外耳道的腹侧耳壁 (D) 有助于正确引导内镜

和/或治疗。在猫身上，鼓泡隔几乎是完整的，将鼓室分成两个隔室。这2个部分包括背外侧和腹内侧鼓室，它们通过邻近岩颞骨、蜗窗尾外侧的细小裂隙连通（图3.36）。通往犬鼓泡的通路较宽且位于腹侧，而猫的鼓泡通路较窄且位于外腹侧（图3.37）。并且，必须小心，因为交感神经丛沿着内壁横穿鼓泡隔在隔室之间穿行。

鼓室张肌由三叉神经的一个分支支配，通过收缩来移动锤骨。鼓索是面神经的一个分支，靠近松弛部，在鼓室张肌的附着点下方穿行。

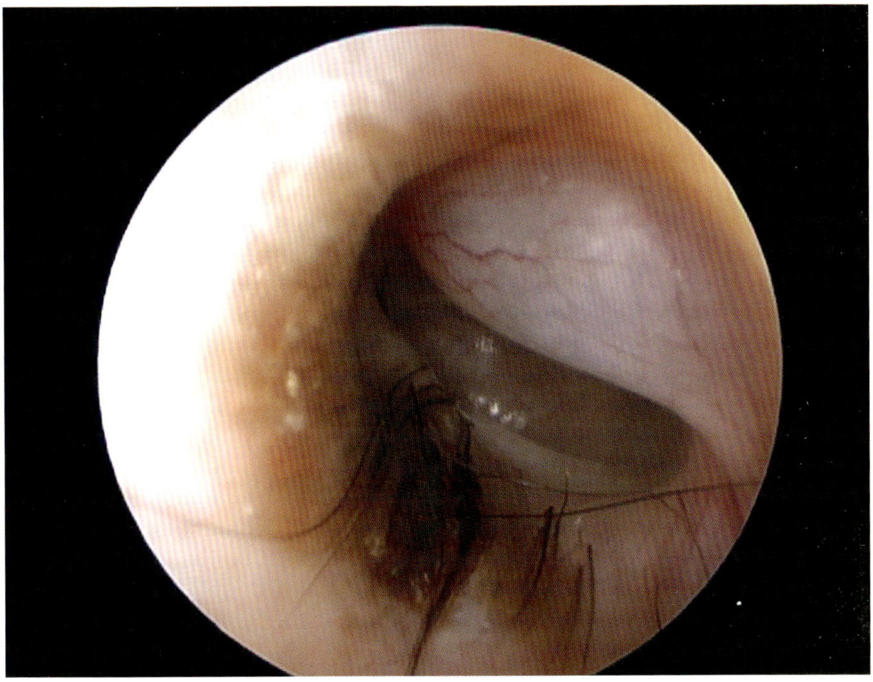

图 3.31 犬左侧耳道的VOE图像。鼓膜松弛部正常但扩张（隆起）、充满空气

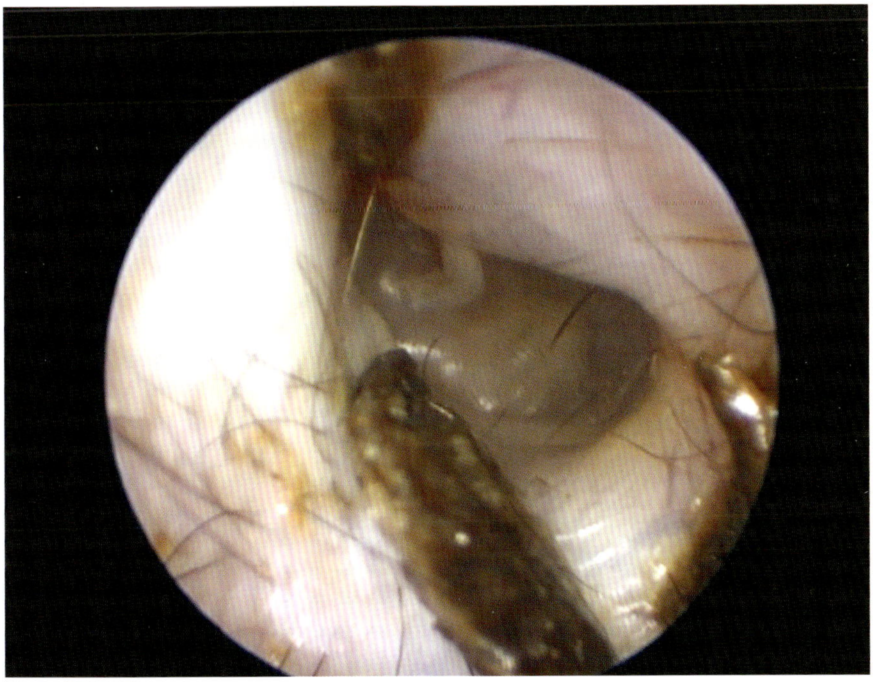

图 3.32 犬左侧耳道的VOE图像。鼓膜松弛部正常但扩张（隆起），该犬患有耵聍性外耳炎

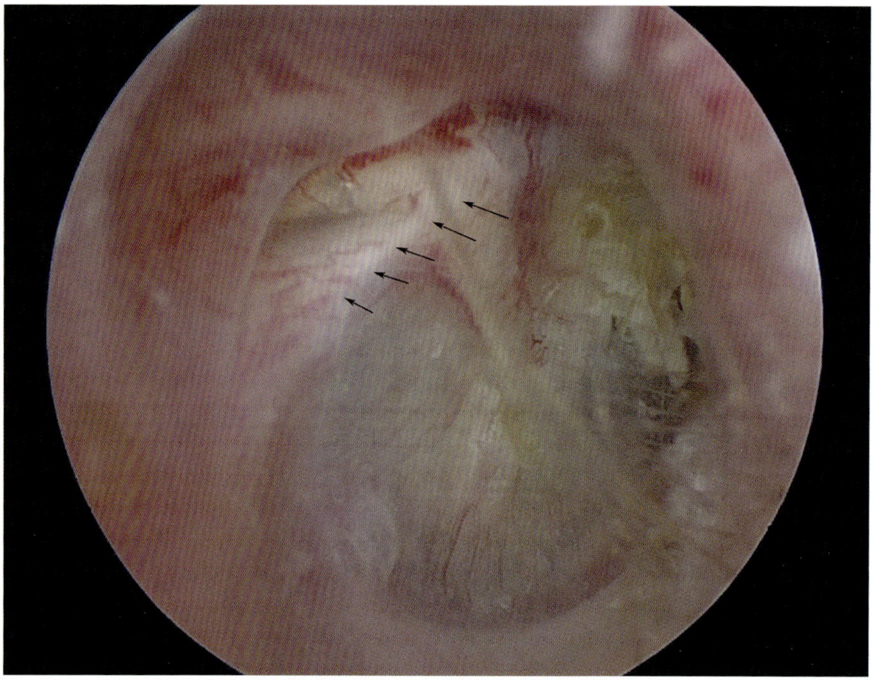

图 3.33　犬右侧耳道的VOE图像。锤骨褶（黑色箭头）将松弛部与紧张部分开

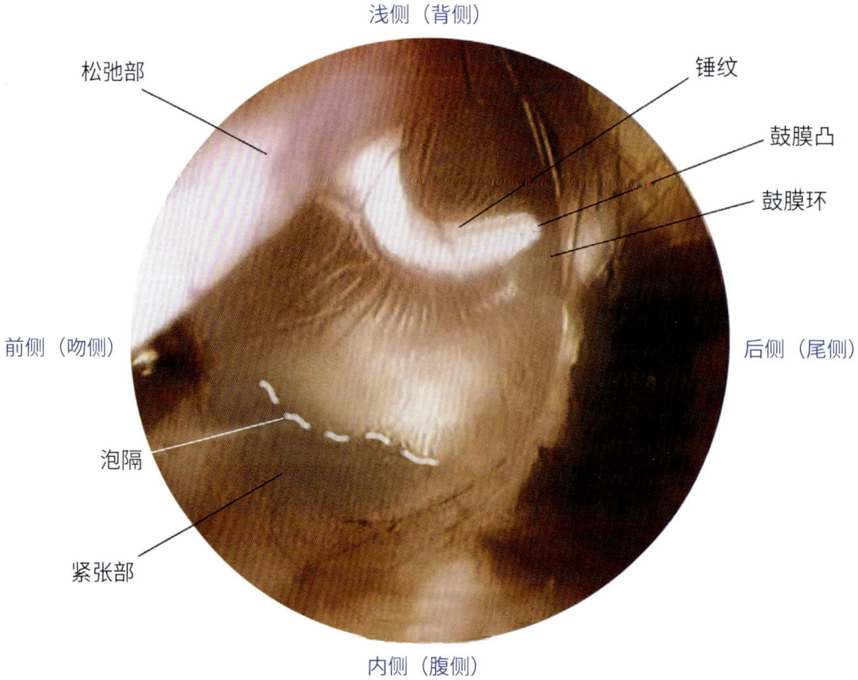

图 3.34　犬右侧鼓膜的VOE图像示意图

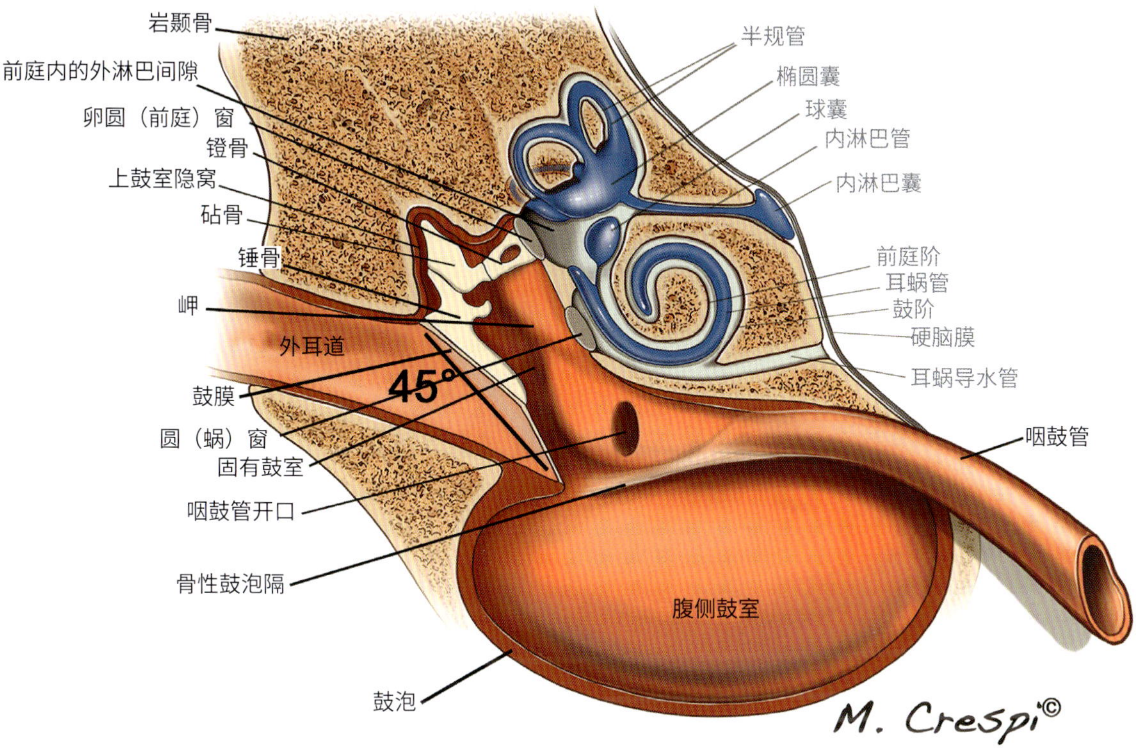

图3.35 犬的内耳、中耳和外耳道示意图（图片来源：由Massimiliano Crespi提供）

鼓室张肌和镫骨肌（受插入镫骨的面神经分支支配）具有保护中耳和内耳的功能，以免受较大声音或反复出现的声音的伤害。在实际情况下，为了应对非常响亮或突然出现的声音，这些肌肉本身会收缩，从而减少声波的强化。

咽鼓管连接中耳和鼻咽，其功能是平衡鼓膜内外压力并使中耳通气。这个短椭圆形管形结构在骨性听腔中穿过。它内衬有假复层纤毛柱状上皮，在犬身上，其最大直径为1.5mm。该管由前端的骨头、中耳和鼻咽的软骨形成。吞咽过程中软骨部分打开（由于升降肌和腭帆张肌的功能）。

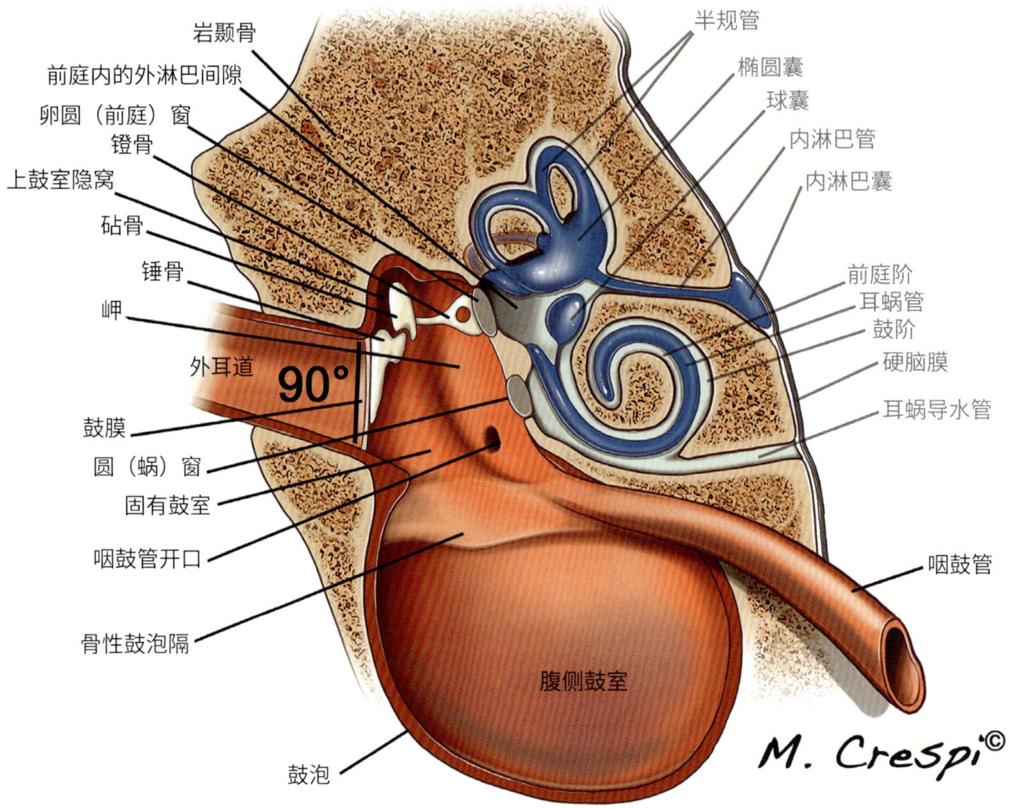

图3.36 猫的内耳、中耳和外耳道示意图（图片来源：由Massimiliano Crespi提供）

3.4 内耳的概述

内耳结构（耳蜗和前庭附器）包含在岬内，岬是鼓室内侧岩颞骨的骨性突出。卵圆（背外侧）窗和圆（尾外侧）窗覆盖有薄膜，将中耳腔与内耳分开。

窗和鼓膜与声音传播密切相关。听小骨在上鼓室隐窝内形成一条链，将鼓膜与卵圆（前庭）窗相连：锤骨连接鼓膜和砧骨；砧骨附着在镫骨上，而镫骨又连接在卵圆（前庭）窗上。外耳道捕获的声波撞击鼓膜并使其振动。这些振动通过听小骨链被加强并集中到卵圆（前庭）窗上。卵圆（前庭）窗的振动在耳蜗液内产生波，进而刺激毛细胞并将电脉冲传导至大脑，并被听到。圆窗充当耳蜗流体波的反弹点，对于扩散很重要。前庭附器毗邻耳蜗，由前庭和半规管组成，负责检测头部运动和保持平衡。

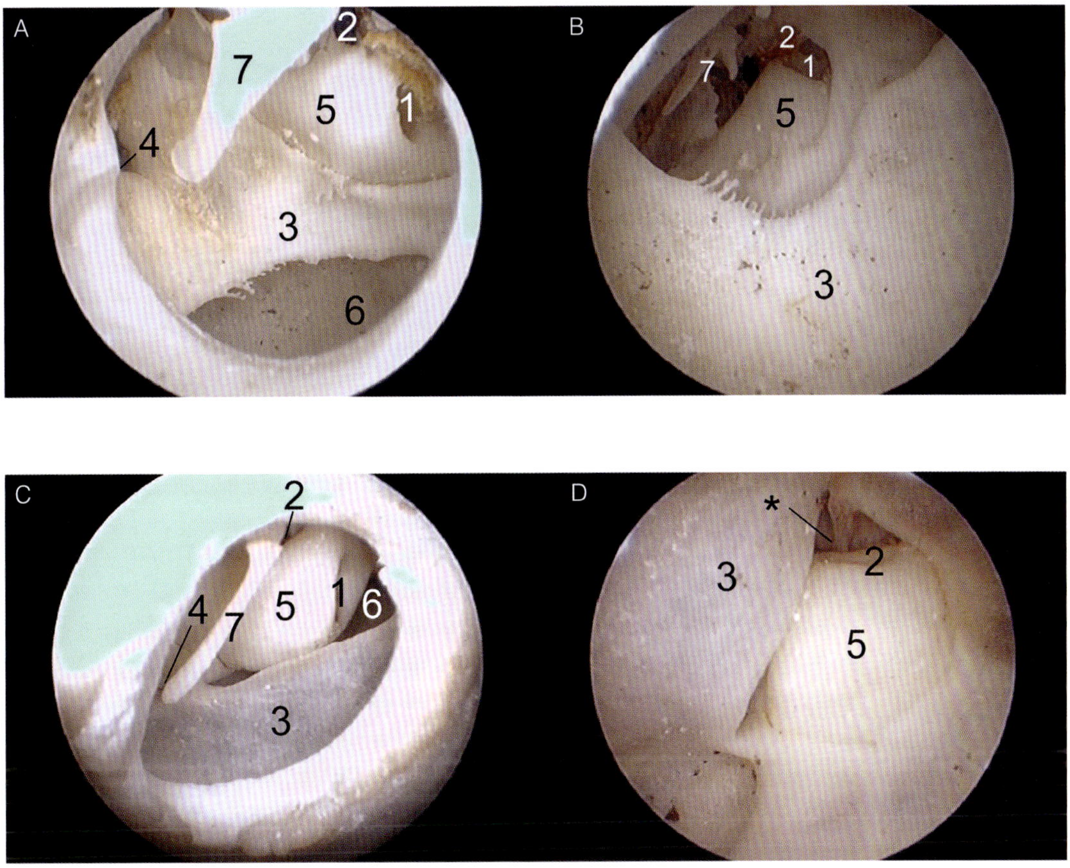

图 3.37 犬和猫左中耳（骨骼）的VOE图像。A.犬俯视图；B.犬仰视图；C.猫俯视图；D.猫仰视图。1，圆（蜗）窗；2，卵圆（前庭）窗；3，鼓泡隔；4，咽鼓管；5，岬；6，鼓泡；7，锤骨柄；*，猫的固有鼓室和鼓泡之间的通路

延伸阅读

Bischoff MG, Kneller SK (2004) Diagnostic imaging of the canine and feline ear. Vet Clin North Am Small Anim Pract 34:437

Bloom PB (2010) Anatomy of the ear in health and disease. In: August JR (ed) Consultations in feline internal medicine, vol 6. Saunders Elsevier, St. Louis, MO, p 319

Cole LK (2009) Anatomy and physiology of the canine ear. Vet Dermatol 20(5–6):412

Cole LK (2010) Anatomy and physiology of the canine ear. Vet Dermatol 21(2):221

Cole LK (2011) Otoscopy. In: Tams TR, Rawlings CA (eds) Small animal endoscopy, vol 20, 3rd edn. Elsevier –

Mosby, St. Louis, MO, pp 587–605

Cole LK, Weisbrode SE, Smeak DD (2007) Variation in gross and histological appearance of the canine pars flaccida. Vet Dermatol 18:464

Evans HE, De Lahunt AA (2013) The ear. In: Evans HE, De Lahunt AA (eds) Miller's anatomy of the dog, 4th edn. Elsevier, St. Louis, p 731

Ghibaudo G (2010) Principi di video-otoendoscopia nel cane e nel gatto. Poletto, Milan

Griffin C (2009) Otitis: anatomy every practitioner should know. Compend Contin Educ Vet 31(11): 504

Harvey RG, Harari J, Delauchea J (2001) The normal ear. In: Harvey RG, Harari J, Delauchea J (eds) Ear diseases of the dog and cat, vol 9. Iowa State University Press, Ames, IA

Heine PA (2004) Anatomy of the ear. Vet Clin North Am Small Anim Pract 34(2):379

Johnson A, Hawke M (1986) An ink impregnation study of the migratory skin in the external auditory canal of the guinea-pig. Acta Otolaryngol 101(3–4):269

Kumar A (2005) Anatomy of the canine and feline ear. In: Gotthelf NL (ed) Small animal ear disease, vol 1, 2nd edn. Elsevier Saunders, St. Louis, MO

Lee J et al (2006) Ultrasonographic evaluation of the external ear canal and tympanic membrane in dogs. Vet Radiol Ultrasound 47:94

Najaa BL, Cole LK, Tabacca N (2012) Practical otic anatomy and physiology of the dog and cat. Vet Clin North Am Small Anim Pract 42(6):1.109

Paterson S, Tobias K (2013) Atlas of ear diseases of the dog and cat. Wiley-Blackwell, Oxford

Rosychuk R (2021) Video otoscopy. In: McCarthy T (ed) Veterinary endoscopy for the small animal practitioner, vol 10, 2nd edn. Wiley, Boca Raton, FL, pp 637–659

Stout-Graham M et al (1990) Morphologic measurements of the external horizontal ear canal of dogs. Am J Vet Res 51:990

Tabacca NE, Cole LK, Hillier A et al (2011) Epithelial migration on the canine tympanic membrane. Vet Dermatol 22(6):502

VOE 操作程序 4

在本章中，笔者将阐述VOE操作程序。细胞学检查在日常临床实践中具有基本的诊断价值。因此，专栏中详细描述了细胞学样本的获取、准备、检查和解读。外耳的深度清洁是耳炎患宠诊断和起始治疗时最常见和最重要的耳科操作。在此阶段，有可能会看到可移除、可检查的肿块。本章还会描述手术激光在VOE中的使用，以及其特点和优点。还会讨论进行医源性鼓膜切开（鼓膜切开术）的正确操作，最后会讨论中耳的深度清洁。

4.1 耳细胞学

对耳道中的物质进行显微镜检查可以为耳炎的病因学诊断提供重要信息，而这些信息是无法仅通过宏观评估获得的（**专栏4.1**）。该技术简单、快速且具有较好的成本效益。使用棉签进行间接印模涂片。将棉签轻轻插入耳道，直至垂直耳道末端。如果没有握住耳郭并向上牵拉拉直垂直和水平耳道，则棉签会采样到正确的位置。如果患宠接受且未引起疼痛或困扰，则可以在意识清醒的患宠身上进行该操作。如果有必要，可以在镇静或麻醉下，将长拭子插入耳镜锥体中以对远端垂直耳道进行采样，避免可能的表面污染（图4.17）。

专栏4.1　耳细胞学

耳道中存在的分泌物的宏观外观（颜色、气味和黏稠度）有时可以提示致病因素。例如：

- 深棕黑色干燥分泌物（具有“咖啡渣”外观）可能提示耳螨病（图4.1）。
- 潮湿、黄棕色、腐臭异味的分泌物可能提示马拉色菌过度生长（图4.2）。
- 大量恶臭的乳黄色分泌物可能表明细菌感染（图4.3）。其他临床指征还包括：脓性黏液样物质（可能提示生物膜），或与血液相关的黄绿色脓性物质和熟水果味（可能提示假单胞菌感染）。

a. 螨虫（耳螨或犬蠕形螨）的显微镜检查

外耳道的耳镜检查可能会发现肉眼可见的耳螨（图4.4）。细胞学样本应该在进行耳朵清洁之前获取。将小棉签插入远端垂直耳道，接着将收集到的样本与载玻片上的一滴矿物油混合，然后盖上盖玻片并在显微镜下观察（图4.5）。在存在大量分泌物的情况下，可以使用角质溶解液（例如10%氢氧化钾）代替油来溶解载玻片上的碎屑，从而更好地观察寄生虫。检查前样品应放置10～15min。通过部分关闭光阑来降低显微镜光强度，可以更清楚地观察显微镜下的寄生虫。与所有可用的其他皮肤寄生虫学诊断方法一样，该方法是特异的（发现成虫、幼虫或虫卵则确认诊断），但不敏感（阴性结果不能排除诊断）。

b. 耳分泌物的细胞学评估

耳样本的细胞学检查提供了重要的诊断和治疗信息。为了了解感染性病原（细菌和酵母菌）的作用并区分过度生长和感染，需要进行耳细胞学评估。由于与耳炎最相关的微生物是共生体，因此细菌培养的价值较低。此外，治疗期间的系列细胞学标本能够用来监测疾病的进程。

本章其他部分更详细地描述了采样程序。简而言之，即使是单侧耳炎，也要从双侧耳道获取细胞学样本。应使用铅笔预先标记载玻片（图4.6）。采样后，通过将耳拭子轻轻滚动到载玻片上来转移样本。这种方法很重要，因为它可以防止细胞损伤，从而避免影响判读（图4.7）。载玻片应自然风干。

用于皮肤和耳细胞学的主要染色剂是快速罗曼诺夫斯基染色剂(Emacolor®，DiffQuick®)，它们也常用于血液学。着色是全色的，可提供出色的细胞质细节和微生物形状。相反，细胞核细节则不如巴氏染色等其他染色那么明显。革兰染色在耳细胞学中不是很重要。耳感染涉及的细菌通常是革兰氏阳性球菌（例如葡萄球菌、链球菌）和革兰氏阴性杆菌（例如变形杆菌、棒状杆菌、假单胞菌、大肠杆菌）。

待检载玻片的显微镜检查始终从最低放大倍数 (4×) 开始，因为这样可以评估样本的充足性并确定最感兴趣的区域。然后移动到更高的放大倍数 (10×) 来完善搜索并评估样本的细胞结构。40× 放大倍数可以进行细胞形态学评估以及酵母菌和细菌的观察。最后，保留 100× 放大倍数（使用浸油）用于细菌的形态学检查。

正常耳细胞学

很少对无症状患宠的健康耳朵进行耳细胞学检查。

然而，只有充分了解正常耳细胞学知识，才能理解和分析病理性耳道的变化。典型的耳道含有一层薄薄的耵聍，覆盖在表皮上。耵聍包括皮脂腺和耵聍腺的分泌物以及定期剥脱的表皮。正常情况下，耵聍脂质含量较高，与染色剂的染色亲和力较差。正常耳道细胞学的特征是着色较弱并且存在少量已完全分化的表皮细胞。

表皮最外层的细胞，即角质层，被称为角质细胞或角化鳞片，因为它们完全角化且无核。角质细胞是皮肤细胞学上最大的细胞，但它们的形态和染色是可变的。在显微镜下，它们可能呈现白色、粉色、紫色或蓝色。它们可以是大的、扁平的、多边形的、染色较浅的，也可以是折叠的（卷起的）、纺锤形的、染色较深的（图 4.8）。在没有炎症细胞的情况下，也可能存在少量细菌（球状和 / 或杆状）和马拉色菌。

非复杂性耵聍性耳炎的细胞学检查

在存在炎症刺激的情况下，耵聍性耳炎会加速正常表皮角化过程，因此耵聍性耳炎的细胞学特征是大量无核和有核角质细胞（图 4.9）。

细菌性耳炎的细胞学检查

耳细胞学中发现的细菌有两种类型：球状和杆状。在标准染色中，它们呈嗜碱性（染成蓝色）并具有独特的形状，即球状细菌呈球形，杆状细菌则呈细长形。健康的耳朵中可能存在少量细菌，且都是球菌。在没有炎症细胞反应的情况下，出现许多细菌时被称为“细菌过度生长”（BOG）。定义外耳道中正常和异常细菌群之间的界限并不简单。细菌过度生长必须与细菌感染区分开，在细菌感染时，细菌引起炎症反应，几乎总是中性粒细胞性炎症。正常情况下，耳道内找不到中性粒细胞。结合细菌吞噬现象，存在中性粒细胞是细菌感染的证据（图 4.10）。退行性中性粒细胞很少能保存完好，经常以核（DNA）条带为特征。在耳感染期间，细胞核变化可能非常严重，以至于很难将其识别为退行性中性粒细胞。

一些细菌菌株会产生生物膜来保护自己免受环境和抗菌剂的影响。“黏稠”脓性物质（图 4.11）的出现，在细胞学上显示为无定形蛋白质物质，包含细菌和中性粒细胞，高度提示生物膜的存在（图 4.12）。

酵母菌性耳炎的细胞学检查

厚皮马拉色菌是一种亲脂性酵母，属于正常耳道微生物群。在某些情况下，它会成为病原体，加重耳部疾病并使之复杂化（继发感染）。它是一种圆形或椭圆形的单细胞酵母菌，在出芽时呈现出典型的美洲花生形（图 4.13）。在少数情况下，还会鉴定出另一种酵母菌——白色念珠菌（图 4.14）。

中耳细胞学

对于中耳炎、内耳炎、耳源性脑膜炎和耳旁或脑脓肿病例，可以从骨性鼓泡中获取样本。吸出来的物质用于细胞学检查以及细菌和真菌培养并进行药敏测试。首先清洁外耳道。如果鼓膜完好无损，则使用无菌导管或饲管进行鼓膜切开术。为了方便进行鼓膜切开术，可以将导管 / 饲管的头部沿对角线剪去，形成一个尖端。无菌注射器连接到导管 / 饲管的末端。

穿透鼓膜后立即使用注射器抽吸。拔出注射器并吸入空气。然后可以将管中的物质排到无菌拭子上进行培养，并在标记的载玻片上进行印模涂片。该物质可以是无菌的或感染性的。无菌样本（例如原发性分泌性中耳炎或短头颅品种的中耳积液）会显示蓝色黏液（图 4.15）、少量中性粒细胞、巨噬细胞，以及少量淋巴细胞、嗜酸性粒细胞和角质细胞（图 4.16）。炎症细胞可能会被破坏且难以识别。在胆脂瘤（鼓室角化细胞瘤）病例中，角质细胞占主导地位。感染性物质则含有退行性中性粒细胞和巨噬细胞，偶尔还含有其他炎症细胞。微生物可能很少见（就像在皮肤深层感染时），因此需要仔细检查（例如以“城垛图案模式”排查）。感染性中耳炎通常与细菌有关，但也会与其他微生物有关，例如，可能涉及真菌。红细胞预计会出现在无菌性和感染性细胞学制片中。

耳肿块（炎性或肿瘤性）的细胞学将在第 5 章中通过示例进行讨论。

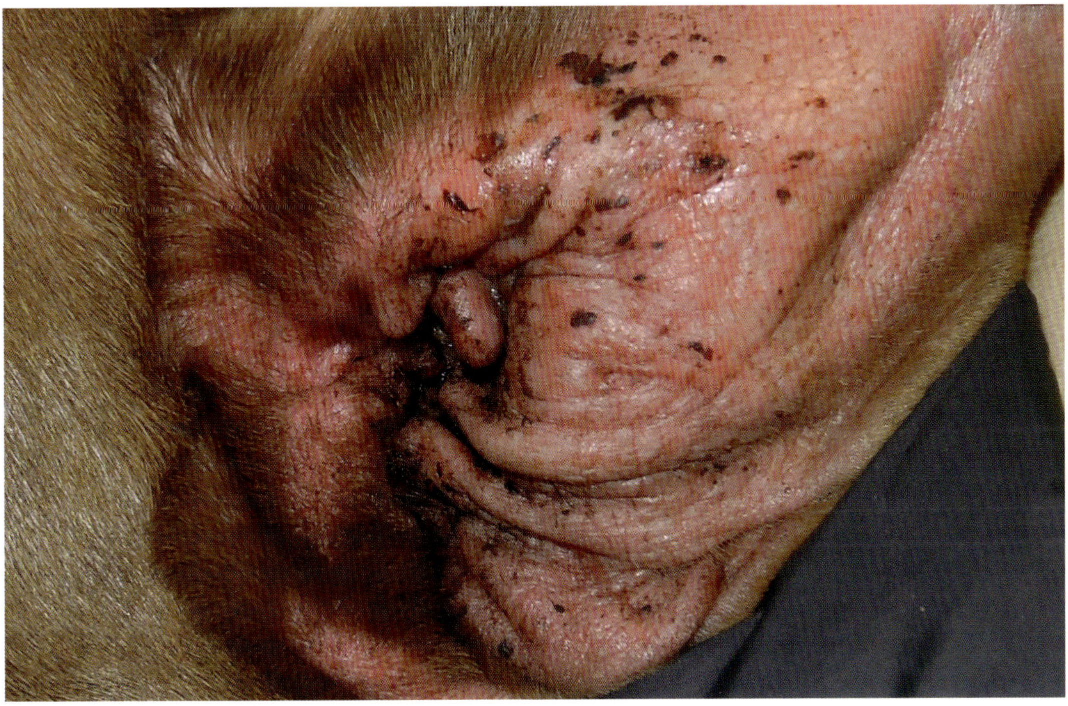

图 4.1　犬耳螨病：干性分泌物呈黑色，“咖啡渣”状

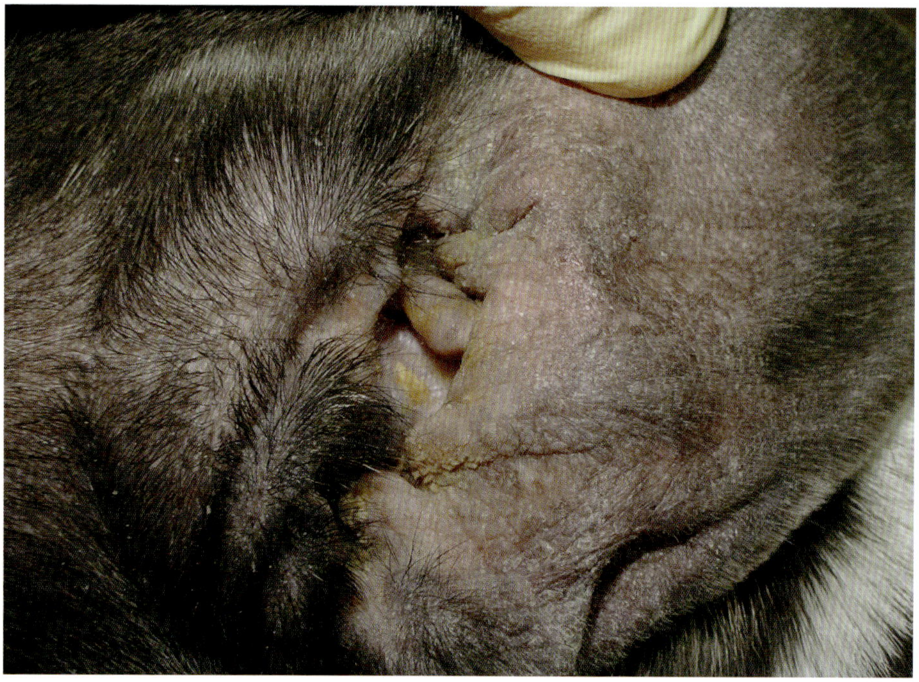

图 4.2　犬慢性外耳炎。可见潮湿的黄棕色分泌物，提示马拉色菌性耳炎

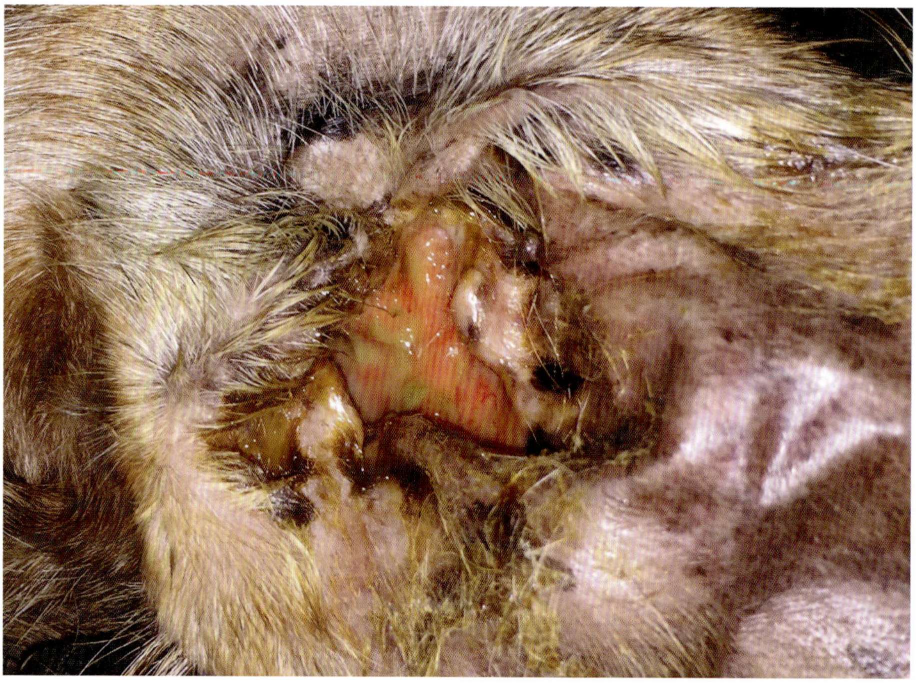

图 4.3　犬化脓性和溃疡性外耳炎。可见乳黄色分泌物，提示细菌感染

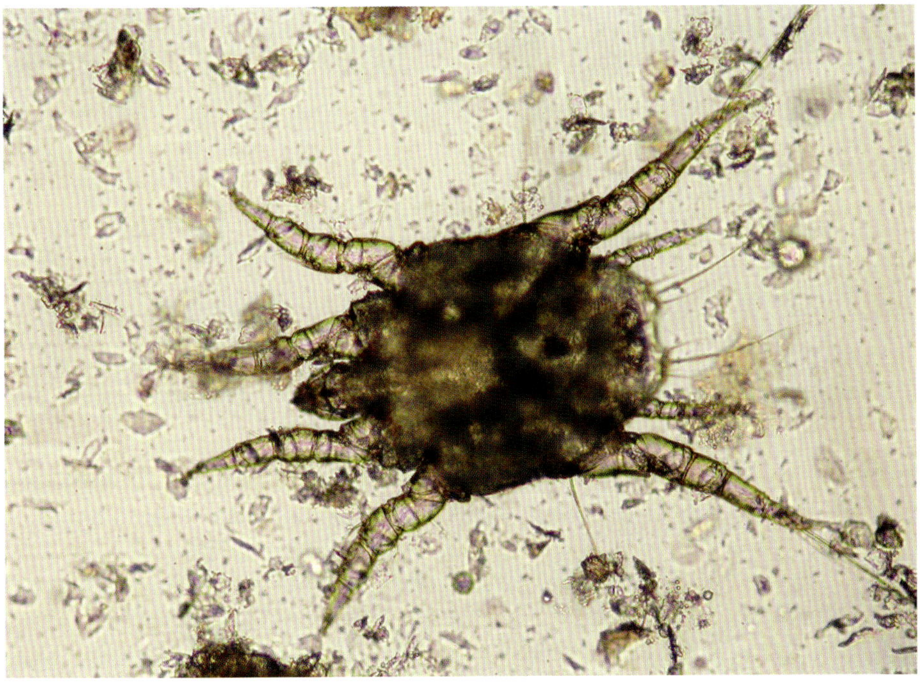

图 4.4 新鲜样本的显微镜检查。耳螨病导致的猫耳分泌物。可见一只成年耳螨

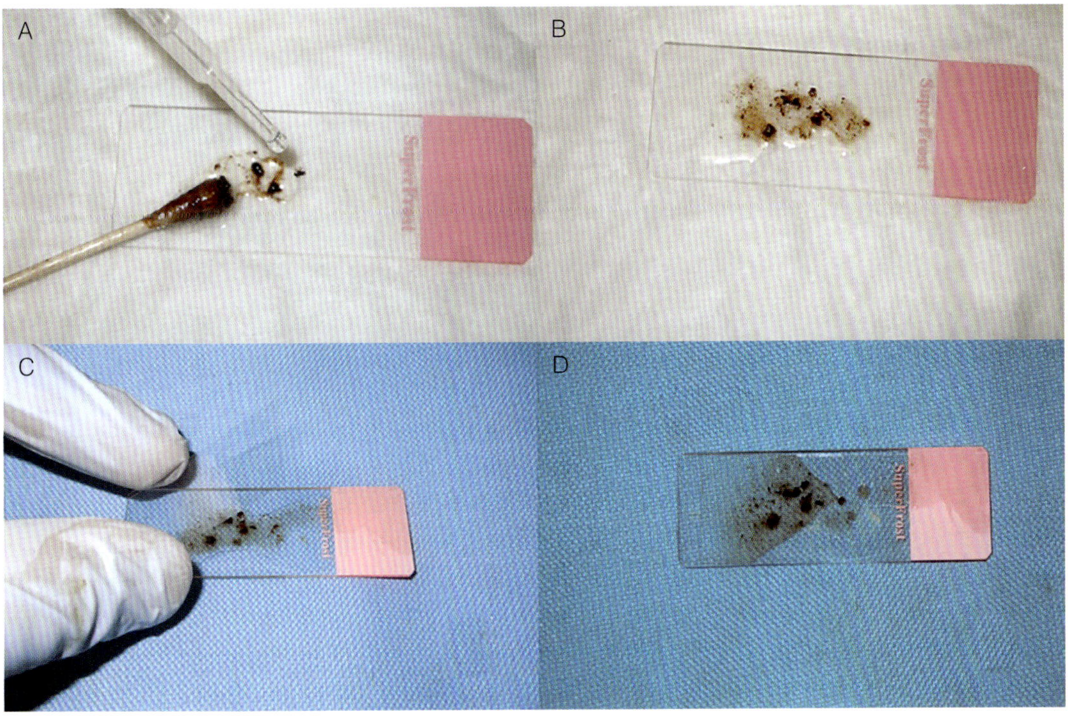

图4.5 使用矿物油和盖玻片进行耳细胞学制备

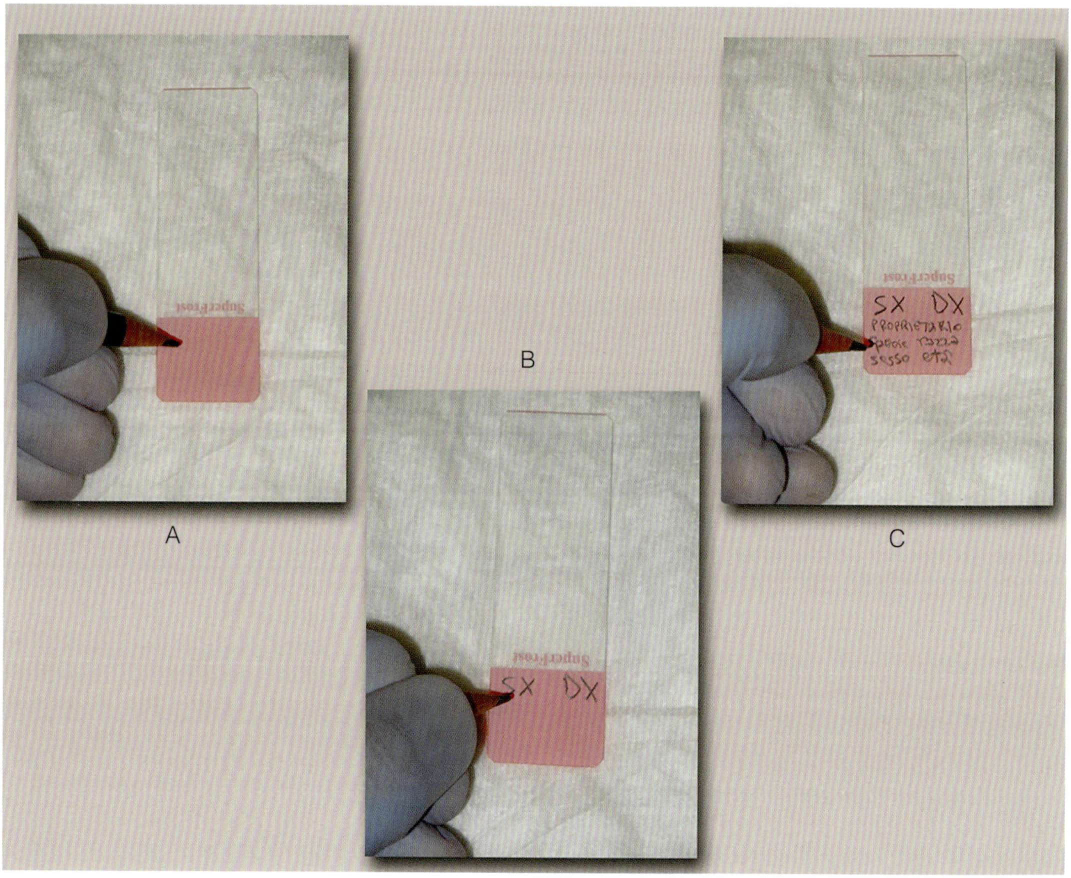

图 4.6 用铅笔在载玻片上标记信息很重要。载玻片上标有患宠和客人的姓名以及样本的来源（左侧和右侧）

此外，在VOE检查过程中，可以将拭子引导至最合适的区域，以获得更可靠的有机物质和信息（图4.18）。

多项研究证实，同一只耳朵的不同耳道位置和中耳内存在不同的致病菌。然而，可能无法从同时患有外耳炎和自发性鼓膜破裂的中耳炎患宠的中耳中获得代表性样本进行细胞学检查和/或培养。首先需要对外耳道进行深度耳部清洁，以到达并观察鼓膜和中耳。该过程可能会将存在于外耳中的有机物质与中耳中的有机物质混合。然而，依旧需要获取样本，并根据临床实际情况进行样本解读。

对于伴随/不伴随外耳炎的中耳炎患宠，鼓膜切开术后从中耳腔采集的样本最可能代表疾病过程（图4.19）。鼓膜切开术是在耳内镜下使用如上所述的针或直径1.67mm导管进行的。将装有无菌盐水溶液的5mL无菌注射器连接到导管/饲管的末端。该技术类似于支气管肺泡

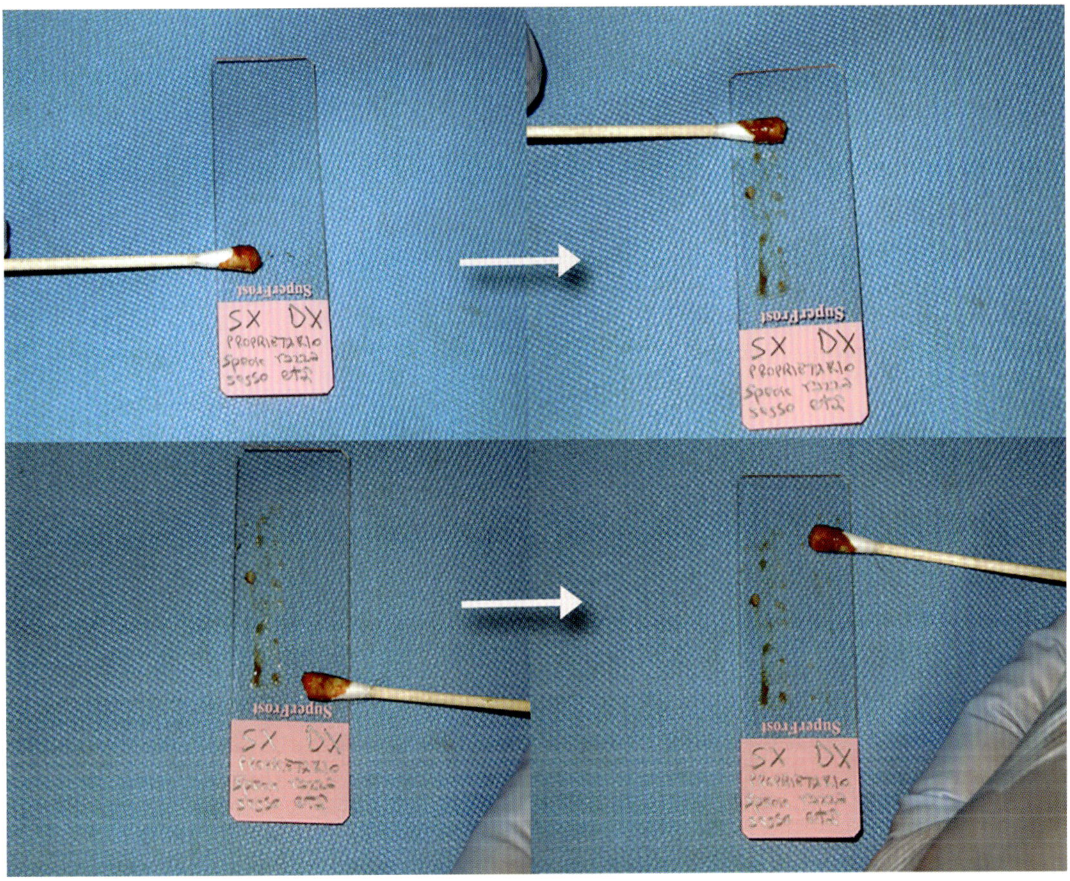

图4.7 将拭子滚动到干净的末端磨砂的显微镜载玻片上；左耳的分泌物滚到载玻片的左侧，右耳的分泌物滚到载玻片的右侧

冲洗(BAL)。一旦管子进入鼓泡中，用盐水溶液灌注至中耳，然后立即抽吸（图4.20）。抽吸的有机液体可以滴到液体培养基［脑心浸液肉汤（BHI）］中或直接嫁接于无菌棉签上进行细菌培养，并滴到样本载玻片上进行常规细胞学制片。

细针抽吸用于从耳道内生长的肿块中收集细胞。如果肿瘤易于接近，则可以使用带针头(21 ～ 22G)的注射器(5 ～ 10mL)采样。可以在病灶的不同位置进行采样，增加收集到具有代表性样本的可能性。连接针头和注射器，将针头直接插入肿块中，来回抽动并释放柱塞几次。释放压力后，从团块中拔出针头，取下针头并将注射器吸入空气，重新连接并轻轻地将针头内容物排到载玻片上。然后将载玻片风干并根据标准细胞学技术（快速罗曼诺夫斯基染色）染色。单独针头技术：将针插入肿块中，回退（但仍停留在病变内）并快速推回到肿块中数次，沿不同方向旋转和移动针头，使细胞通过毛细现象上升进入针头。

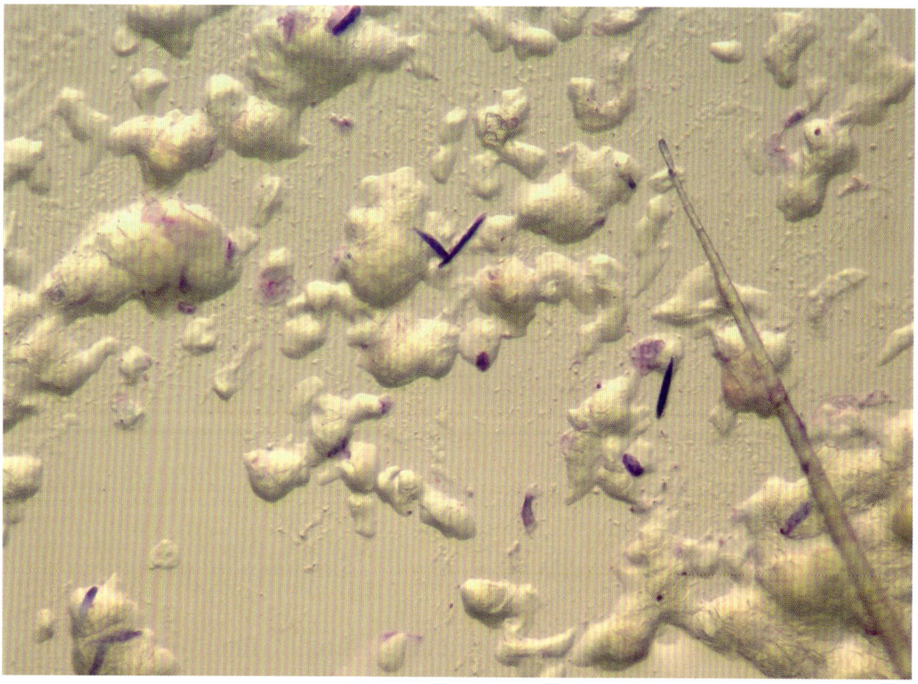

图4.8 细胞学。Diff Quick染色。10× 放大倍数。健康的犬耳道。观察到少量耳垢和罕见的矛尖形角质细胞

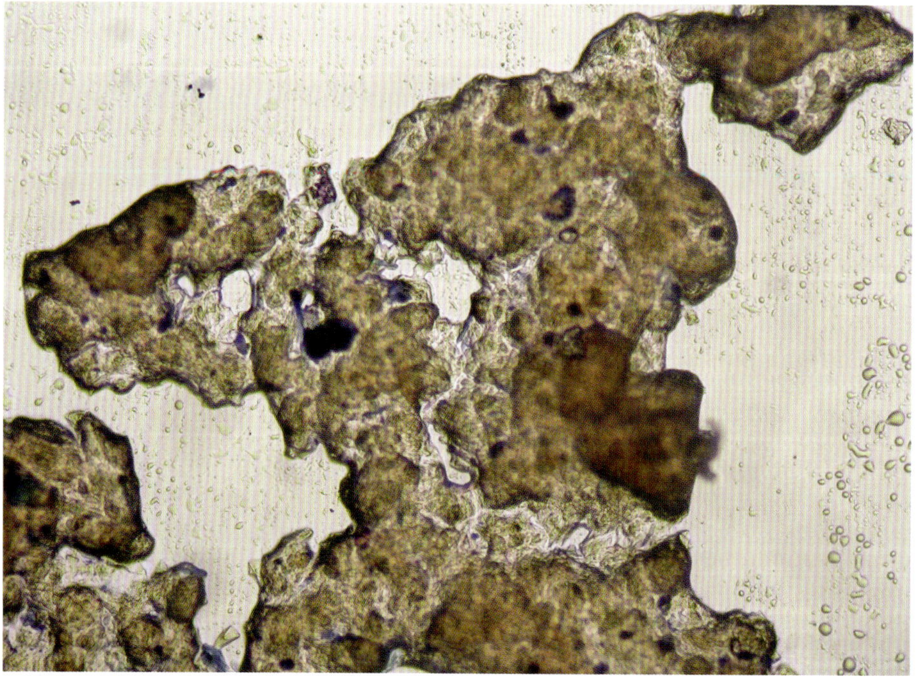

图 4.9 细胞学。Diff Quick染色。10× 放大倍数。犬耵聍性耳炎。观察到成簇的耳垢和角质形成细胞

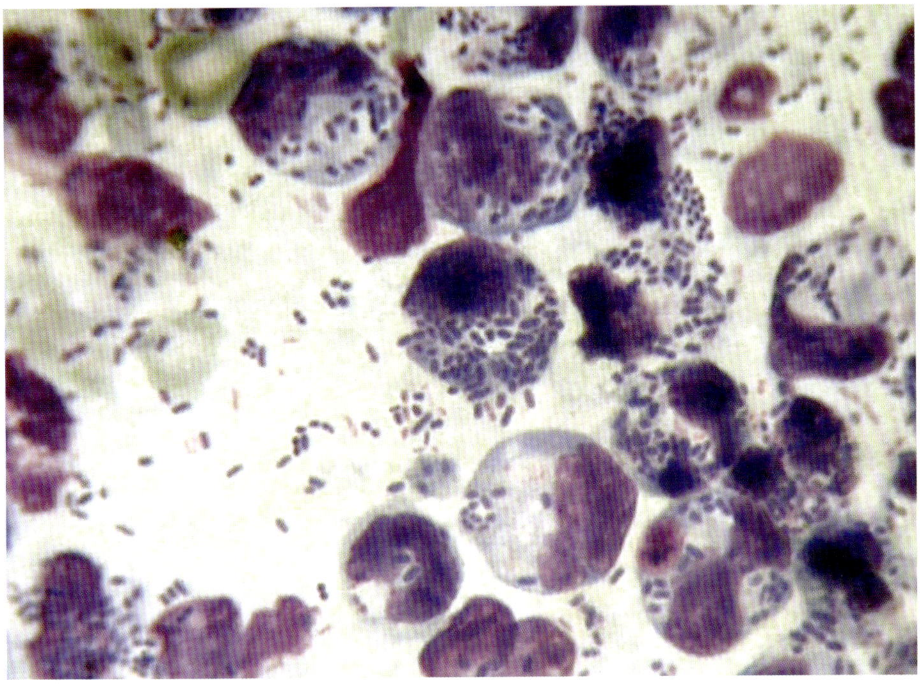

图 4.10 细胞学。Diff Quick染色。 100× 放大倍数（浸油）。犬化脓性耳炎。在正常情况下或细菌过度生长时，耳道内不会发现中性粒细胞；它们的存在并结合细菌吞噬现象，是细菌感染（杆状细菌）的直接证据

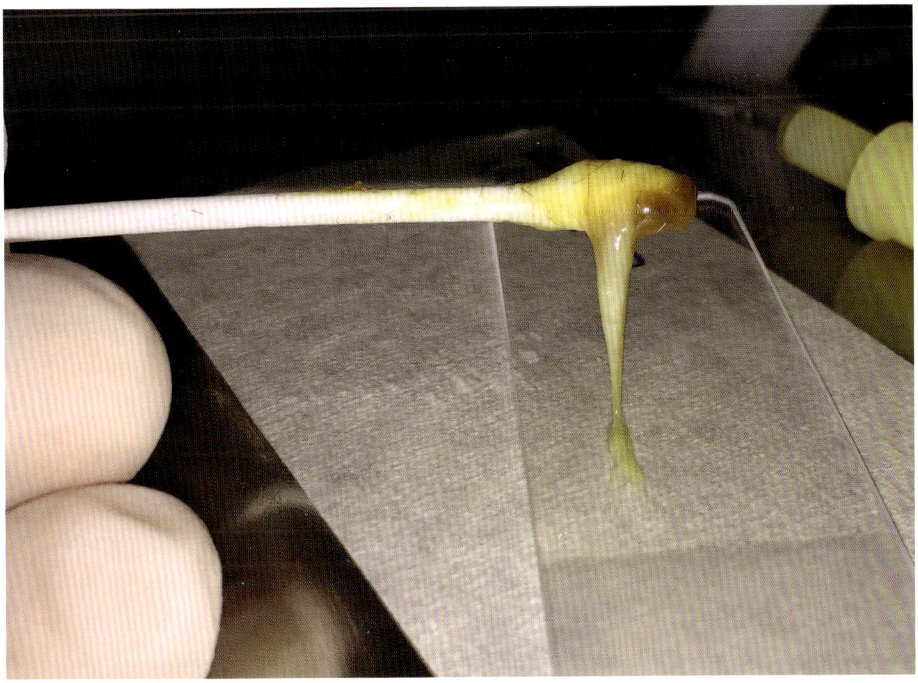

图 4.11 犬化脓性耳炎。棉签上带有黏稠脓液，并形成脓性桥梁（Purulent Bridge），提示细菌生物膜的产生

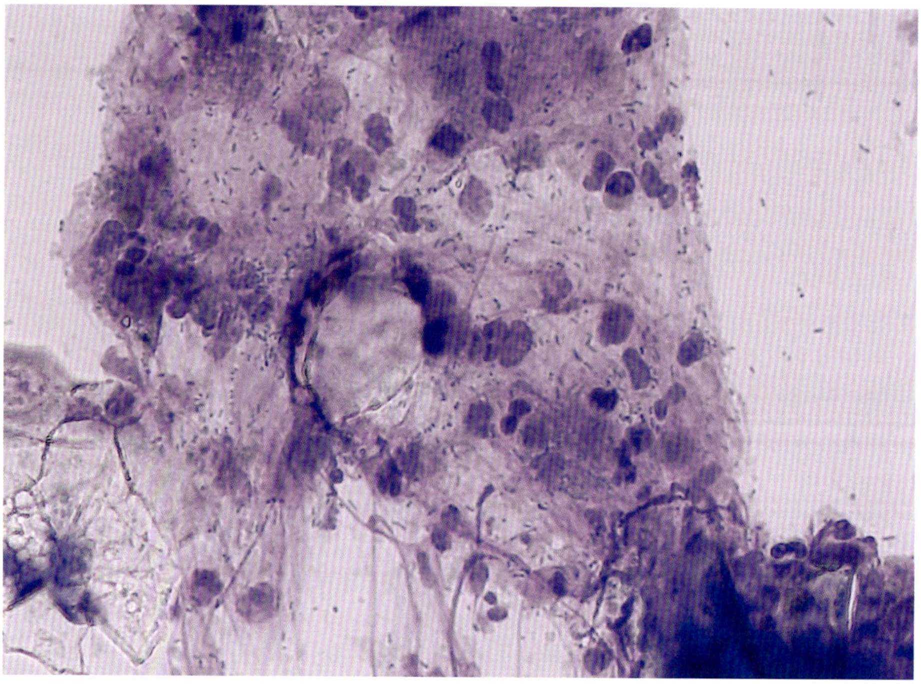

图4.12 细胞学。Diff Quick染色。40× 放大倍数。犬化脓性耳炎。可见无定形蛋白质物质，将内含的细菌和中性粒细胞牢牢地拴在一起。这高度暗示了生物膜的存在

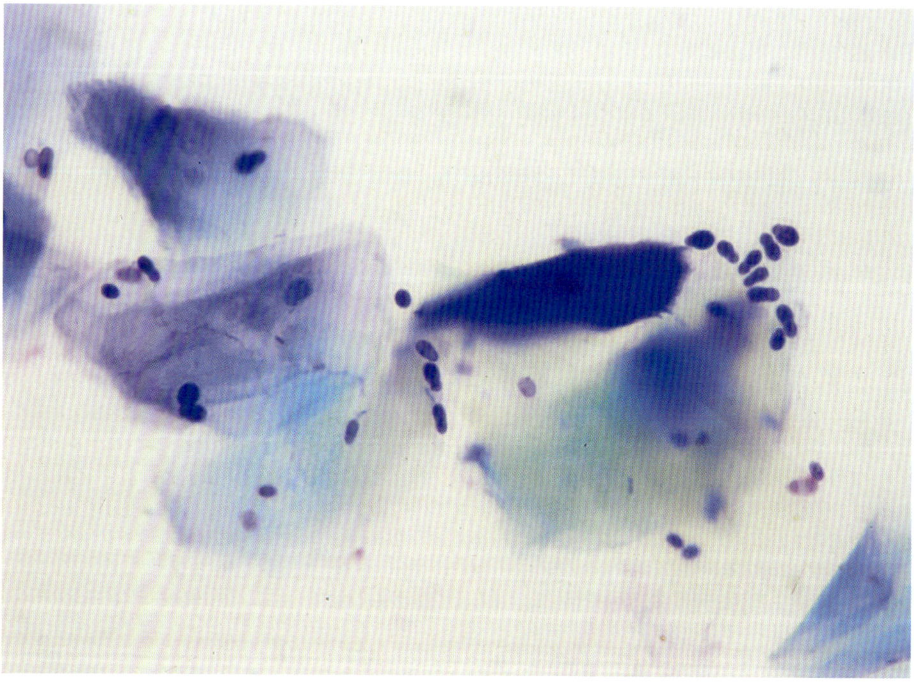

图4.13 细胞学。Diff Quick染色。100× 放大倍数。犬耵聍性耳炎。细胞学照片以许多角质细胞和马拉色菌为特征。酵母菌游离或附着在上皮细胞

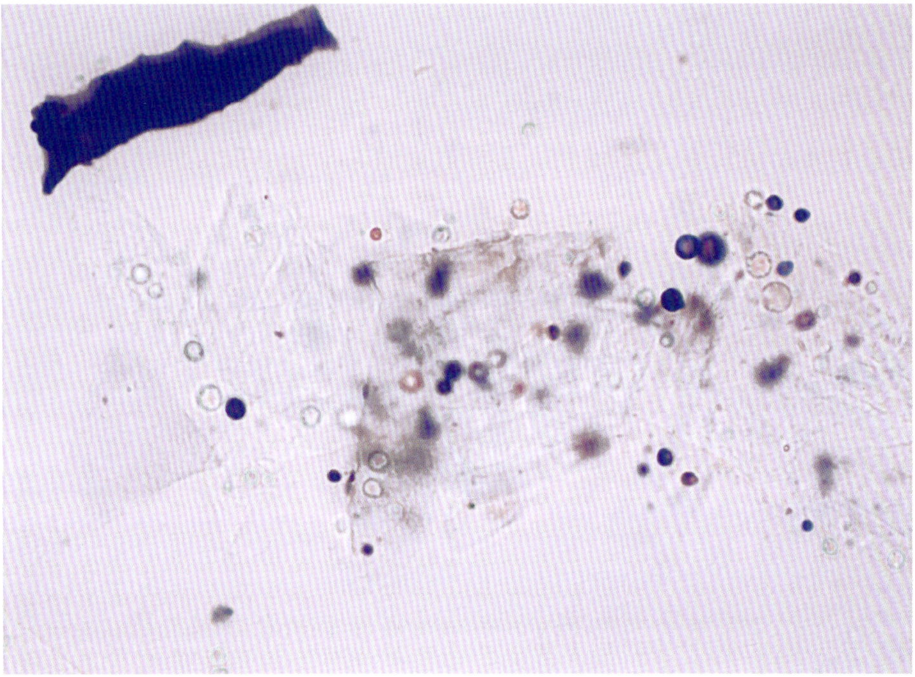

图4.14 细胞学。Diff Quick染色。40× 放大倍数。犬耵聍性耳炎。细胞学图像的特征是角质细胞和呈圆形的酵母菌，提示念珠菌病

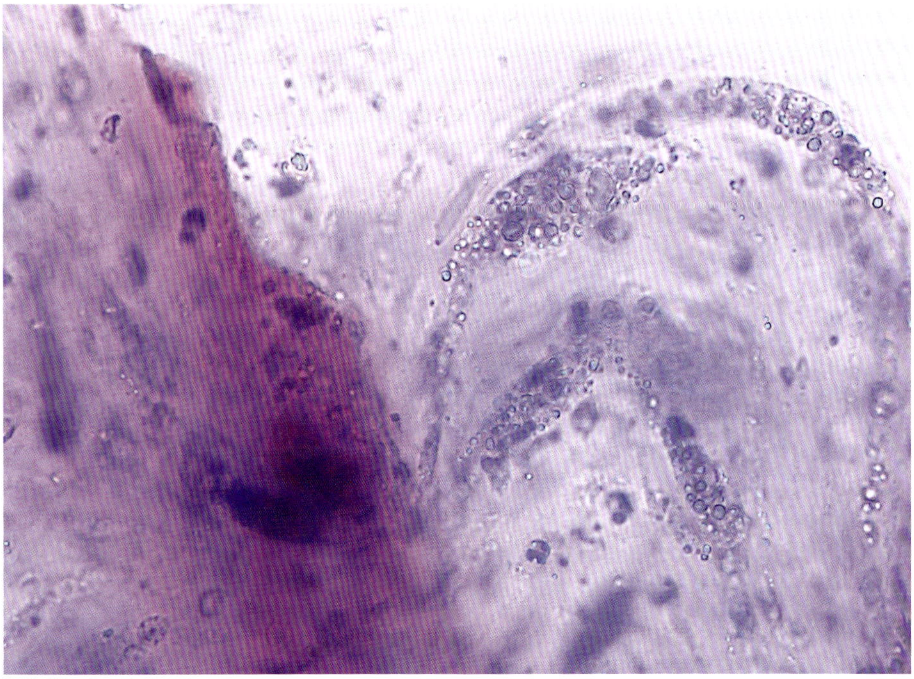

图4.15 细胞学。Diff Quick染色。40× 放大倍数。犬中耳炎。可见大量厚实的浅色至深蓝色同源性黏液

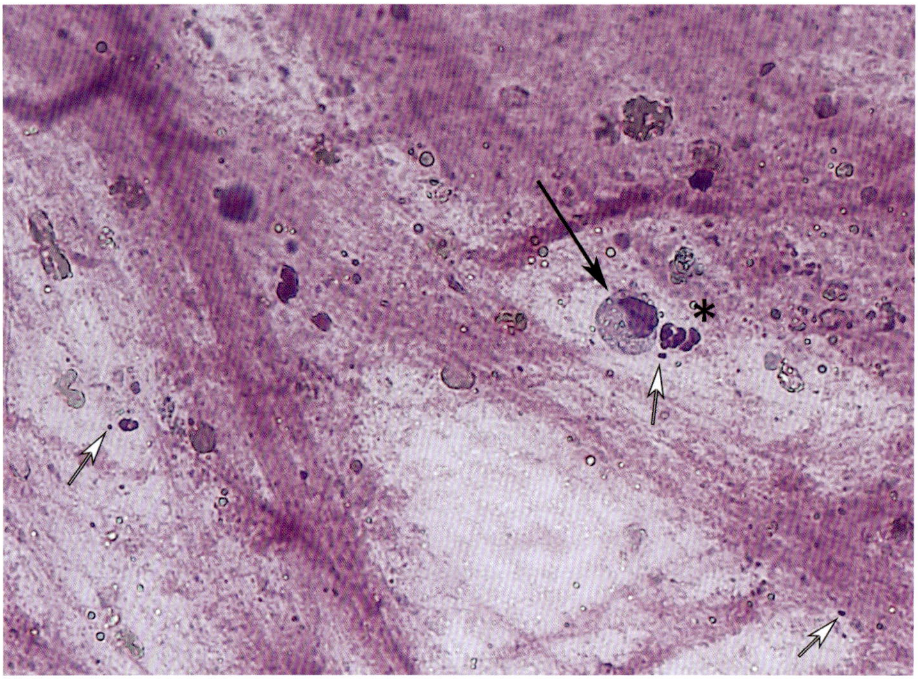

图4.16 细胞学。Diff Quick染色。40× 放大倍数。犬中耳炎。炎症细胞（空泡化巨噬细胞——黑色箭头；中性粒细胞——黑色星号）嵌入黏液中，在背景中弥散性散开。也存在少量细菌（白色箭头）

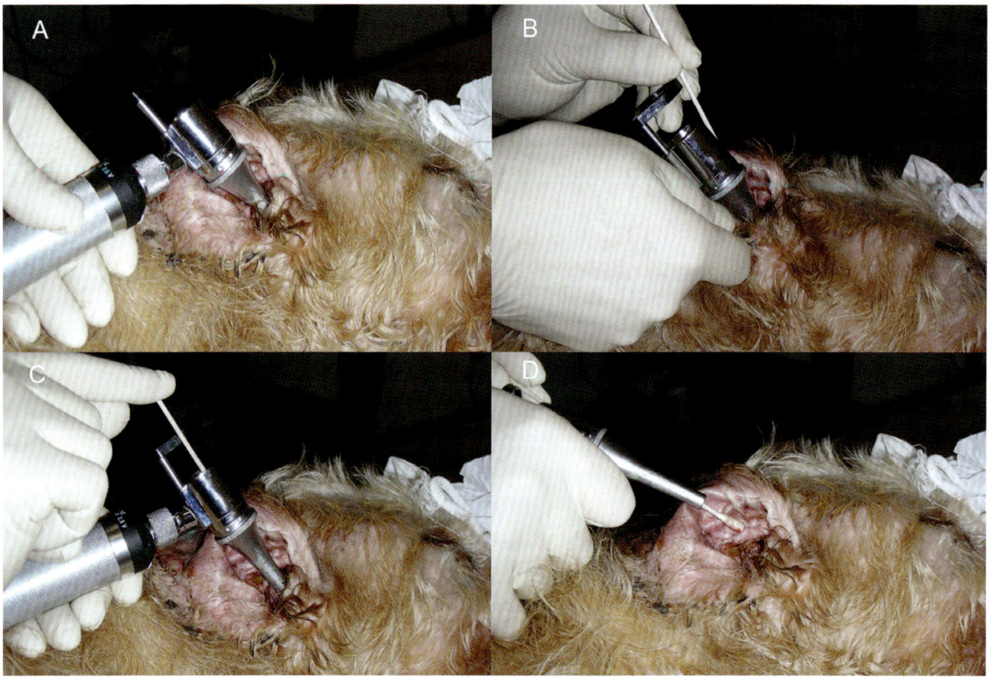

图4.17 使用耳拭子在犬外耳道中进行细胞学采样操作。A.将锥头引入耳道；B.将拭子插入锥头；C.插入锥头；D.在垂直耳道末端进行细胞学采样后，拭子从锥头中露出

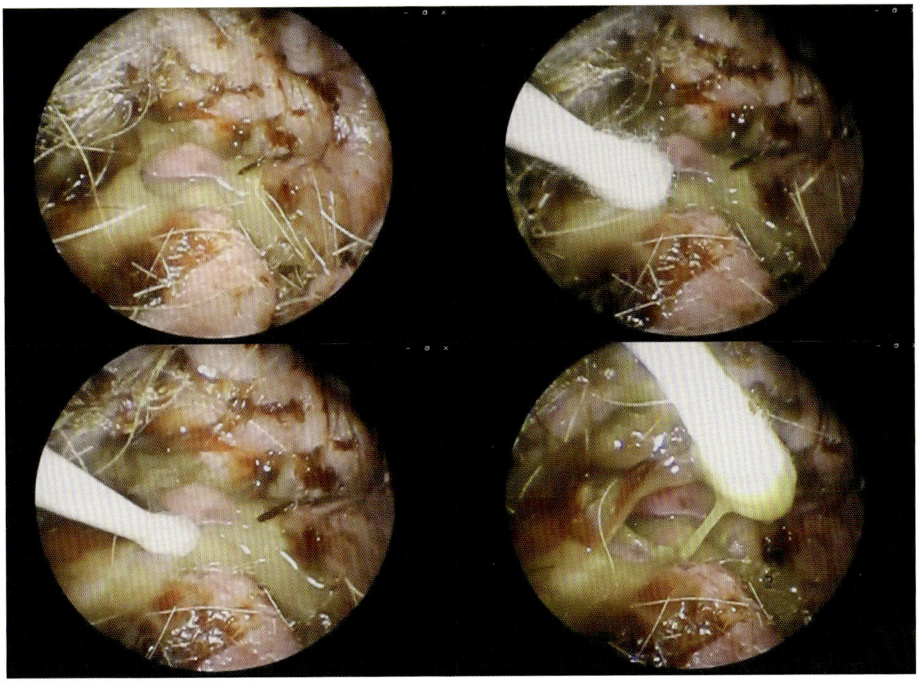

图4.18 VOE图像。使用耳拭子在犬外耳道中进行细胞学采样，注意大量带有生物膜性桥梁的脓性物质

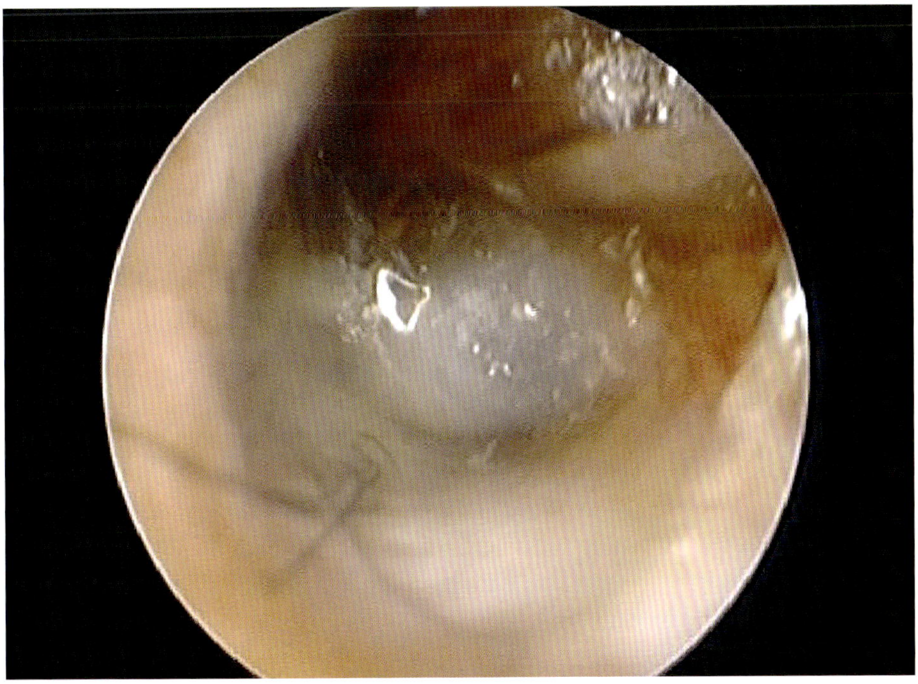

图4.19 左耳鼓膜VOE图像。犬。紧张部膨出伴中耳炎

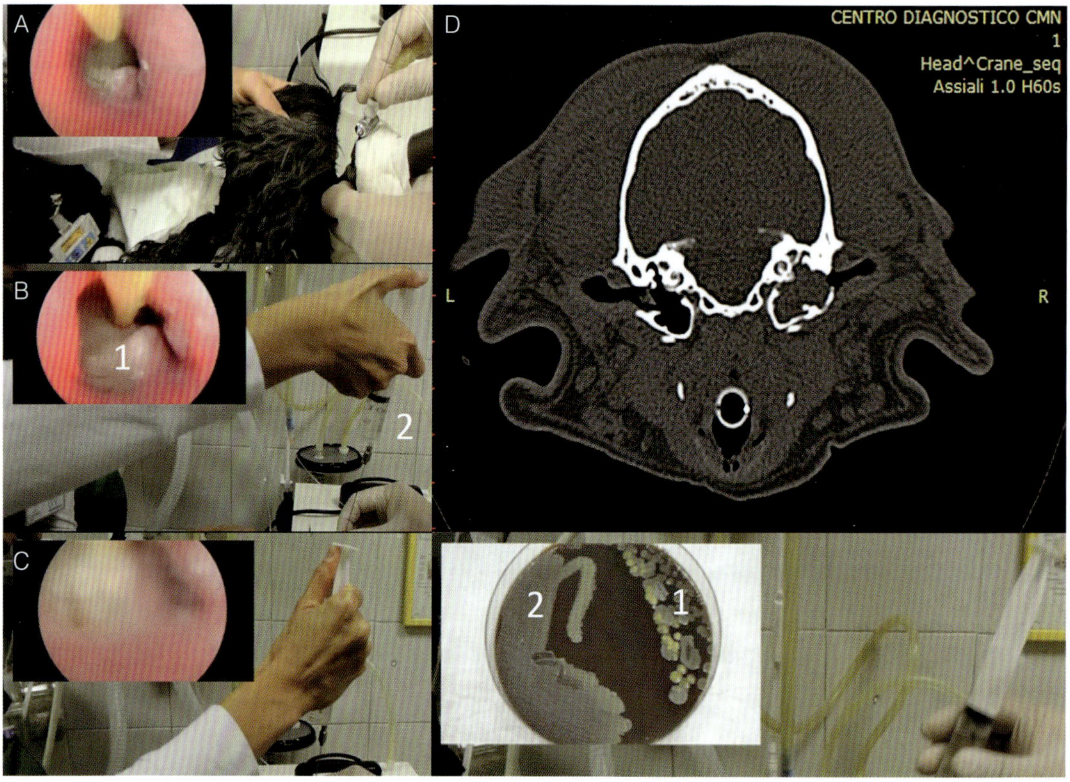

图4.20 采样操作，实施耳内镜视图(A)下鼓膜切开术。首先，将装有无菌盐水溶液的5mL注射器连接到针头上。该技术类似于支气管肺泡冲洗(BAL)。将针（或导管）导入鼓泡中后，用盐水溶液灌注至中耳(B)，然后立即吸出（C）。之后，将有机液体放入液体培养基［脑心浸液肉汤（BHI）］和血琼脂培养皿中。这只犬的CT证实该犬患有单侧中耳炎(D)。在图右下角，可以看到含不同菌落的棉拭子在血琼脂细菌培养基上的培养结果（1），以及对单一类型细菌菌落的类BAL操作程序的培养结果——铜绿假单胞菌（2）

如果肿块不易接近，在VOE检查期间，可使用插入耳内镜工作通道中的适当长度的脊髓针收集样本（图4.21和图4.22）。另外，如果从肿块中进行活检，则可以通过将采集的组织片在载玻片上轻轻按压几次来进行直接印模涂片（图4.23）。

4.2 外耳的深度清洁

深层耳道清洁是外耳炎诊断/治疗方案的基本步骤。清洁耳道有助于恢复正常的耳环境，但如果操作不正确，可能会影响耳炎的恢复。清洁健康的耳道是不必要的，因为它会增加湿度并造成耳道的浸渍，容易发生继发感染。

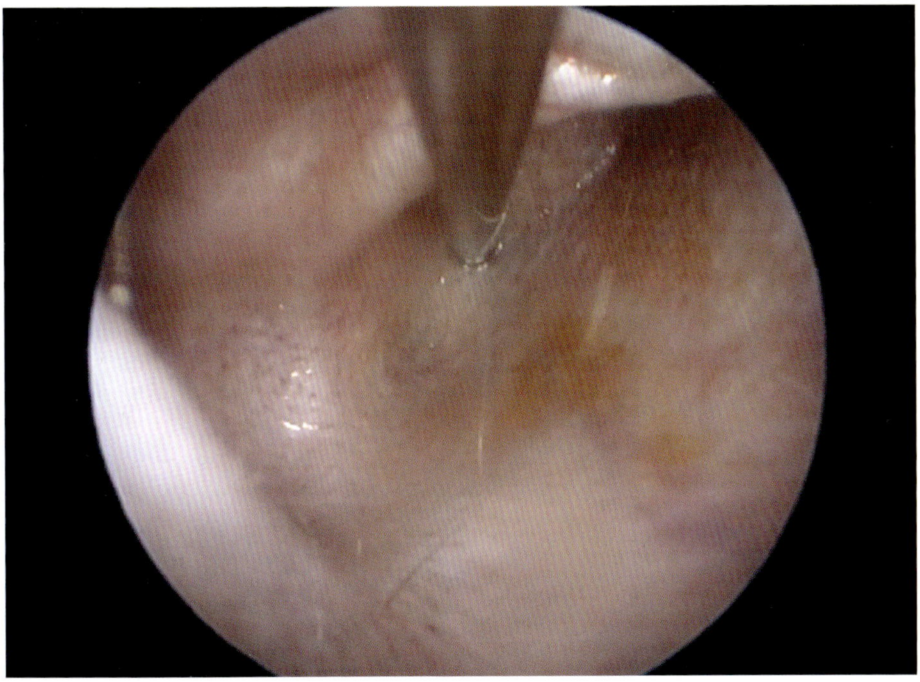

图4.21 外耳道的VOE图像。犬。在内镜下，针头到达病灶位置

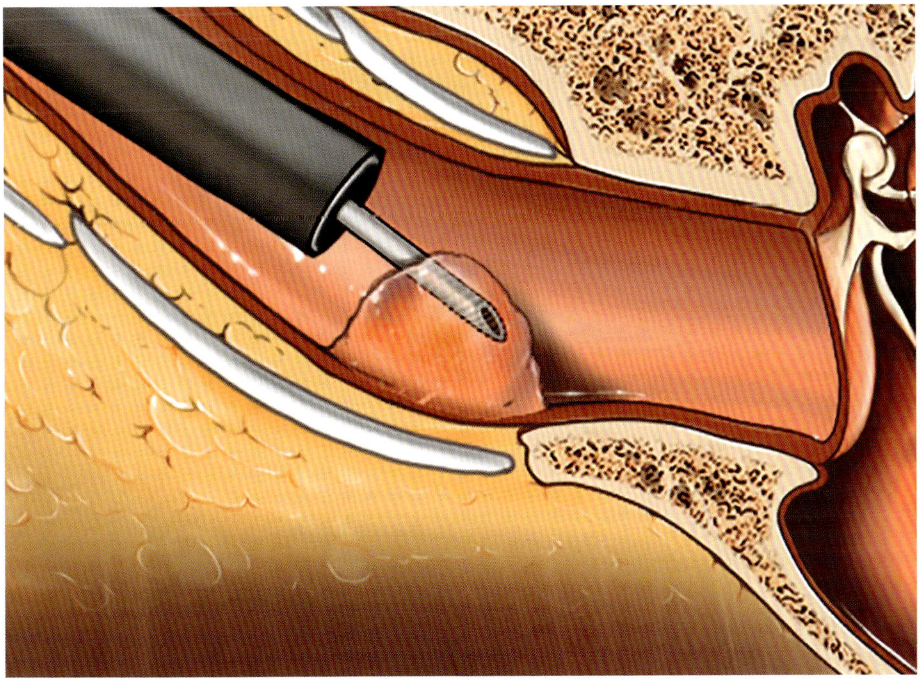

图4.22 解剖示意图。犬。在耳内镜视野下将针插入耳道肿块内（图片来源：由Massimiliano Crespi提供）

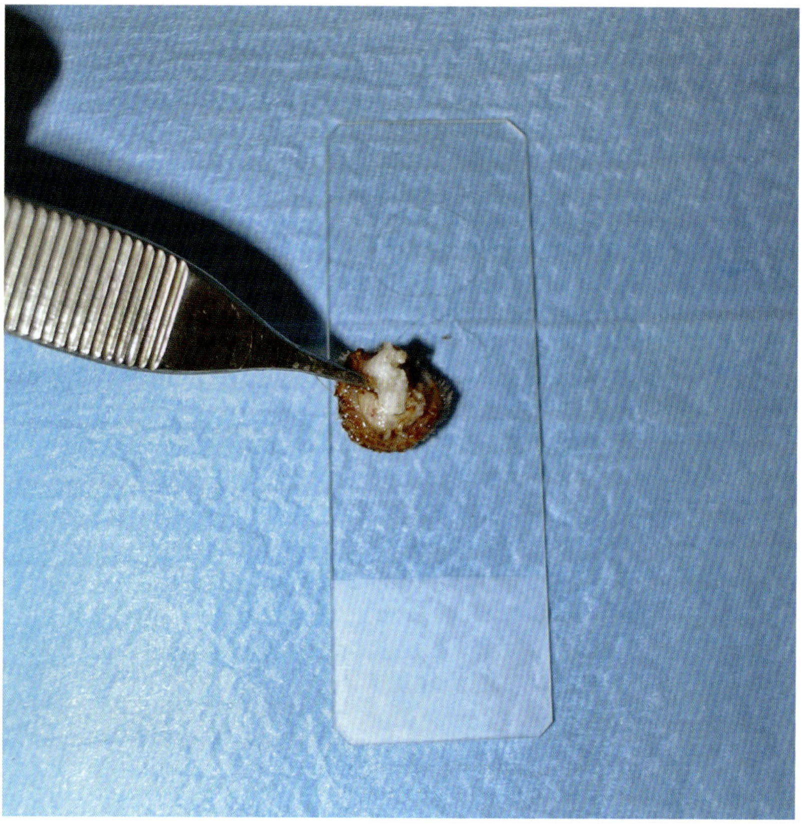

图4.23 通过手术从犬耳道中取出的结节，在载玻片上按压数次以获得细胞学样本

耳朵清洁的目的既是诊断也是治疗：

- 清除大量分泌物以检查耳道和鼓膜。
- 清除可能隐藏在分泌物中的微小异物。
- 去除可能使抗菌剂（例如氨基糖苷类，多黏菌素B和杆菌肽）失活的有机物质，该有机物质易引发炎症。
- 清除带有细菌及其毒素的脓性物质，以避免耳道内溃疡的持续发展。

耳朵的深度清洁只能在全身麻醉下进行。在鼓膜穿孔的情况下，使用气管插管防止出现通过咽鼓管吸入耳液的风险，这一点非常重要。

操作员必须戴防护手套，以尽量减少耳部分泌物污染的风险。此外，必须保护好患宠的眼睛，防止在手术过程中接触清洁液。

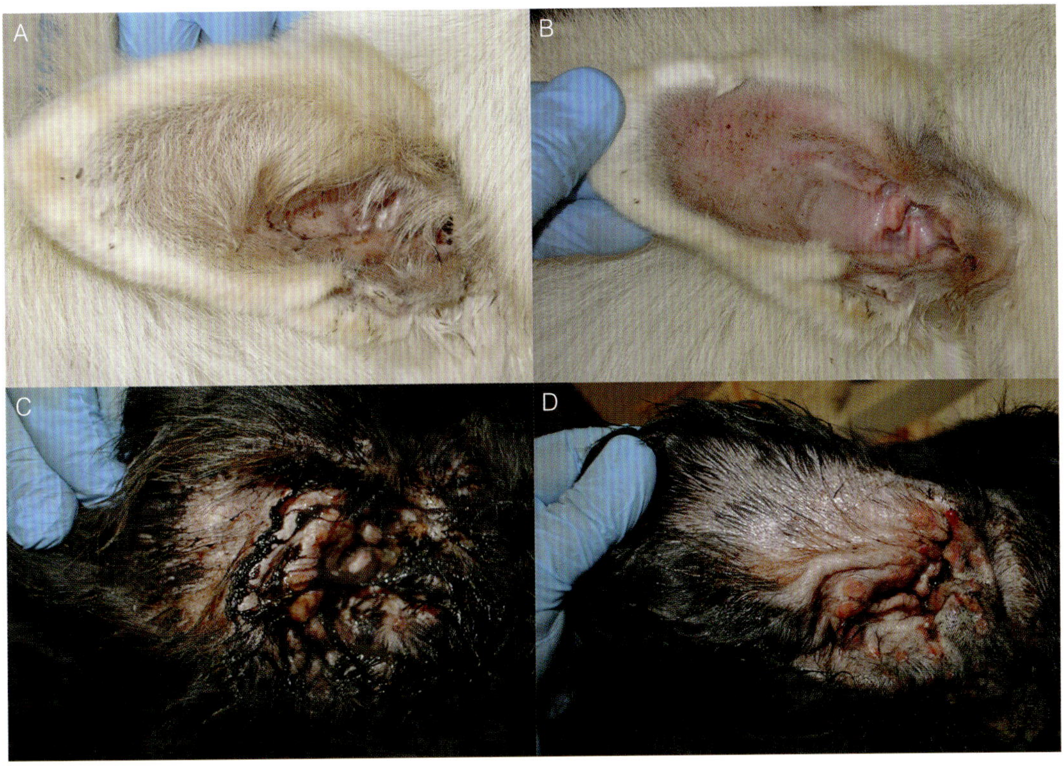

图4.24 剪去耳郭凹面毛发之前（A）和之后（B）的两只犬的图像。请注意，耳屏间切迹仅在修剪后可见

用于补充检查（耳细胞学和培养）的样本采集和任何诊断性成像检查必须在VOE检查和冲洗之前进行。

如果没有必要，不建议从耳道中去除毛发，因为它可能会导致额外的炎症刺激。此外，应避免使用脱毛膏，因为它们可能具有刺激性和致敏性。然而，修剪耳郭凹面毛发，并剪去从外耳道出来的成簇毛发是有帮助的。只有在修剪后，耳屏间切迹才可见（图4.24）。

水性耵聍溶解剂（例如二辛基磺化琥珀酸钠和过氧化脲）可用于有机物质的加速去除。耳垢溶解剂在洗耳前5min使用，轻轻按摩耳根部以增强其效果。然而，鼓膜破裂时，应禁止在耳道内使用耵聍溶解剂（角鲨烯除外）。它们只能用于耳郭和耳褶（图4.25）。使用后，用微温的盐水溶液进行深度清洁，将耵聍溶解液从皮肤表面完全移除，这一步很重要。

盐水溶液是一种安全、无刺激的治疗外耳炎和中耳炎的冲洗液。然而，液体应加热至体温，以减少耳刺激和避免眩晕现象。理想情况下，冲洗可以通过标准输液装置，使

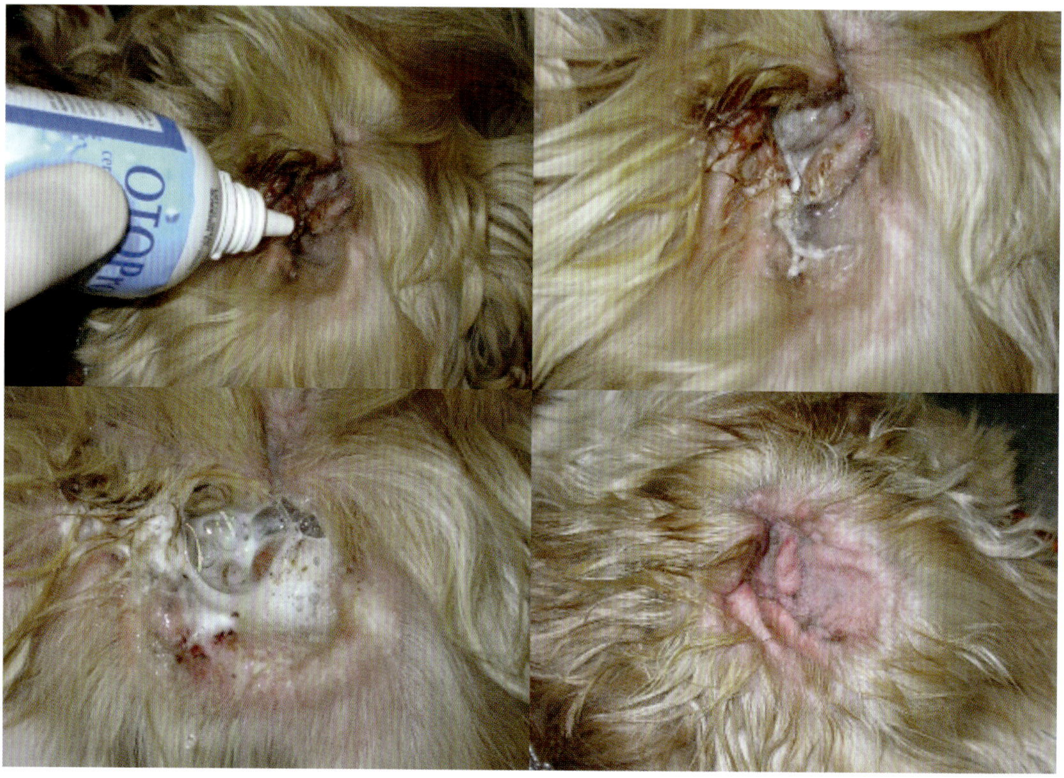

图4.25 使用水性耵聍溶解剂可以加快耳郭和耳褶的清洁速度。发泡剂（例如过氧化脲）可以使有机材料分离。使用软海绵和温水润湿可以完全去除该产品。可见持续几分钟的皮疹

用简单的重力供给的温盐水袋来完成。然而，笔者更喜欢使用压力袋（图4.26）。同样，可以通过内镜工作通道使用连接冲洗/抽吸泵的冲洗导管（图4.27）来实现冲洗。后者可以保持术中视野清晰，并移除收集到的血液和碎屑。

一只手以手枪式握住耳内镜组件，另一只手握住耳郭尖端并向背侧牵拉（图4.28）。这个动作可以打开垂直管道，以便于顺利插入内镜。接下来，将耳内镜放置在耳屏间切迹中，并向腹侧倾斜进入垂直耳道（图4.29）。一旦耳内镜进入耳道后，立即开始灌注（图4.30）并等待几分钟，直到耳道视图足够清晰（图4.31）。最后，在垂直耳道的底部，内镜向患宠头部内侧偏转进入水平耳道（图4.32）。通过对耳郭的持续牵引和持续的盐水冲洗，应该就可以看到鼓膜了（图4.33）。

清洁后，对于仍然黏附在耳道壁上或鼓膜附近的任何碎屑和耳垢栓（耵聍结石），可以通过在工作通道中使用刮匙、镊子或导管机械去除。将选择的器械靠近耳垢塞并在残留物上方旋转，然后轻轻提起（图4.34）。或者，可以通过导管使用抽吸器去除碎

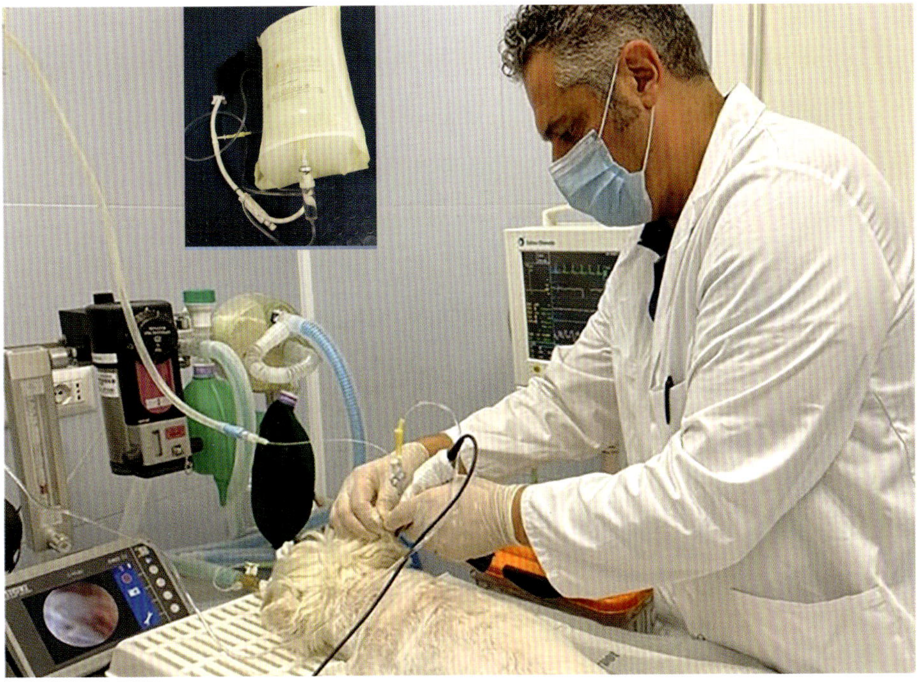

图 4.26 可以使用装配 2L 盐溶液（体温）的挤压袋进行耳朵清洁

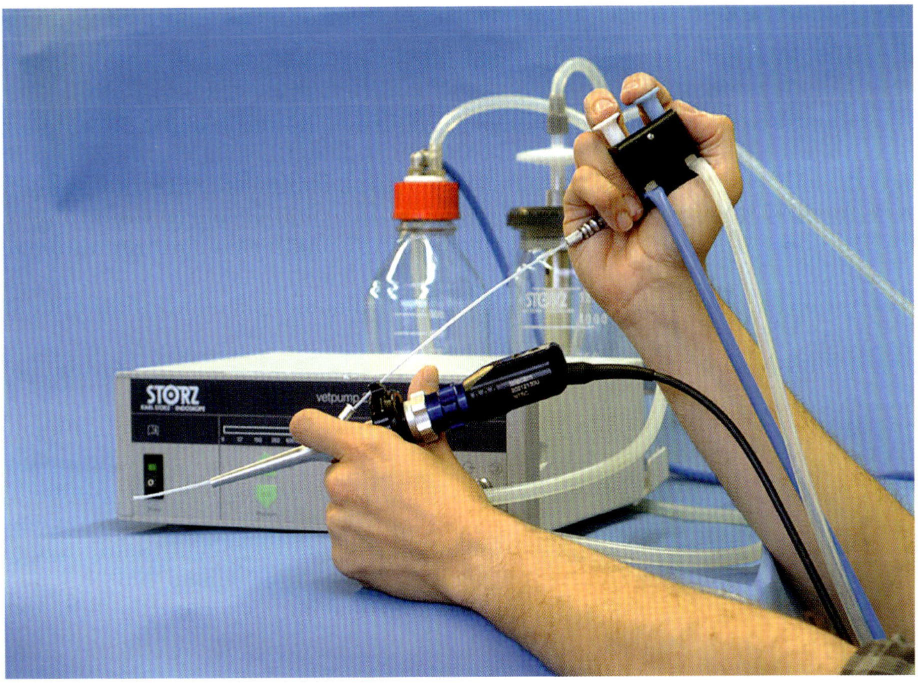

图 4.27 Karl Storz Vetpump2 是用于耳朵清洁的抽吸/冲洗泵

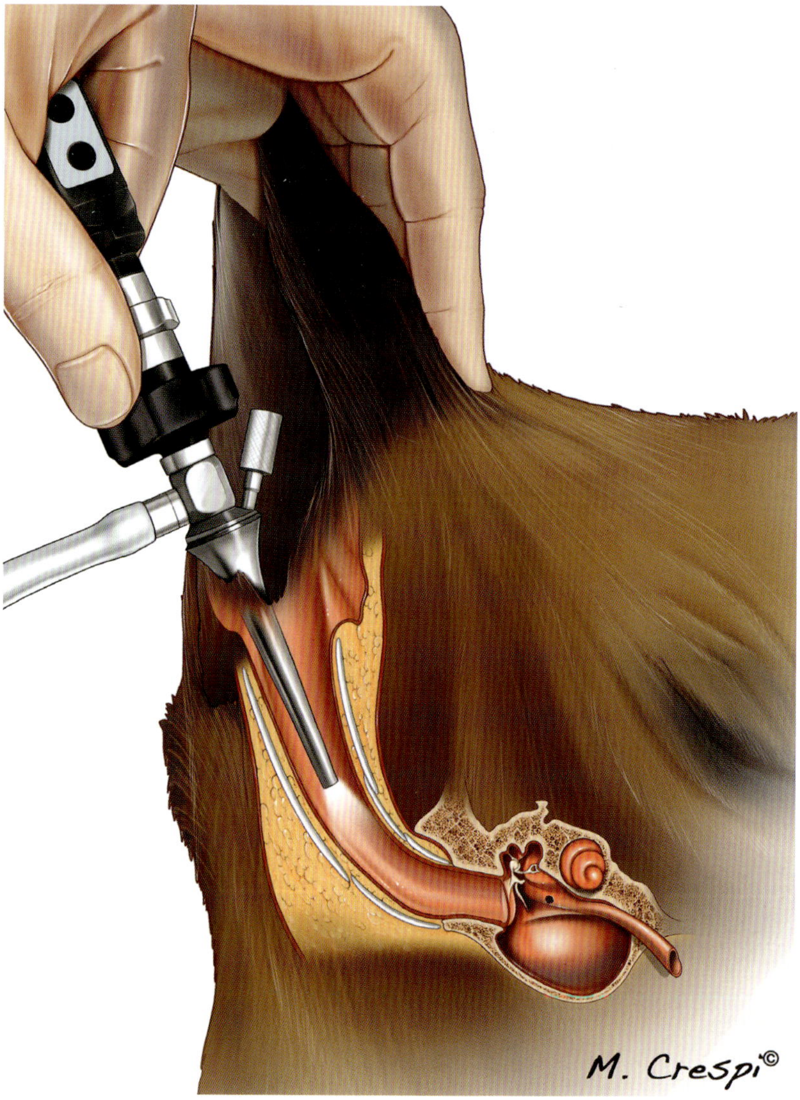

图 4.28 解剖示意图。犬。垂直耳道检查的摆位，一只手以手枪式握住耳内镜组件，另一只手握住耳郭尖端并向背侧牵拉（图片来源：由Massimiliano Crespi提供）

屑（图4.35）。

使用直径为1.67mm的导管时，碎屑通常会堵塞导管，因此，需要在继续手术之前，从耳朵中取出导管并将碎屑冲出来（图4.36），或者用剪刀剪去堵塞的管头（图4.37）。

使用耳刷可以收集和清除耳道中的毛发和碎屑。通过工作通道持续插入耳刷，直到在背侧看到耳刷头。然后，将器械定位在耳道的所需位置，沿着纵轴进行重复的旋转运动（图4.38）。最后，必须从耳道中同步取出耳刷和内镜。在清洁耳朵时，可能会看到

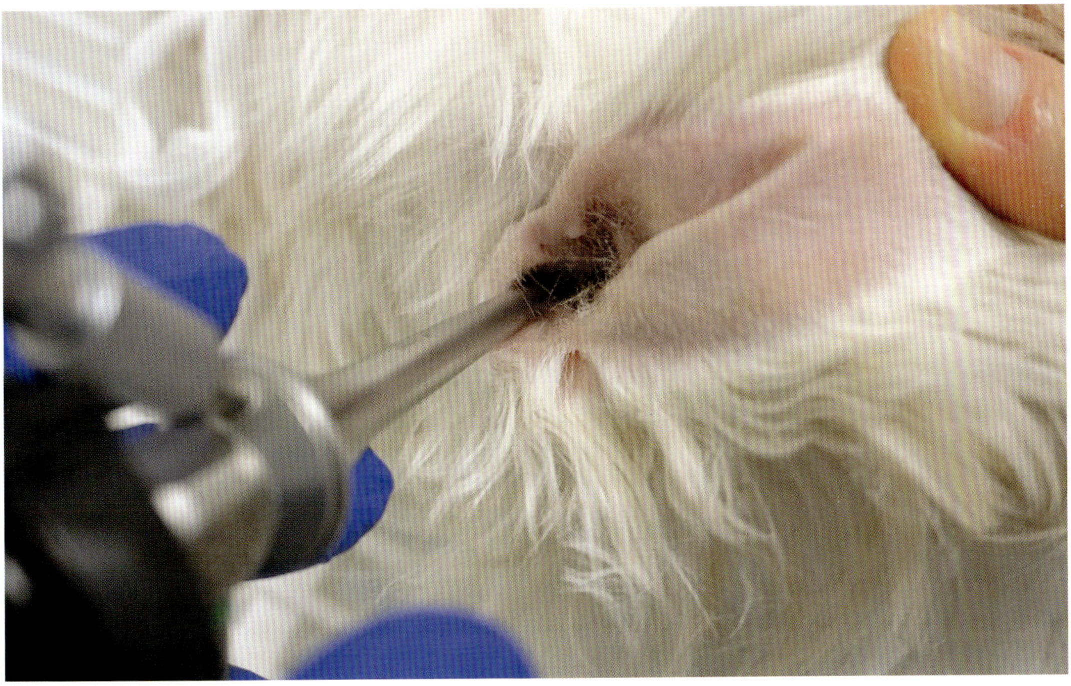

图 4.29 将耳内镜放置在耳屏间切迹中，并向腹侧倾斜进入犬左耳道的垂直耳道

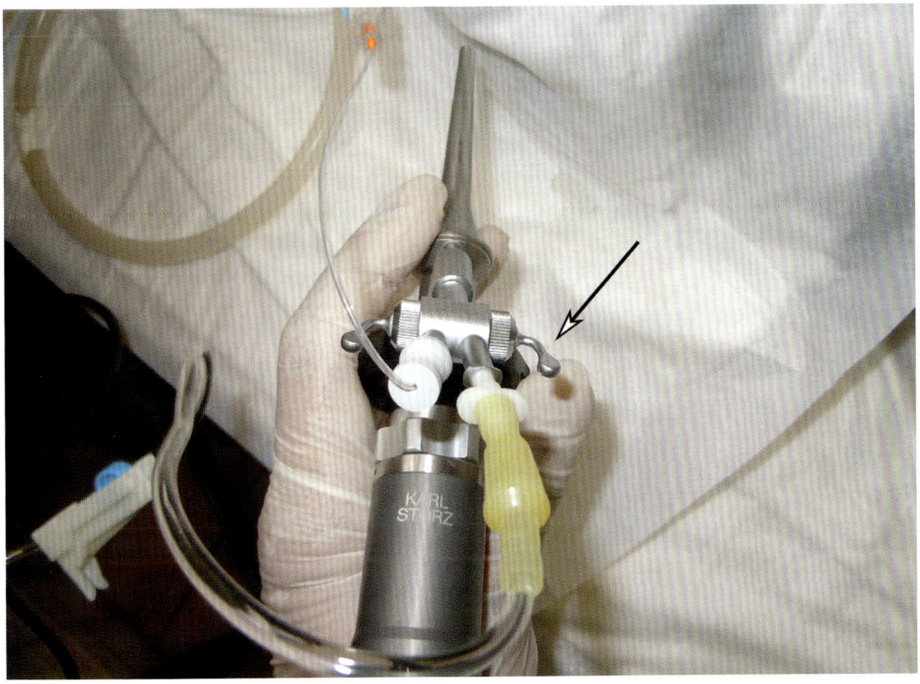

图 4.30 Karl Storz 耳镜的二通旋塞阀详细信息：开始冲洗时，箭头所示的开关必须位于此位置

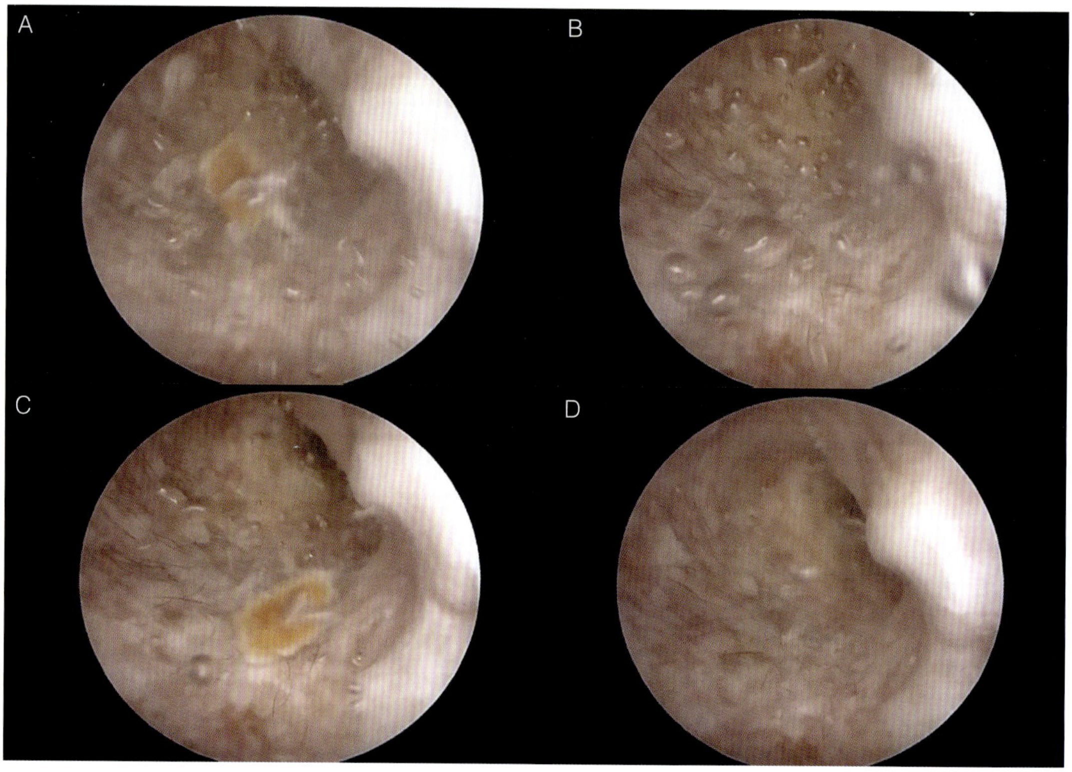

图 4.31 一旦进入垂直耳道，等待冲洗操作来分离并移除有机物质（A、B、C）。然后，当视野变得清晰时 (D)，继续将耳镜插入耳道更深处

异物（例如草芒等植物异物），可以通过内镜钳子将其抓取出来（图4.39）。

一旦评估了鼓膜完整性，就可以将液体全部吸出，并结束耳朵清洁。如果没有禁忌，滴入几滴含有水杨酸或乳酸等收敛剂的清洁液，可以减少水分残留并防止浸渍。根据诊断信息（细胞学、鼓膜完整性、炎症程度和通过诊断成像检查进行的耳炎分期）选择局部治疗。应在深度耳部清洁期间和之后进行止痛治疗。

深耳清洁引起的并发症在犬中罕见，而且通常是短暂的，但在猫身上则很常见。然而无论如何，深耳清洁之前需要获得知情同意。此外，频繁摇头和/或其他耳部刺激迹象可能表明镇痛和/或抗炎药物不足。炎性息肉切除后，猫可能会出现前庭疾病，伴有不协调、跌倒或向一侧转圈、水平眼球震颤和歪头（图4.40），并且经常出现恶心、呕吐和/或霍纳综合征。症状通常是短暂的，可持续数周。

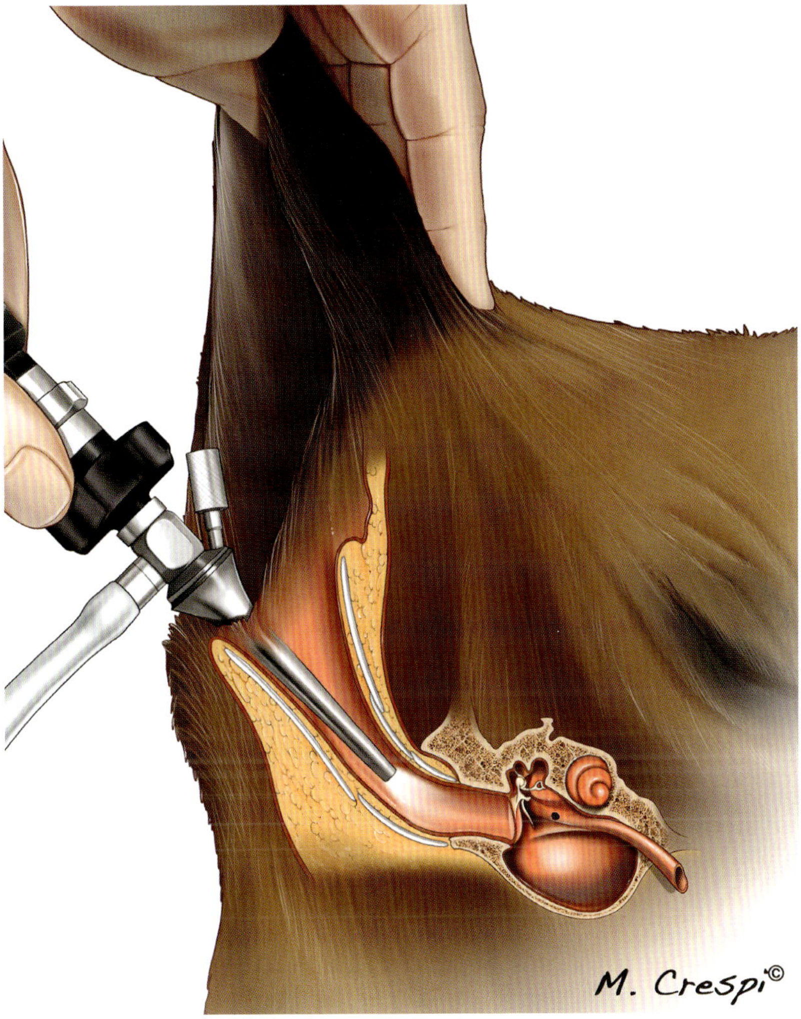

图 4.32 解剖示意图。犬。水平耳道检查的摆位，在垂直耳道的底部，内镜向头部内侧偏转进入水平耳道（图片来源：由Massimiliano Crespi提供）

4.3 活检和肿块移除

在耳朵清洁过程中，可以检查到耳道肿块（图4.41）。在这种情况下，需要进行细胞学和活检以进行组织病理学检查。可以通过用内镜钳（图4.42和图4.43）或微型弯曲止血钳抓住病灶并轻轻牵拉来手动移除肿块。虽然这可能是一种有效的技术，但随后的出血（图4.44）可能会使之后的耳内镜检查变得困难（图4.45）。

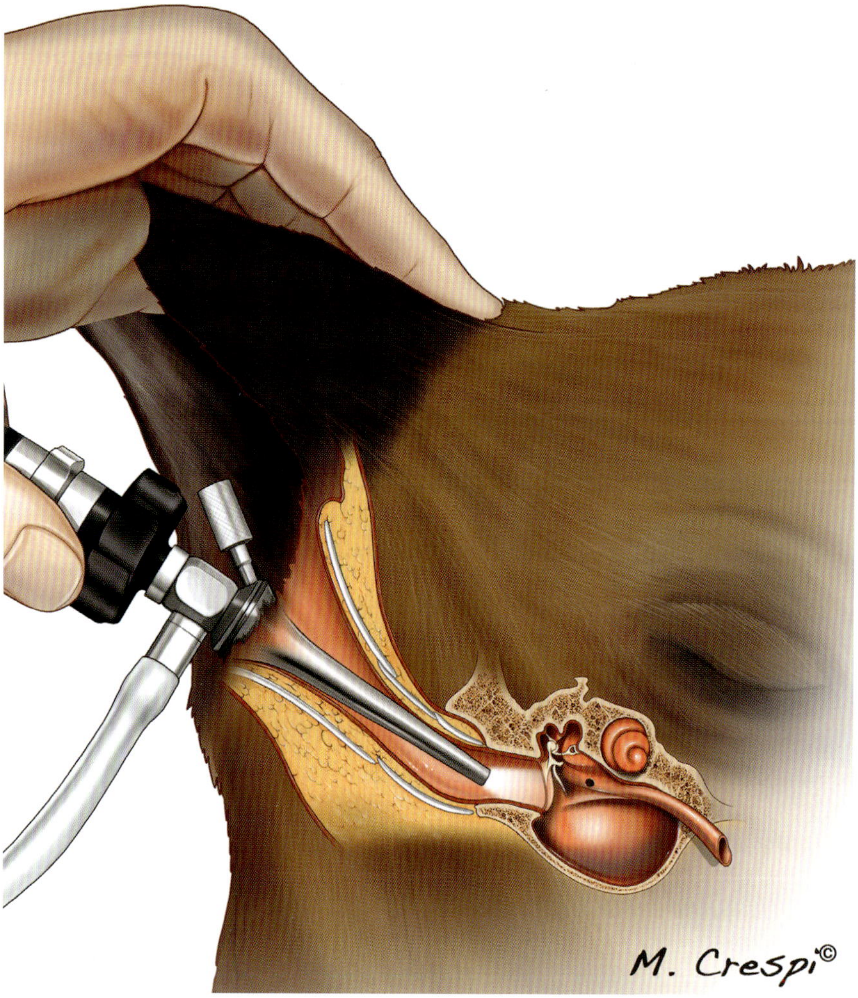

图 4.33 解剖示意图。犬。鼓膜检查的摆位，握住耳郭的手必须沿着耳郭向下移动，握住内镜的手必须向内侧推进器械，使器械尽可能保持水平（图片来源：由Massimiliano Crespi提供）

4.4 激光手术

用于手术的二极管激光器通过发射光（光子）能的半导体芯片产生激光能量。二极管激光能量会被血红蛋白、氧合血红蛋白和黑色素（所谓的发色团）吸收。正因如此，激光具有抗水肿、抗炎和止痛的特性，患宠术后肿胀和疼痛较少。此外，大多数接受手术的耳朵都会受到感染，而激光能量可以有效地对手术部位进行消毒，因此，手术需要的术前准备工作最少。

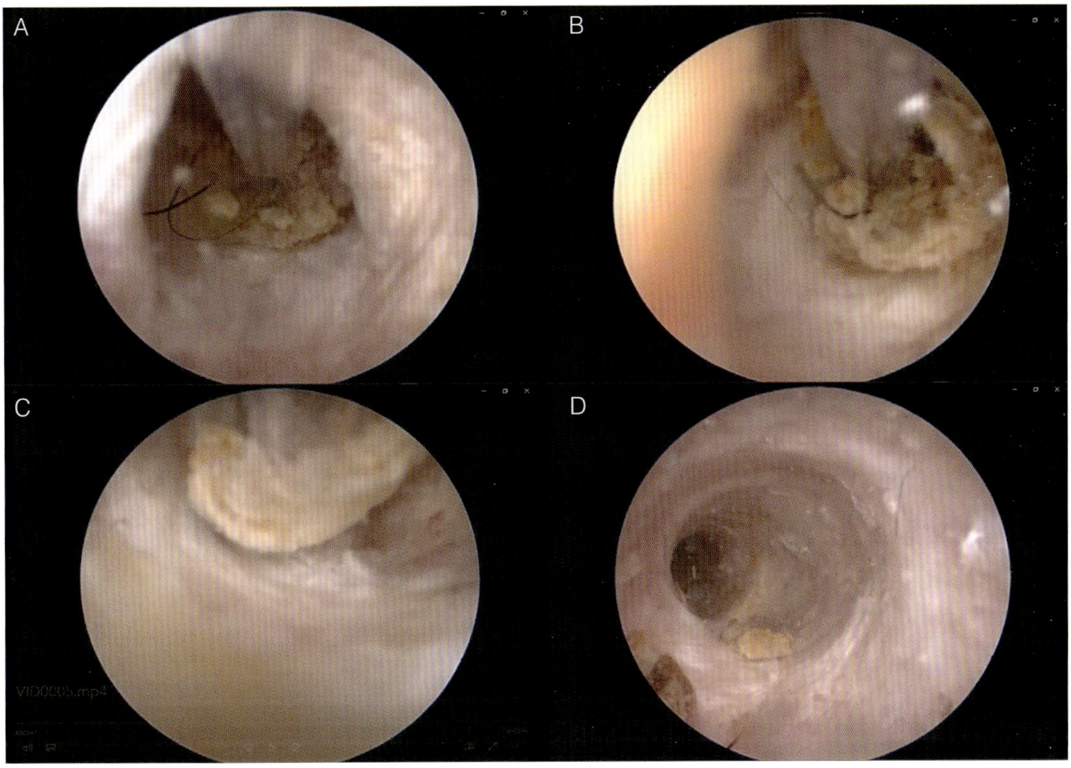

图4.34 VOE图像。犬。鼓膜(A)附近有一个耵聍栓。将直径1.67mm的导管引入工作通道内。将其靠近耵聍栓(B)放置并在残留物(C)上方旋转，然后轻轻取出导管(D)

二极管激光器有助于进行鼓膜切开术、消融增生性炎症病灶和控制出血。理想情况下，二极管激光器的波长为810nm或980nm。这些波长位于电磁波谱的近红外区域。980nm范围内的二极管激光能量也会被水吸收。这一特性使得980nm成为比810nm更有效的切除/切开工具。二极管手术激光比CO_2激光穿透更深，因此，在制定治疗计划时必须考虑手术部位的基本结构。医源性碳化、坏死或底层组织损伤是潜在的禁忌证，特别是对于初学者来说。因此，对于二极管激光器来说，更验证了这句老话："你看不到的东西会伤害你"。

二极管激光能量通过带有塑料或硅胶包层的柔性石英光纤传输。这些光纤在自由束接触模式（图4.46）下直径为300～1000μm。通常需要3～4W的功率，尽管较厚的结节或较少的血管组织需要更高的激光束功率。

接触模式可用于色素化的组织以将激光能量直接传递至组织。在色素较少或无色素的组织中，应在纤维尖端形成一层薄薄的炭层（图4.47），以增强向目标的热能传输。这层炭吸收二极管激光能量并将其转化为热能。然后，热能直接传递到组织，引起汽化。

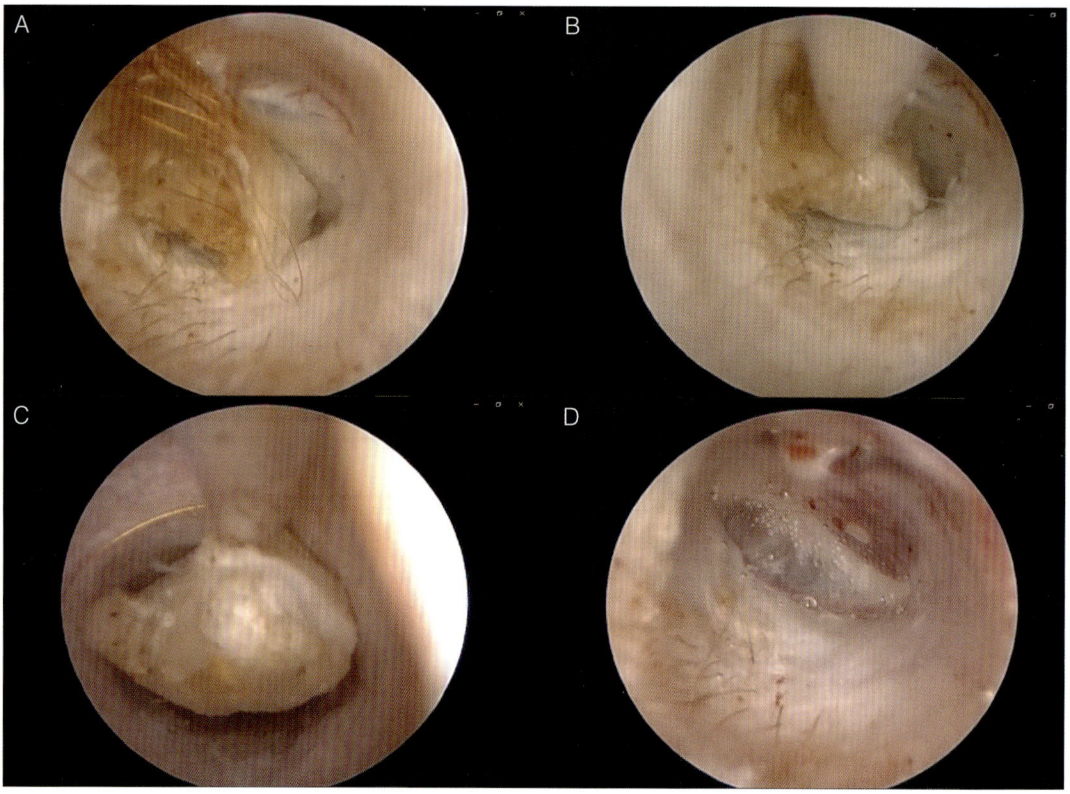

图4.35　VOE图像。犬。鼓膜(A)附近有一个耵聍栓。将直径1.67mm导管引入工作通道内。启动通过管子连接的抽吸器（另一端连接操作手柄，操作手柄的另一端与导管相连），并将耵聍栓(B、C)从耳道中取出。在此操作之后，可见鼓膜(D)

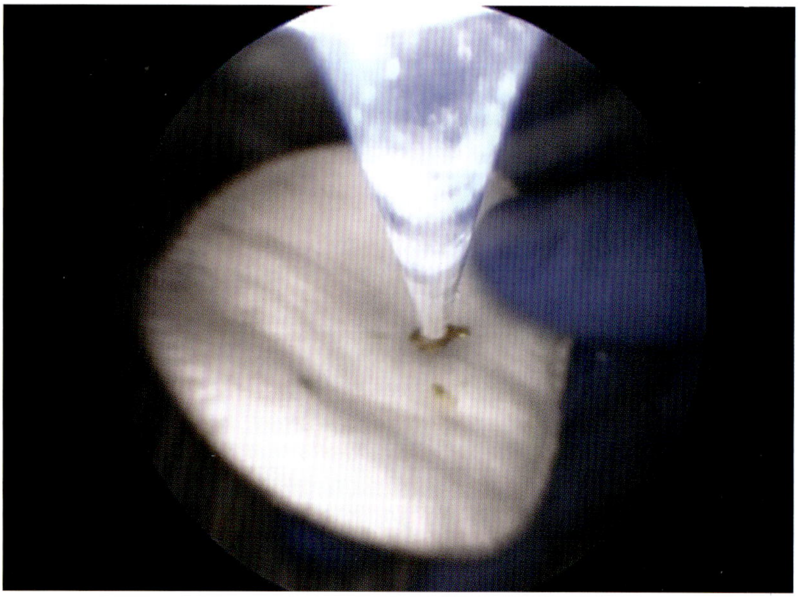

图4.36　直径1.67mm导管，碎屑经常堵塞尖端，因此需要从耳朵中移出并清洁导管

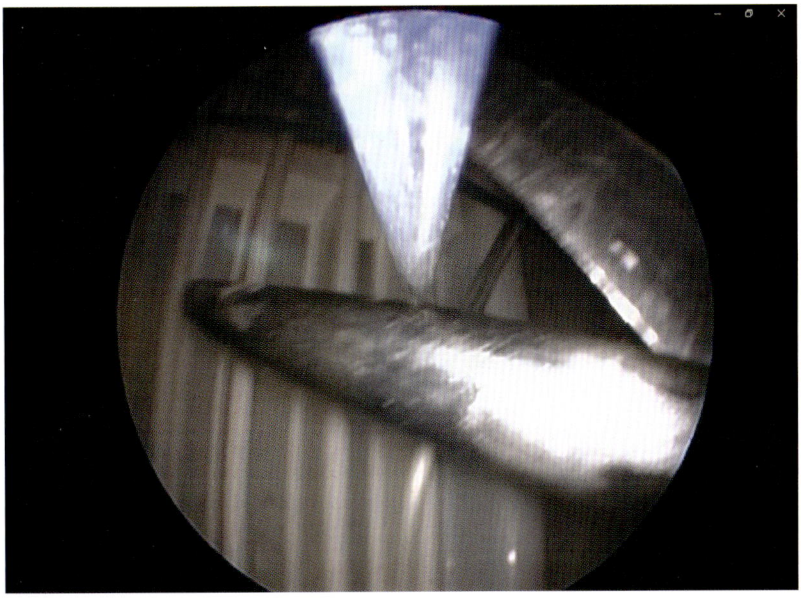

图 4.37 有时无法清洁堵塞的导管。在这种情况下，需要先用剪刀剪掉管头的远端堵塞部分，然后再继续手术

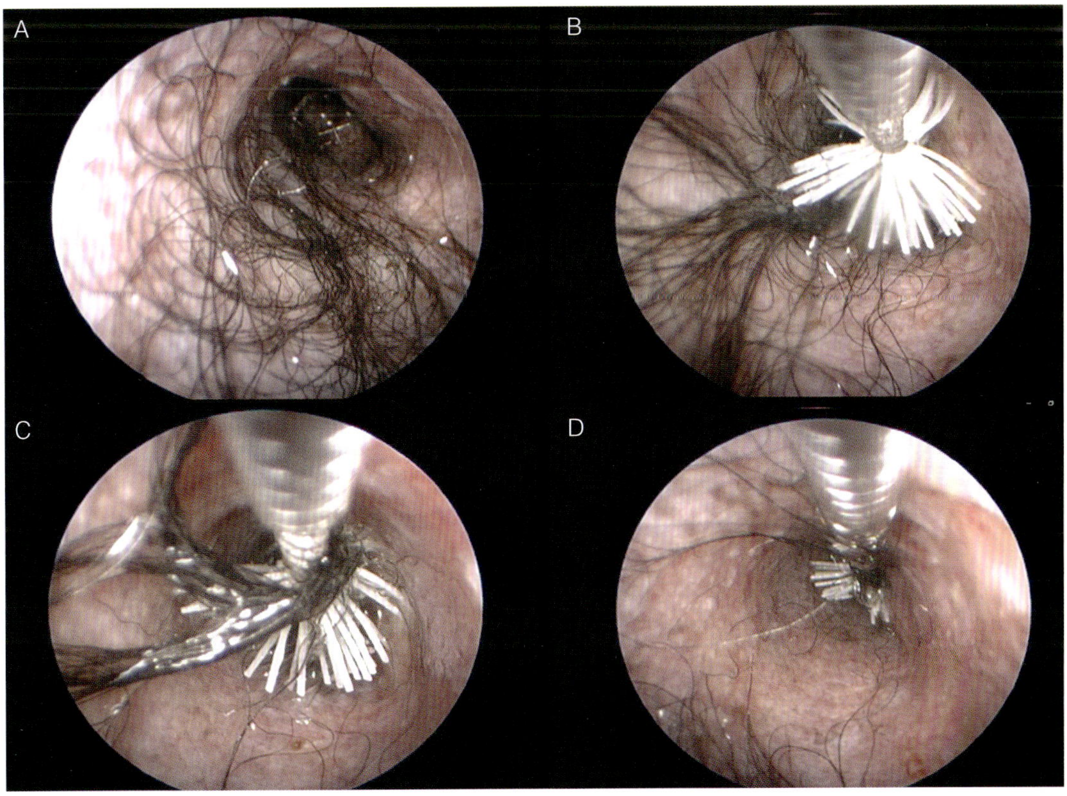

图 4.38 使用耳刷可以收集并清除耳道中的毛发和碎屑

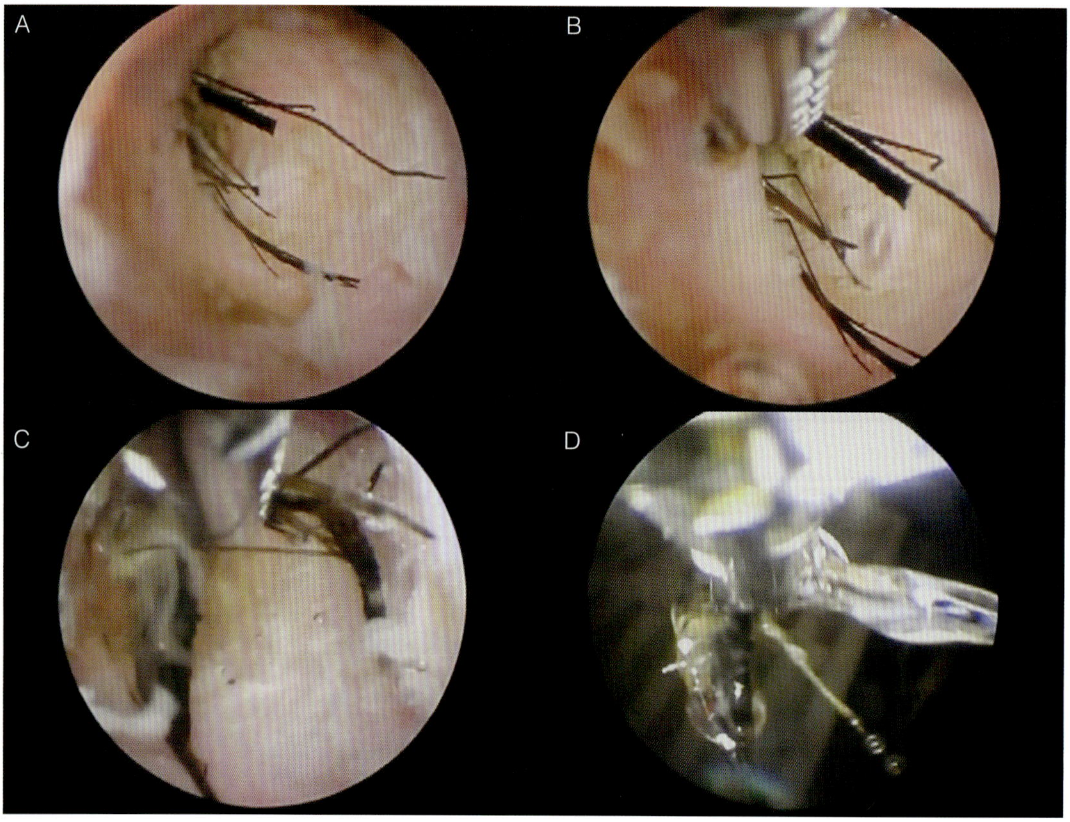

图 4.39　VOE图像。犬。用内镜钳从耳道中抓住并取出草芒

在非浸入式光纤模式下，会产生一团烟雾，并在静息阶段被通过激光尖端的空气驱散（图4.48）。如果选择连续波模式，外科医生必须定期停下来让烟雾消散。避免可能遮挡耳镜视野的烟雾和物质的另一种方式是浸没（灌注）操作。该方法还可以控制盐溶液温度，气泡形成表明温度超过100℃（图4.49）存在碳化的风险。应立即停止该操作一段时间以降低温度。

将光纤插入内镜的工作通道，激光以连续切割模式发射。通过连续（不超过3～4s）或短脉冲模式的渐进式从头到尾、来回切割运动来汽化肿块（图4.50）。该手术通常允许对病灶进行连续切割，使操作者能够识别病灶的起点，并特别注意到手术的边缘（图4.51）。激光切除完成后，可能会有一些烧焦的组织碎屑需要用活检钳或鼠齿型钳去除（图4.52）。另一种分离肿块的技术是使用激光纤维进行减瘤手术，即用激光汽化肿块的附着基部。随后对附着肿块的耳道区域进行激光治疗，这对于局部止血和去除肿瘤细胞是必要的（图4.53）。

图 4.40 患有炎性息肉的猫存在歪头症状

4.5 鼓膜切开术

鼓膜切开术是指手术切开完整的鼓膜。它是在全身麻醉下进行的。当需要进入中耳进行采样、引流、清洁和给药时，需要进行该操作。它也有助于放置跨鼓室引流管。

在进行鼓膜切开术之前，需要先清洁耳道，然后抽吸干燥耳道。可以使用尖端以

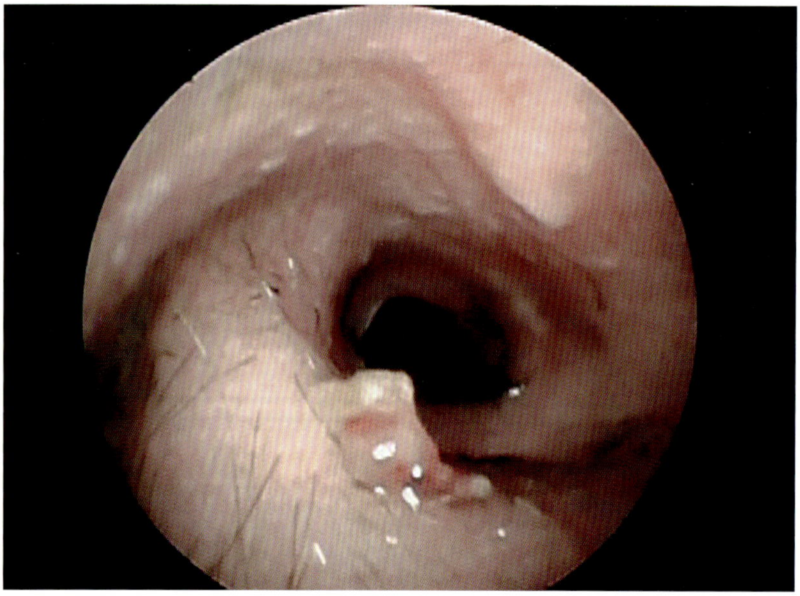

图 4.41 VOE图像。犬。左耳垂直耳道内可见结节

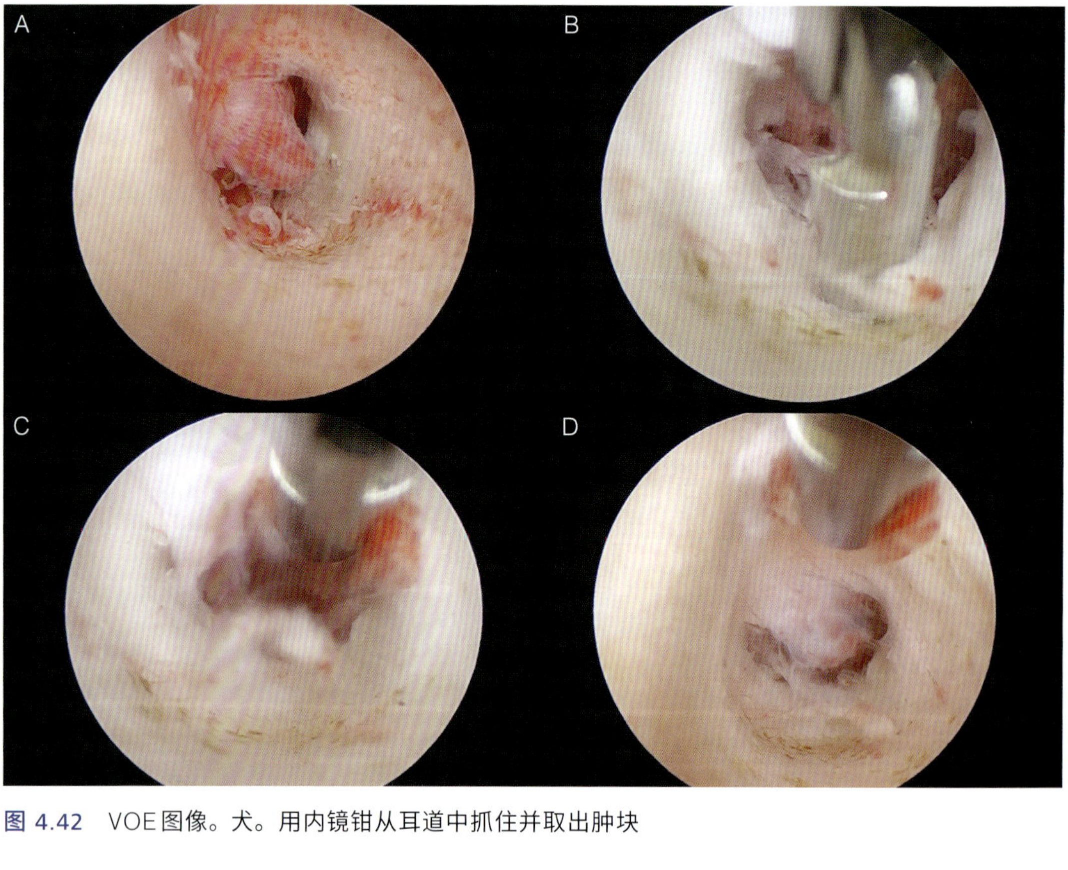

图 4.42 VOE图像。犬。用内镜钳从耳道中抓住并取出肿块

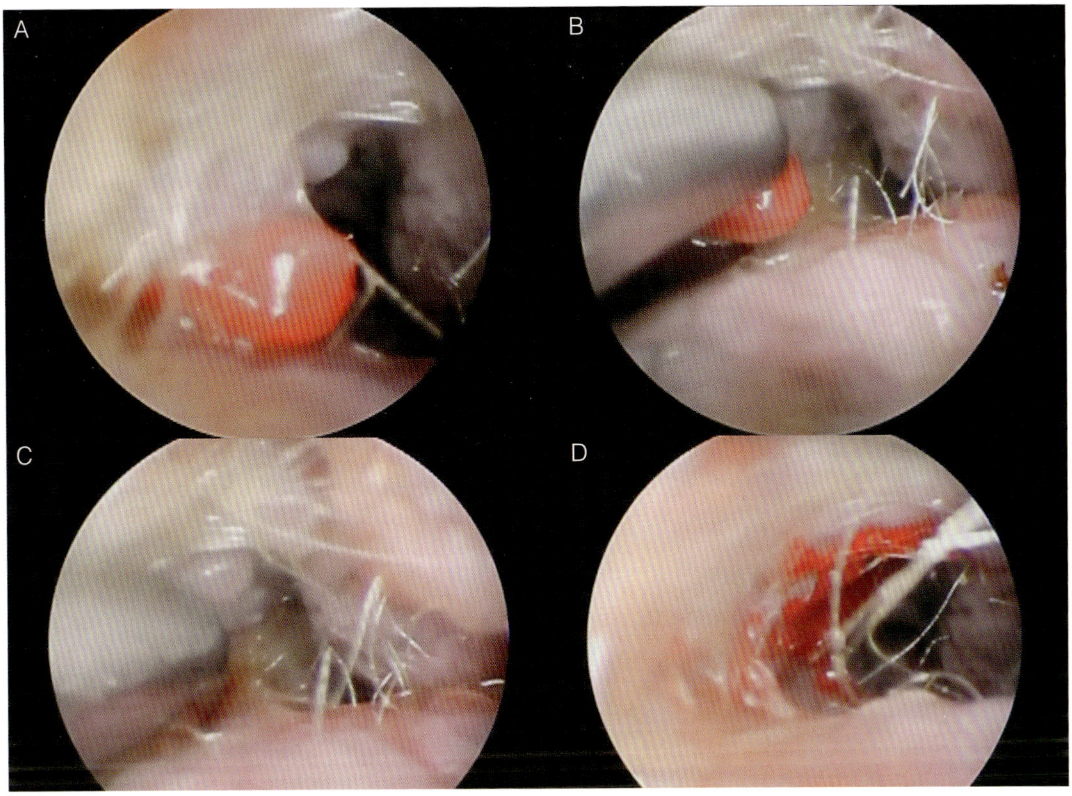

图 4.43 VOE图像。犬。用内镜钳从耳道抓住并取出结节，注意术后出血

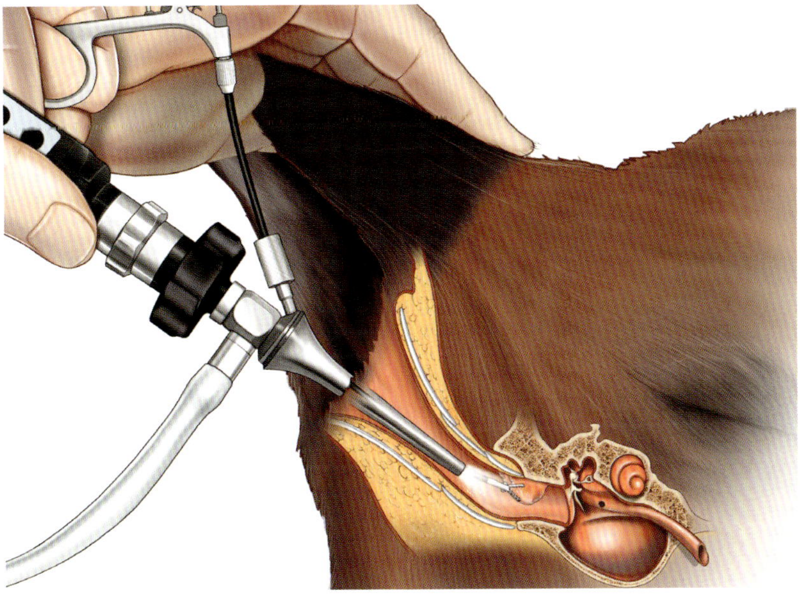

图 4.44 VOE图像。犬。用内镜钳从耳道抓住并取出肿块后出血（图片来源：由Massimiliano Crespi提供）

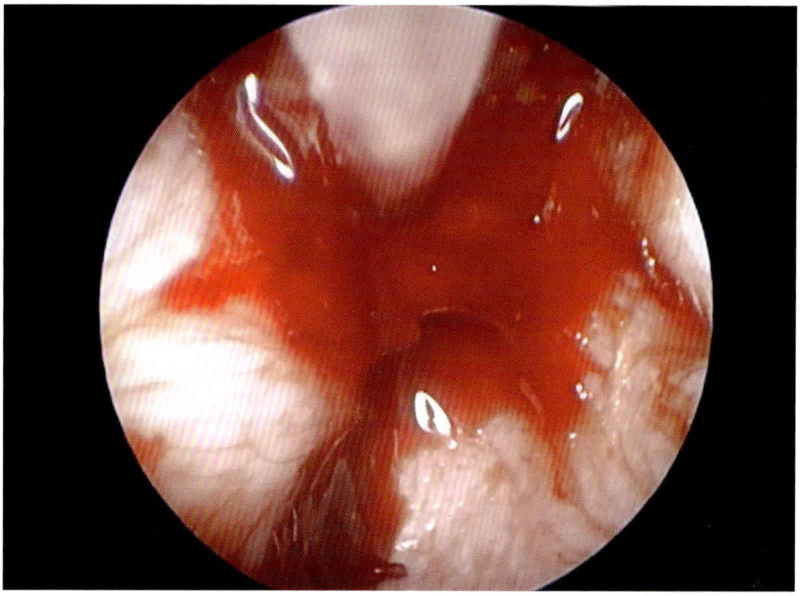

图 4.45　VOE图像。犬。用内镜钳从耳道抓住并取出肿块后大量出血

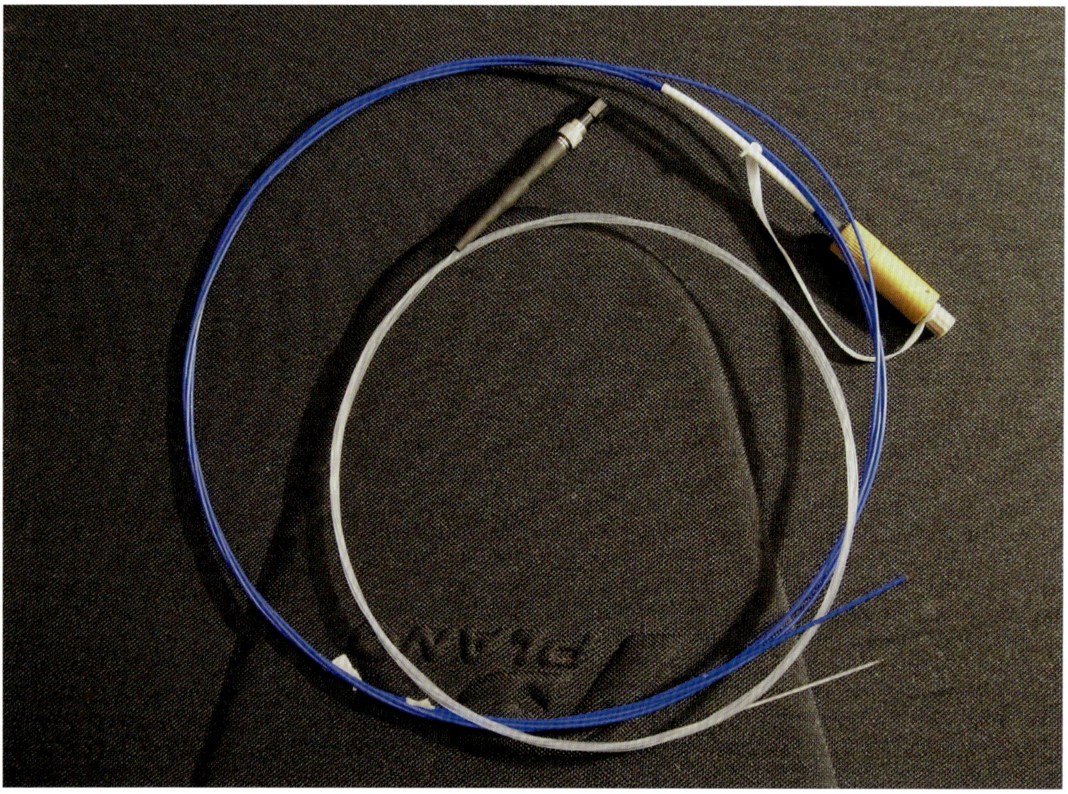

图 4.46　直径为300μm和800μm的激光纤维

图 4.47 注意尖端上有一层薄薄的炭层。激活的激光纤维可用于非色素组织

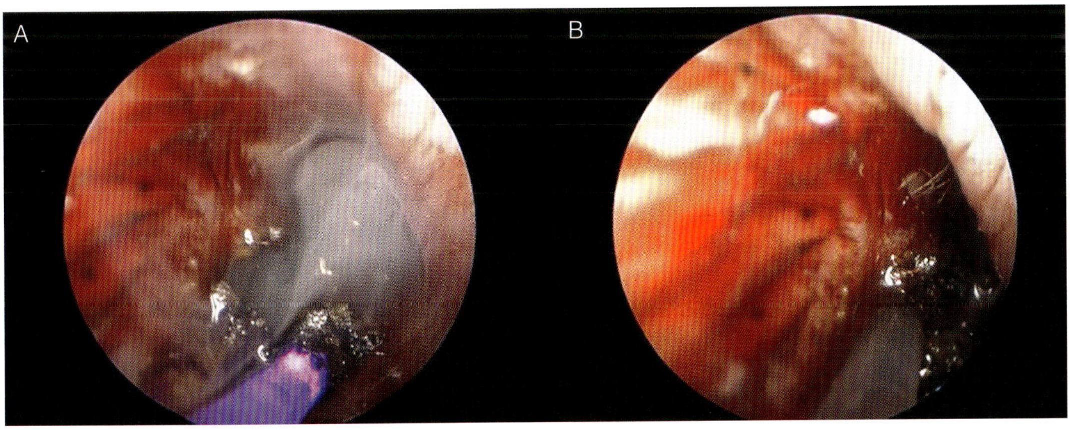

图 4.48 VOE图像。犬耳道。激光纤维产生一团烟雾（A）；在静息阶段，烟雾消失（B）

45°角切割的直径1.67mm无菌聚丙烯导管或硬性脊椎针来制作切口。导管/针的尖端在良好的耳内镜可视化下不断前进。在紧张部的5—7点钟区域进行扎孔（图4.54～图4.56），以避开松弛部和锤骨柄中的血管。当鼓膜可见时，切口标志会很明显（图4.57）。通过良好的术后药物管理，犬猫的鼓膜通常会在3～4周内快速愈合。另外，按照相同

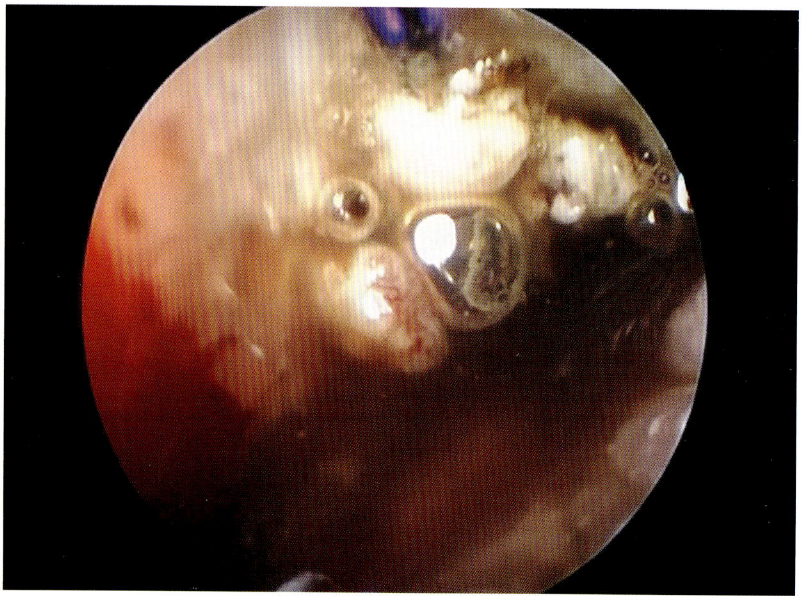

图 4.49 VOE图像。犬的耳道。在浸没模式下切除肿块时，激光纤维引起了气泡形成

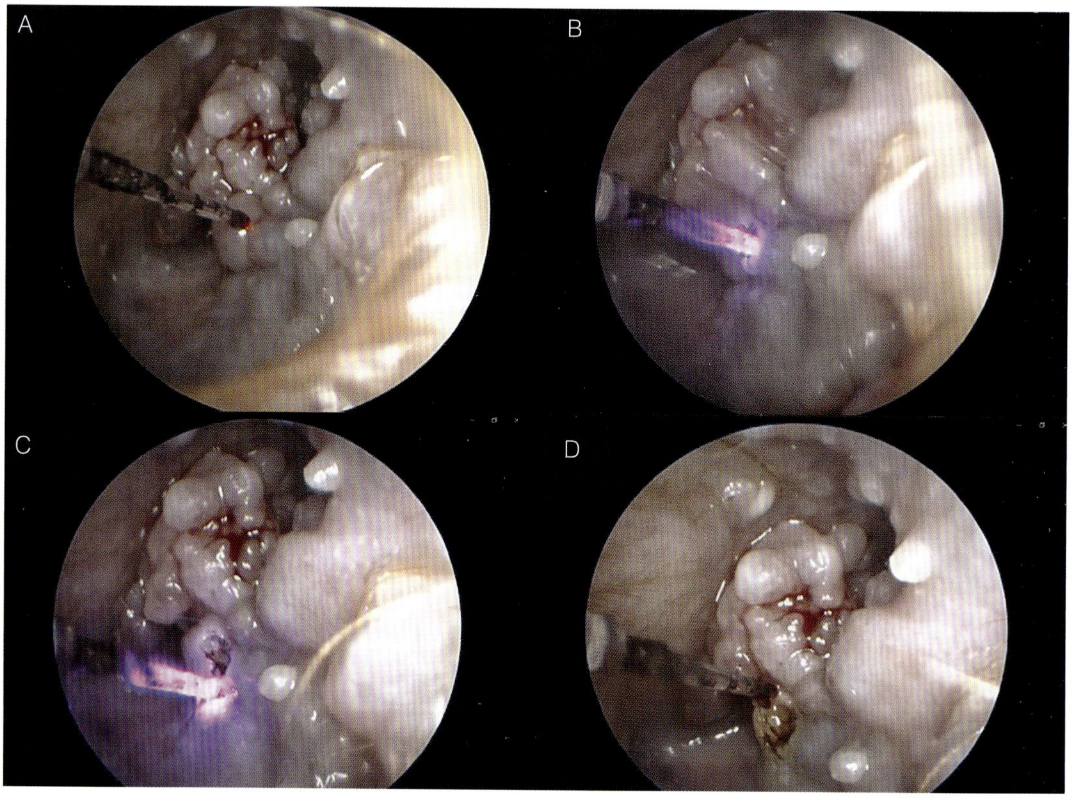

图 4.50 VOE图像。犬。外耳道内的多分叶肿瘤。肿块被激光纤维汽化

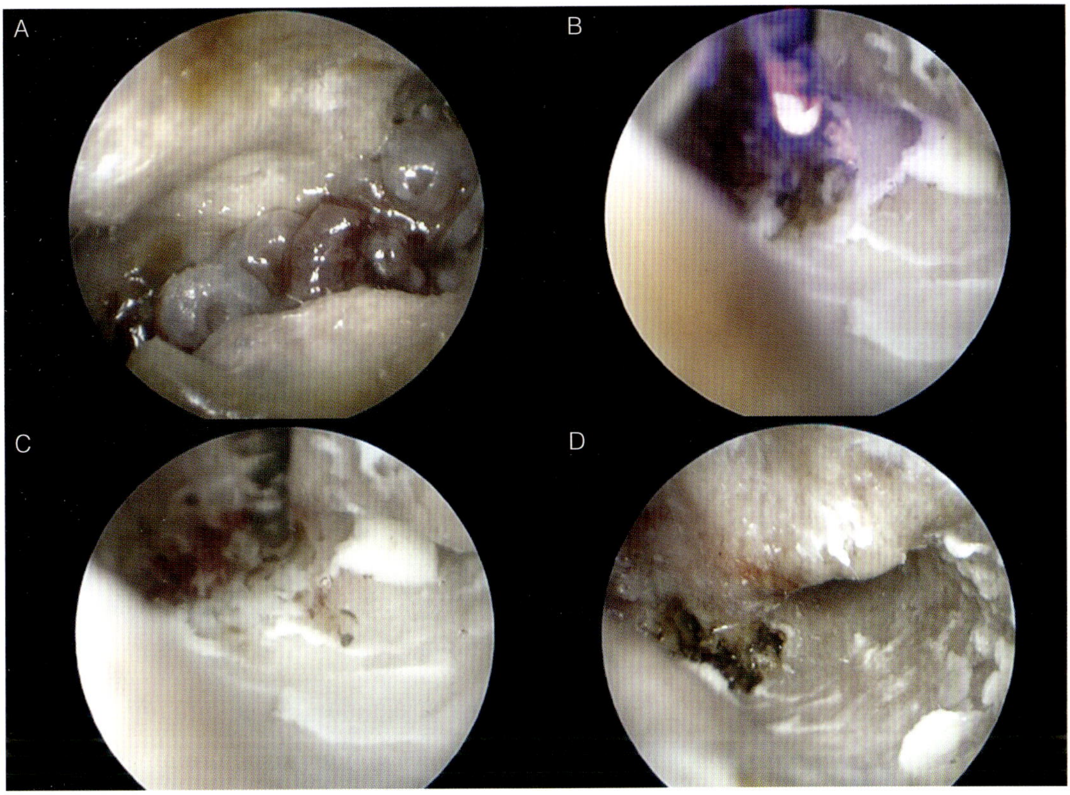

图 4.51 VOE图像。犬。外耳道盯聍腺腺瘤。肿块被激光纤维气化，可以识别肿块起点

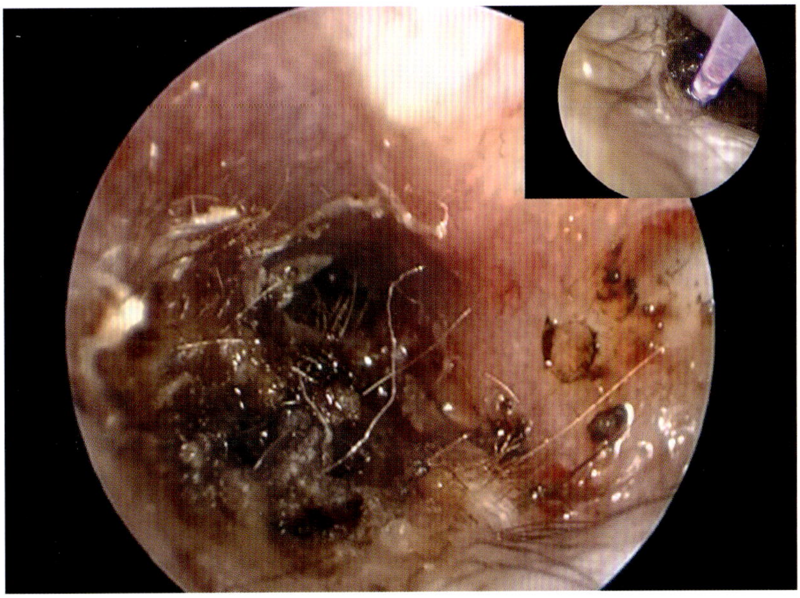

图 4.52 VOE图像。犬。外耳道内的肿瘤。肿块被激光纤维汽化，并以烧焦的组织形式呈现

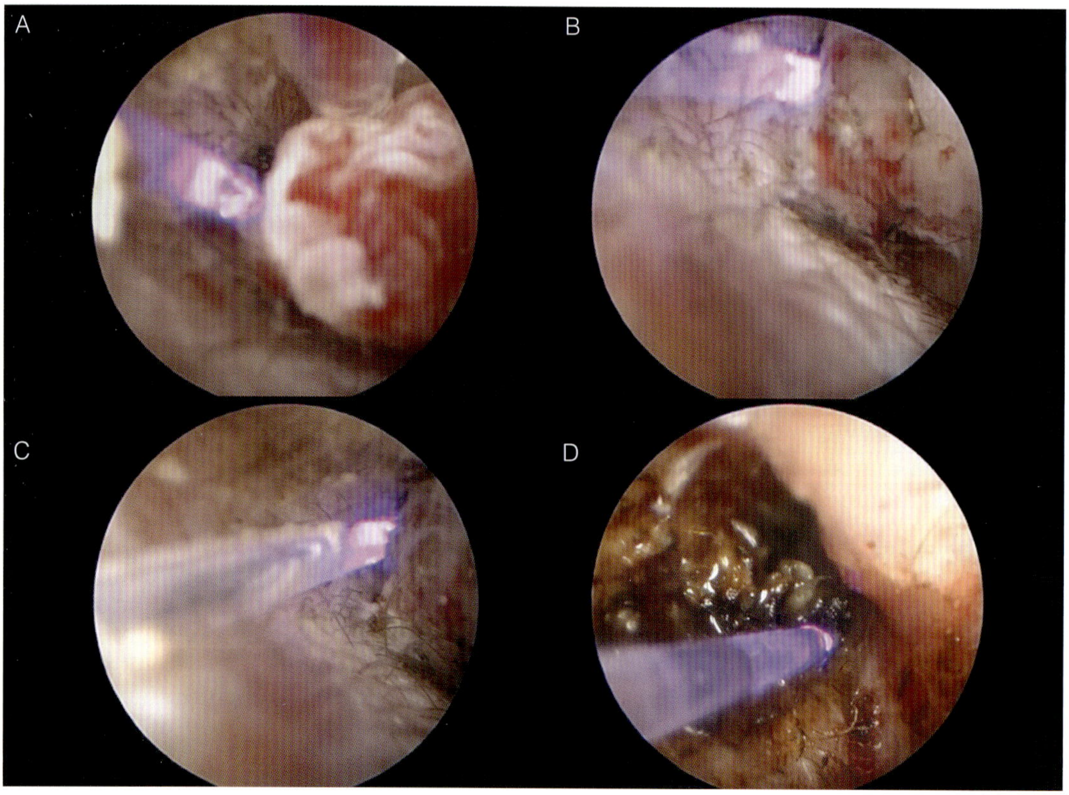

图 4.53 VOE图像。犬。外耳道耵聍腺腺瘤。通过激光纤维切除肿瘤，可以确定肿瘤起点以进行治疗

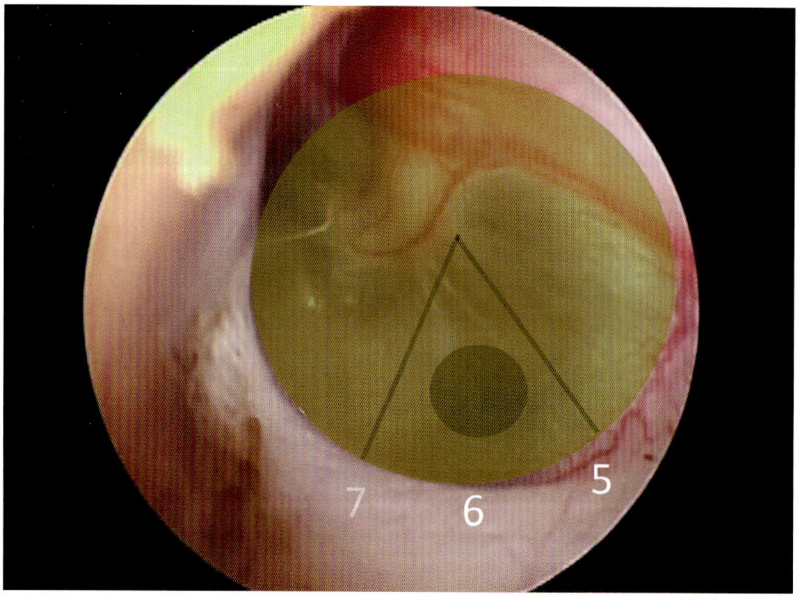

图 4.54 VOE图像。犬。标有钟面的鼓膜，用于识别适合进行鼓膜切开术的区域（紧张部的 5—7 点钟区域扎孔）

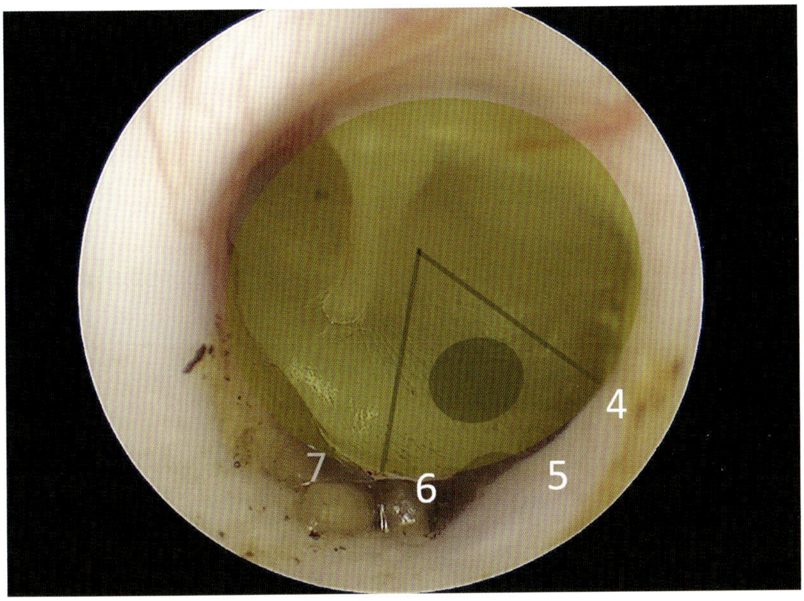

图 4.55 VOE图像。猫。标有钟面的鼓膜，用于确定适合进行鼓膜切开术的区域（紧张部的4—6 点钟区域扎孔）

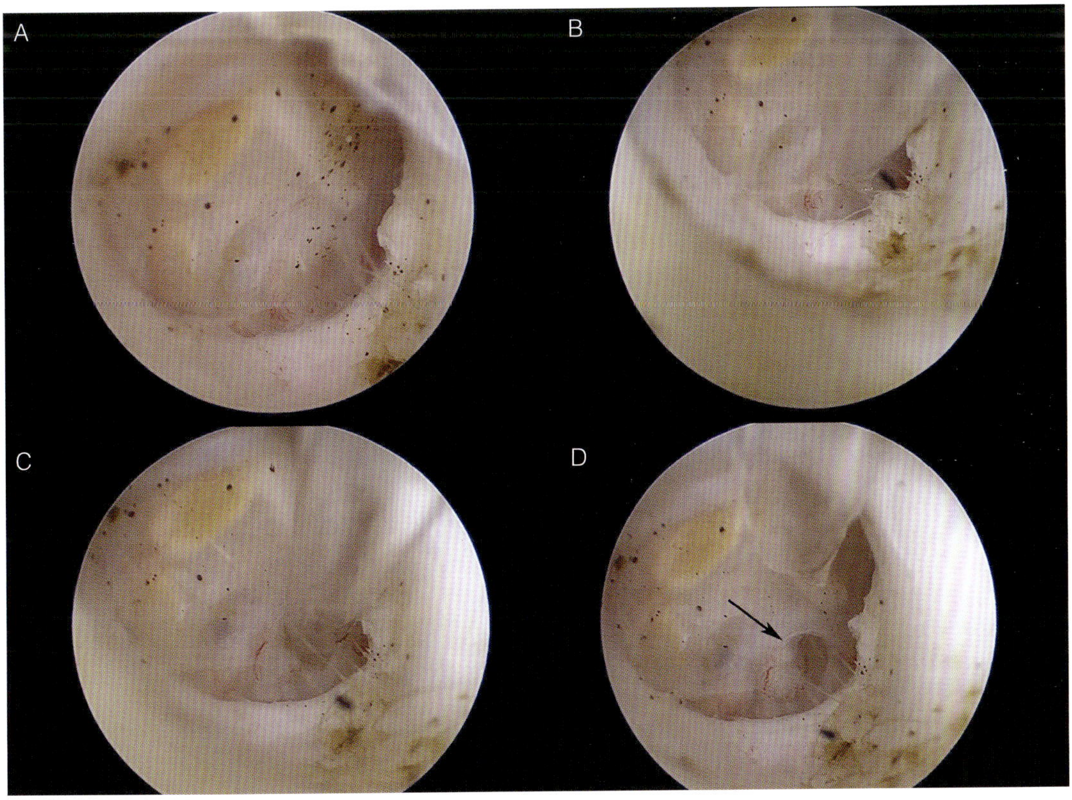

图 4.56 VOE图像。猫。鼓膜切开术。黑色箭头表示术后的孔

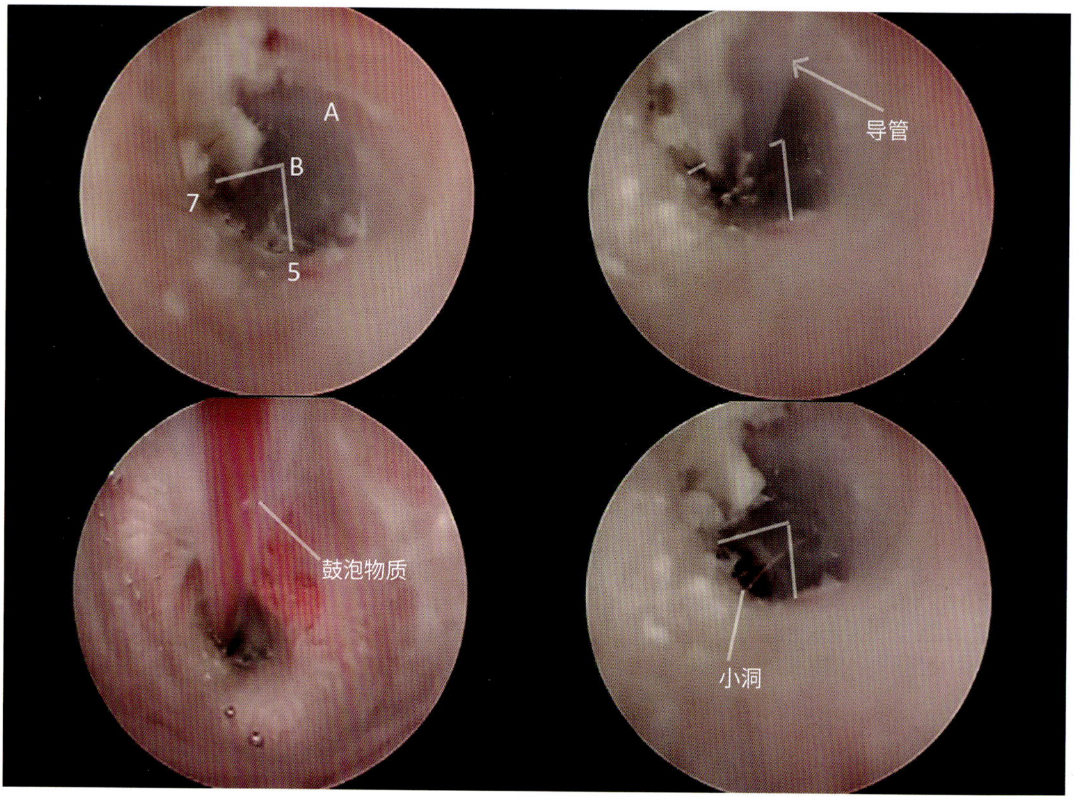

图 4.57　VOE图像。犬。鼓膜切开术。当鼓膜可见时，切口标志就很明显

的程序，可以使用激光纤维进行鼓膜切开术（图4.58），从而延迟鼓膜的手术愈合。这在需要较长时间引流时是有利的，例如原发性分泌性中耳炎。如果鼓膜不可见（慢性狭窄性耳炎或由于品种解剖结构），建议远离鼓膜并沿着耳朵解剖结构滑动导管（图4.59）。这样，导管放置在耳道底部，并沿着耳道，穿过紧张部安全区域的鼓膜，从腹侧进入中耳腔。这样操作可防止导管进入背侧，即需要避开的解剖区域［具有卵圆（前庭）窗和圆（蜗）窗的岬以及交感神经分支和副交感神经分支］。

4.6　中耳深度清洁

该操作对于成功治疗中耳炎至关重要。它可以去除中耳分泌物，这些分泌物是造成黏膜骨膜持久炎症的刺激物。该操作必须极其谨慎地进行，并且患宠必须始终处于深度全身麻醉下。将耳内镜引入外耳道内，直到看到鼓膜（如果存在）。鼓膜可能已经穿孔（图

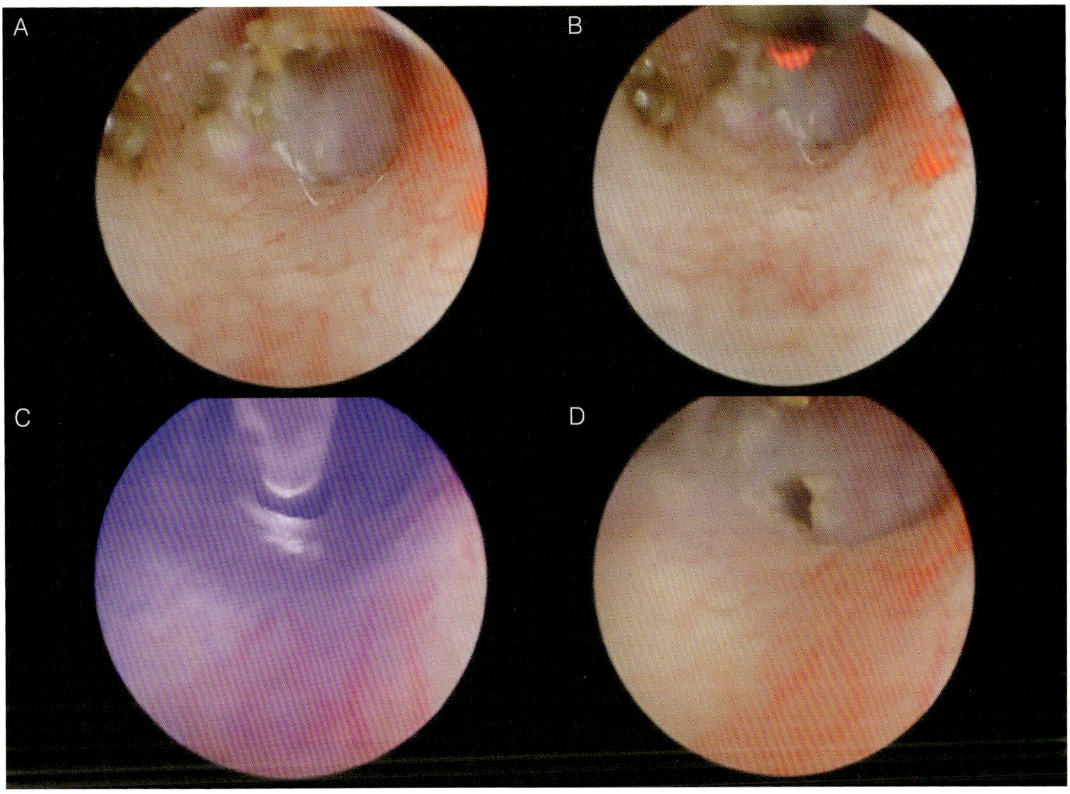

图 4.58 VOE图像。犬。鼓膜切开术。激光纤维在紧张部打孔

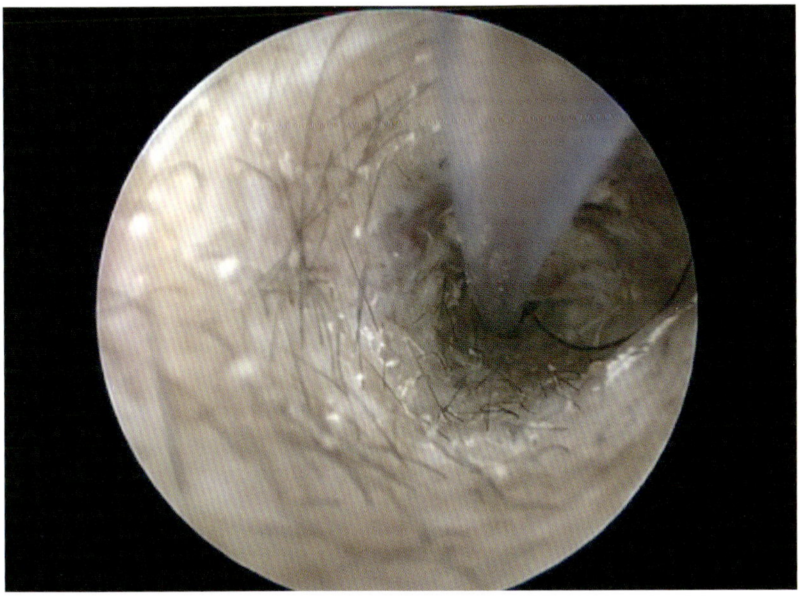

图 4.59 VOE图像。犬。鼓膜切开术。当看不到鼓膜时，远离鼓膜并沿着耳朵解剖结构滑动导管

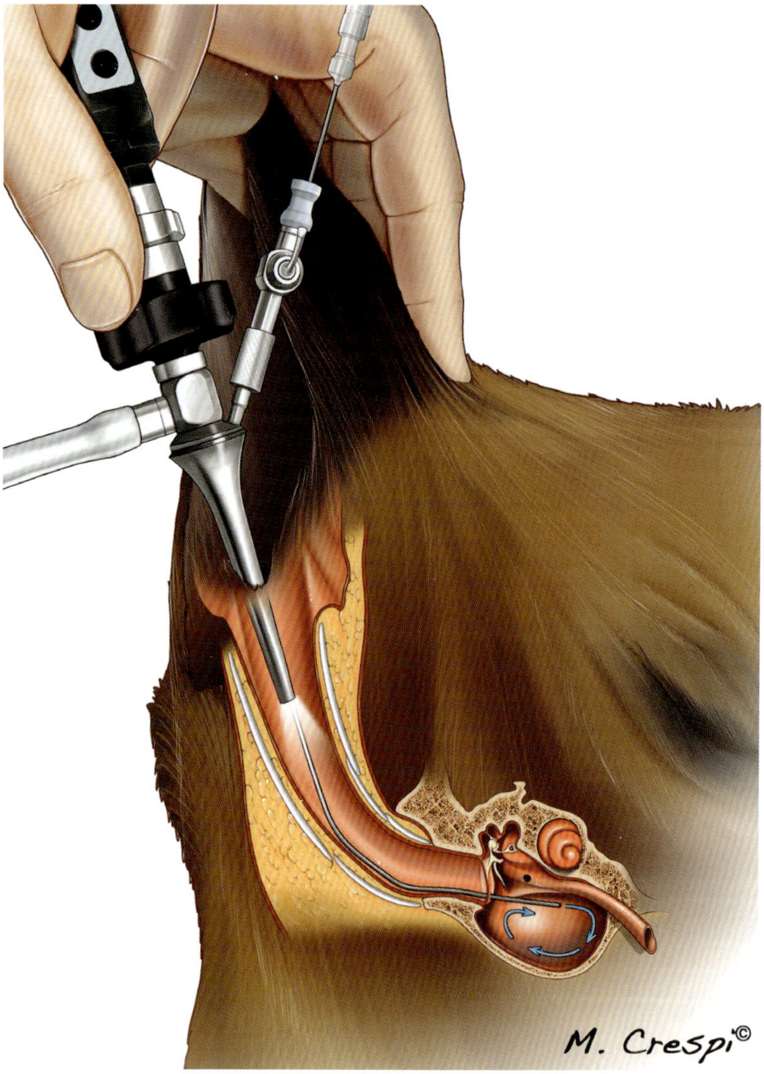

图 4.60 解剖示意图。犬。定位以进行鼓膜切开术并对中耳进行深耳清洁（图片来源：由Massimiliano Crespi提供）

4.60）。否则，需要进行鼓膜切开术。接下来，将饲管或直径1.67mm导管引入内镜的工作通道。通过将探头尖端指向腹侧（鼓泡），把导管推入中耳，以避免损伤位于背侧（固有鼓室）的细微结构（图4.61和图4.62）。

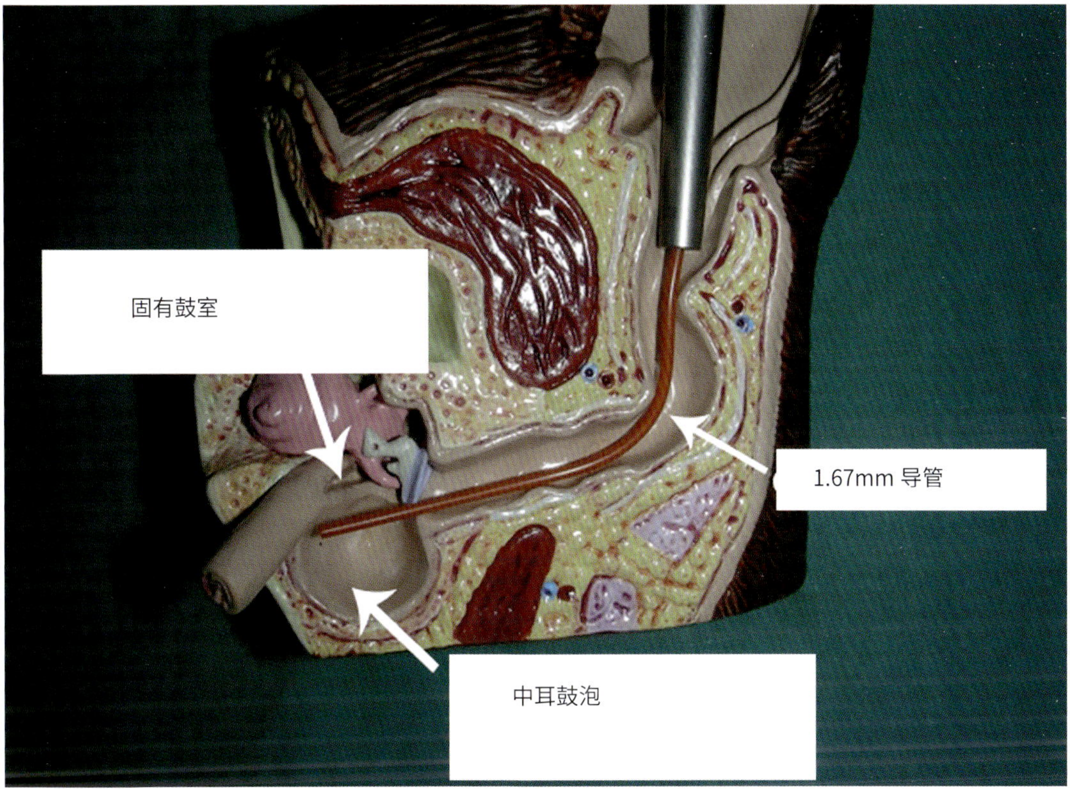

图4.61 外耳、中耳、内耳模型示意图。犬。颅骨的截面。进行鼓膜切开术和中耳深度清洁的定位

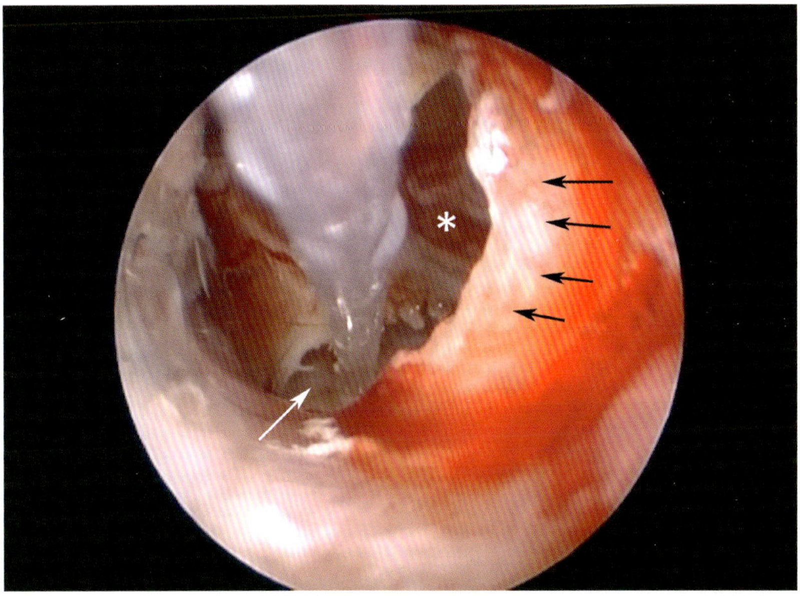

图 4.62 VOE图像。对鼓膜完全破裂的犬中耳进行深度清洁。导管位于鼓泡中（白色箭头）。注意固有鼓室的位置（星号），剩余的紧张部保持在原位（黑色箭头）

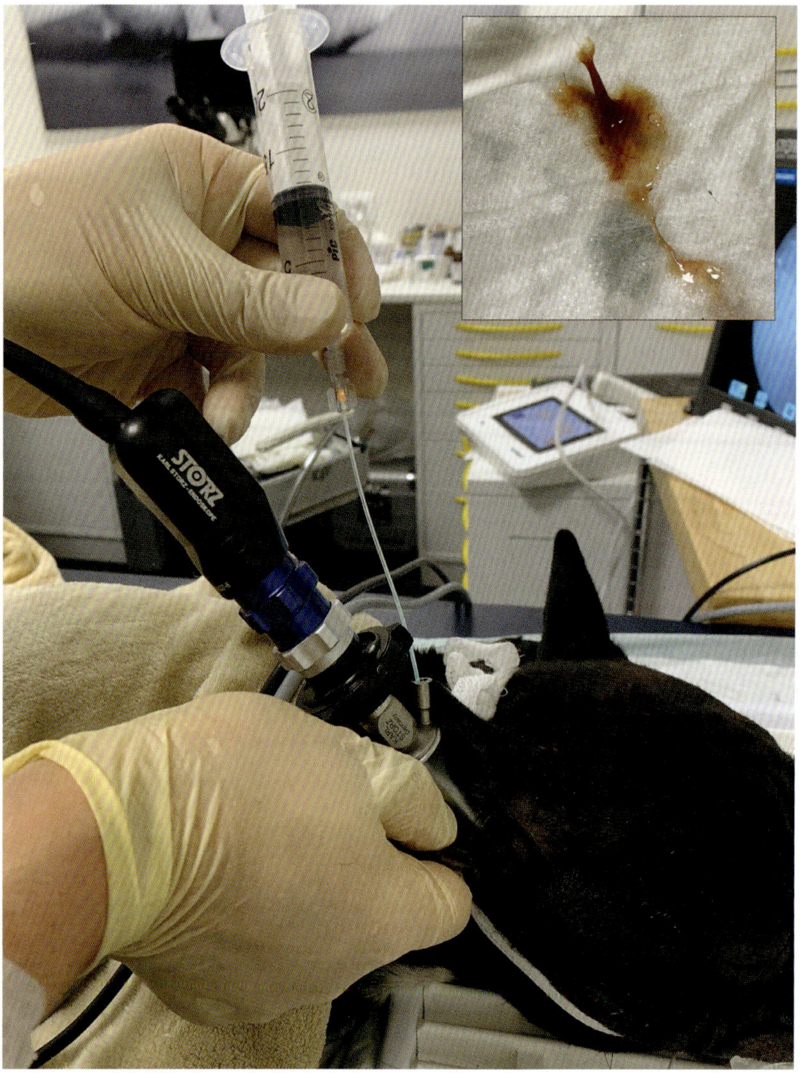

图 4.63 法国斗牛犬的 VOE 检查。注意装有无菌盐水溶液的注射器通过导管连接到中耳。在 PIP（画中画）中，可以看到使用 BAL-like 技术后拍摄的棕色黏液样物质

一旦收集了用于各种诊断检查的样本（图4.63），就可以使用连续冲洗-抽吸技术开始清洁，直到导管中没有明显的碎屑（图4.64）。清洁液必须不具有耳毒性或刺激性，建议使用体温温度的生理盐水溶液。尽管不常见，但由于液体对卵圆（前庭）窗和圆（蜗）

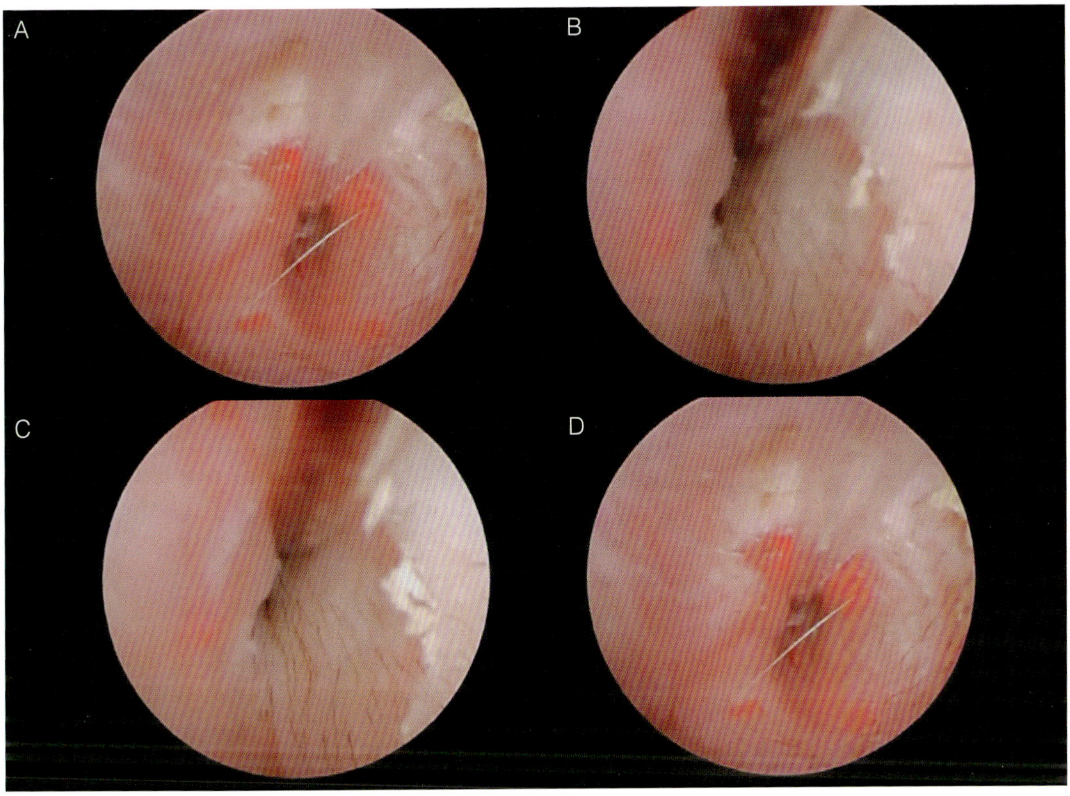

图 4.64 VOE图像。犬。中耳深度清洁。使用连续冲洗-抽吸技术来观察导管的颜色（黄棕色到红色）至关重要，直到导管中不再有明显的碎屑（像A和D中那样透明）

窗的机械刺激，患宠在术后可能会出现短暂的前庭临床症状和/或耳聋（图4.65）。深层清洁中耳会带来疼痛，因此建议在麻醉期间和麻醉结束时使用阿片类镇痛药，例如布托啡诺或美沙酮。

图 4.65　在进行强力的中耳深度清洁后患有迷路炎的斗牛犬出现歪头症状

延伸阅读

Albanese F (2016) Canine and Feline Skin cytology: a comprehensive and illustrated guide to the interpretation of skin lesions via cytological examination, 1st edn. Springer, New York

Angus JC (2004) Otic cytology in health and disease. Vet Clin North Am Small Anim Pract 34:411

Angus JC, Campbell KL (2001) Uses and indications for video-otoscopy in small animal practice. Vet Clin North Am Small Anim Pract 31(4):809–828

Apostolopoulos N, Glaeser SP, Bagwe R et al (2021) Description and comparison of the skin and ear canal microbiota of non-allergic and allergic German shepherd dogs using next generation sequencing. PLoS One 16(5):e0250695

Berger N, Eeg PH (2006) Veterinary laser surgery. A practical guide. Blackwell, London

Boord M (2006) Laser in dermatology. Clin Tech Small Anim Pract 21(3):145–149

Cole LK (2009) Anatomy and physiology of the canine ear. Vet Dermatol 20(5–6):412–421

Cole LK (2011) Otoscopy. In: Tams TR, Rawlings CA (eds) Small animal endoscopy, vol 20, 3rd edn. Elsevier – Mosby, St. Louis, MO, pp 587–605

Ghibaudo G (2010) Principi di video-otoendoscopia nel cane e nel gatto. Poletto Editore, Milan, p 109

Ghibaudo G (2011) Otoendoscopia, Chapter 9. In: Bottero E, Ruggiero P (eds) Endoscopia negli animali d'affezione. Testo Atlante. Poletto Editore, Milan, pp 157–172

Ginel PJ, Lucena R, Rodriquez JC et al (2002) A semiquantitative cytological evaluation of normal and pathological samples from external ear canal of dogs and cats. Vet Dermatol 13:151

Gotthelf LN (2019) Laser surgery procedures of the ear. In: Winkler CJ (ed) Laser surgery in veterinary medicine, vol 10, 1st edn. Wiley, Boca Raton, FL, pp 106–115

Milne E, Nuttall T, Marioni-Henry K et al (2020) Cytological and microbiological characteristics of middle ear effusions in brachycephalic dogs. J Vet Intern Med 34(4):1454–1463

Njaa BL, Cole LK, Tabacca N (2012) Practical otic anatomy and physiology of the dog and cat. Vet Clin North Am Small Anim Pract 42(6):1109–1126

Reinbacher E et al (2020) Myringotomy in dogs: contamination rate from the external ear canal: a pilot study. Vet Anim Sci 10(100125):18

Rosychuk R (2021a) Video otoscopy. In: Veterinary endoscopy for the small animal practitioner, vol 10, 2nd edn. Wiley, Boca Raton, FL, pp 637–659

Rosychuk R (2021b) Video otoscopy. In: McCarthy T (ed) Veterinary endoscopy for the small animal practitioner, vol 10, 2nd edn. Wiley, Boca Raton, FL, pp 637–659

Sobel DS (2012) Endoscopy of the canine and feline ear: otoendoscopy. In: Ragni SA, Moore AH (eds) Clinical manual of small animal endosurgery, vol 9, 1st edn. Blackwell, London, pp 256–272

Stevens-Sparks CK, Strain GM (2010) Post-anesthesia deafness in dogs and cats following dental and ear cleaning procedures. Vet Anaesth Analg. 37(4):347–351

Tater KC, Scott DW, Miller WH et al (2003) The cytology of the external ear canal in the normal dog and cat. J Vet Med A Physiol Pathol Clin Med 50:370

犬猫耳病 VOE 检查的适应证 5

本章包括所有犬猫外耳和中耳疾病，在这些疾病中，VOE 检查是适用的诊断程序。首先我们会先简单提及先天性疾病，然后再详细讨论后天性疾病。根据耳朵问题发生的时间长短，耳炎分为急性和慢性两种。本章还会讨论用于建立诊断分级（耳炎分期）的诊断性成像检查（**专栏 5.1**），有助于帮助大家选择最合适的治疗方案和判断预后。最后，我们会提及耳聋的诊断以及所需的检查。

5.1 先天性疾病

外耳道和耳道的先天性闭锁在犬和人类中极为罕见。闭锁的发生可能伴随耳郭发育异常。最常见的耳郭疾病是小耳畸形（耳郭发育不全）。如果闭锁发病很早，则很可能是出生后几个月内的先天性闭锁。然而，重要的是要考虑导致瘢痕性耳道狭窄的耳道创伤可能看起来类似于耳道闭锁（图 5.1）。耳道闭锁会导致耳道炎症和外耳道伴随/不伴随中耳（如果鼓膜不完整）内耵聍积聚。因此，临床症状包括耳痛、摇头和受影响耳朵的耳旁脓肿。通常，外耳道和中耳道内容物的细菌培养物是无菌的。需要通过手术方法来纠正先天性畸形，例如全耳道消融术和外侧鼓泡截骨术（TECALBO）以及垂直耳道引流术等。猫眼综合征（一种罕见的 22 号染色体疾病）也可能表现为耳郭畸形、眼缺损以及心脏和肾脏异常。

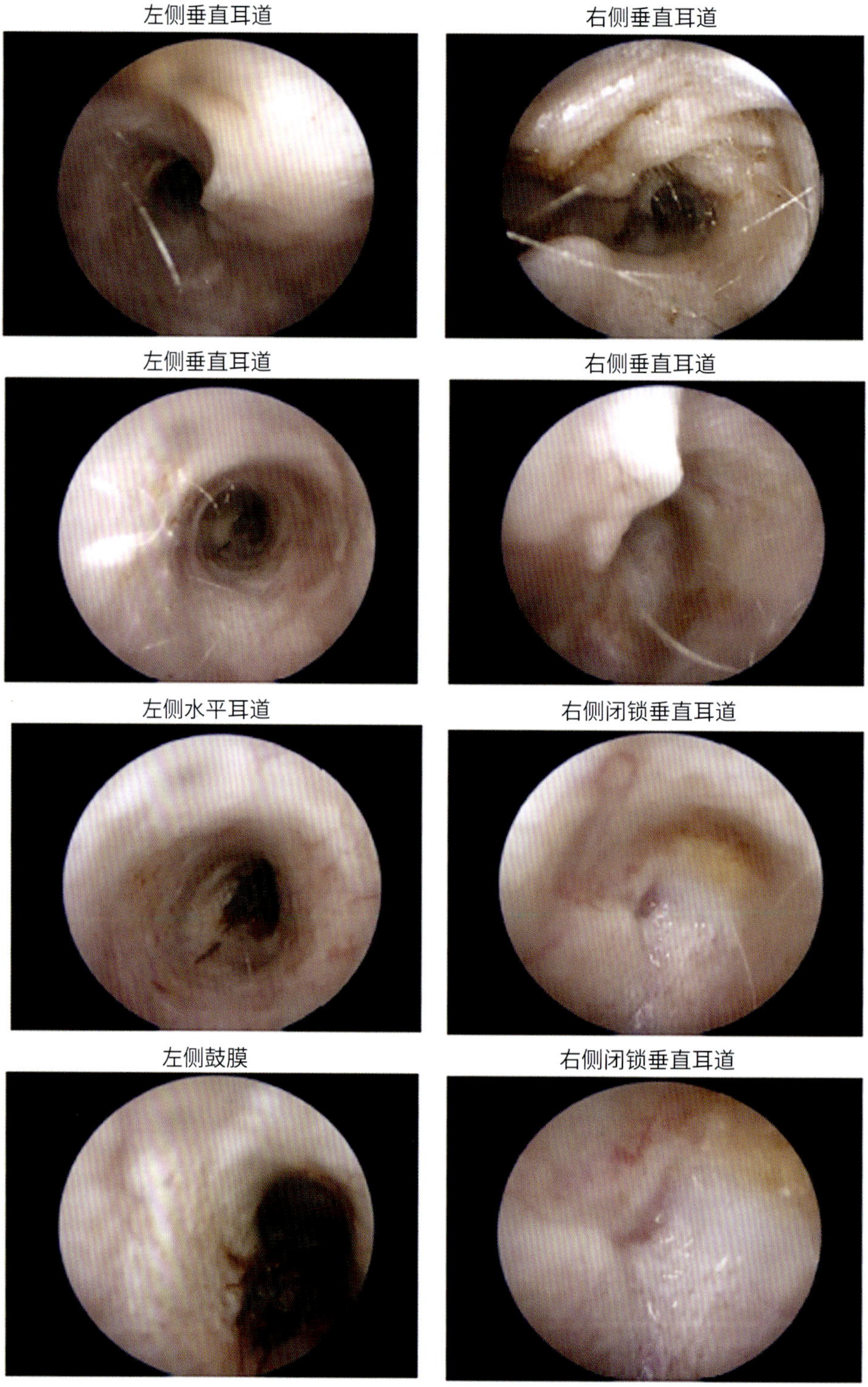

图 5.1　VOE图像。2岁犬单侧耳道闭锁。请注意，与正常的左耳道相比，右耳道管腔完全缺失

专栏 5.1 诊断成像

诊断成像在确定耳病的严重程度和范围方面发挥着重要作用。所有操作均在全身麻醉下进行。诊断过程通常在同一时间和其他技术（例如内镜检查与放射线 /CT 或 MRI）结合完成。这样，可以在一次麻醉下对患宠进行耳炎分期和治疗。大约 20% 的犬慢性外耳炎病例存在未诊断的隐匿性中耳炎，通过使用诊断成像可以显著降低这一漏诊比例。

a. 放射线检查

放射线检查是最常用的诊断成像技术，尽管最近几年已逐渐被CT（计算机断层扫描）和MRI（磁共振成像）等更先进的技术所取代。放射线检查可以提供有关外耳道软骨的信息（图5.2），例如，耳郭软骨和环状软骨矿化（由于慢性炎症化生）。此外，放射线检查可发现鼓泡的严重骨性改变，例如，增厚、不规则、侵蚀、反应现象以及鼓泡内容物变化（空气或致密物质，有血管或无血管）（图5.3）。然而，这些改变通常是非特异性的。因此，特别是在疾病晚期，放射线检查必须与临床和VOE检查结果以及实验室结果（细胞学、组织学和微生物学检查）相关联才能确诊疾病。

最有用的是背腹位（或腹背位）和吻尾位（rostrocaudal）投影。这些投影可以对左侧和右侧进行对比，以帮助识别异常情况。然而，在每个投影中，鼓泡都叠加在颅骨的其他部分上，使解读变得复杂（图5.4）。最小化叠加的另一个投影方法是左（或右）20°腹—右（或左）背位斜视投影。在猫中，吻—10°腹—尾背位（闭嘴）投影是吻尾位（张嘴）投影的替代方案（图5.5）。两种投影都可以很好地观察鼓泡。

b.CT 检查

CT检查的物理原理与放射线检查相同，CT检查可产生类似于身体切片的放射线图像。横截面图像的一个显著优点是检查各结构时不会出现令人困惑的叠加现象。耳朵的CT图像通常是使用薄连续切片（1.5mm）和高分辨率重建算法在横向平面上获取。

通常对患宠采用胸卧位，头部支撑在带衬垫的槽中，以便于稳定和对称地摆位（图5.6）。扫描时间一般为 1min 左右。CT能够对耳朵和邻近结构进行相对详细的检查。与传统X线检查一样，可以轻松区分空气和骨骼，这使得CT成为中耳成像的绝佳选择（图5.7）。如果怀疑其他结构，例如脑部存在异常，则可以使用更适合脑部的设置进行第二次CT扫描。静脉注射有机碘化物造影剂后重复进行CT扫描可能有助于检测影响软组织的病灶，因为造影剂往往会积聚在血管结构中（图5.8）。

当怀疑疾病局限于中耳，没有神经系统症状时，则进行CT检查。MRI上的骨骼清晰度较差，无法对鼓泡壁进行令人满意的检查，也无法对听骨链和鼓膜进行理想的可视化检查。此外，鼓泡中常在的空气信号类似于骨壁的信号，从而妨碍了空气/骨边界的可视化。

CT扫描可以更好地检测耳软骨和环状软骨的矿化以及耳道改变（图5.9）。此外，CT扫描有助于识别经常与恶性外耳肿瘤（图5.10）和中耳肿瘤（图5.11和图5.12）有关的骨损伤。

c.MRI

MRI自引入兽医领域以来，已广泛应用于中耳和内耳检查。该检查获得的信息是CT扫描信息的一种补充，而非替代。因此，在诊断方案需要检查鼓泡区域的情况下，同时执行这两项检查是最为理想的。不幸的是，由于同时拥有两个设备的罕见性和相应高成本，同时进行两项检查很少能实现。

选择进行MRI或CT扫描应基于诊断怀疑和已进行的其他检查的提示。基于传统放射学的中耳诊断检查不如先进成像技术可靠，应将后者作为标准诊断方法。MRI不适用于诊断骨溶解性和骨生成性鼓泡病程。

在下列情况下，MRI是首选检查。

- 非感染性分泌型，通常无症状且骨壁无变化［原发性分泌性中耳炎（PSOM），中耳炎（OME）］。作为骑士查理王小猎犬的典型疾病，它们通常是在其他病理学检查时偶然发现的（图5.13）。
- 存在外周前庭症状，涉及内耳结构或前庭耳蜗神经，无法通过其他方式进行检查。此外，在大量前庭病例的急性期，临床上可能很难区分症状是中枢性的还是外周性的。因此，除了鼓泡外，在同一检查中检查脑干、小脑和小脑桥脑角也很重要。对此，MRI效果令人满意，与CT不同，MRI可以很好地分析后颅窝中的这些结构。

- 存在三叉神经肿瘤（图5.14）。有时，可见同侧鼓泡内积液。
- 由于鼓泡的解剖关系密切，与面神经功能障碍相关的症状可能与鼓泡病变一起发生。因此，每当面神经出现缺陷时，无论是否检查到与中耳炎有关的症状，都必须怀疑鼓泡的疾病。在这些情况下，MRI可用于评估中耳炎的存在以及评估其颞内部分的面神经，即使在鼓泡中没有病变（所谓的特发性形式）的情况下，也可以突出显示面神经信号的变化。
- 临床怀疑继发于中内耳炎的脑膜炎-脑膜脑炎，这些感染是通过内耳道中的血管和神经向颅内扩散而形成的。MRI可以提供有关该病程阶段（急性、亚急性或慢性）的信息。这种情况猫比犬更常见（图5.15）。

中内耳的检查必须在使用顺磁造影剂之前和之后，在横向和背位平面上使用 T1 和 T2 加权序列进行，这样可以在右侧和左侧之间进行比较。厚度小于 1mm 的 T2 或类 T2 的截面可以很好地突出内耳的结构。

d. 超声检查

超声检查在耳成像的临床应用中具有一些优势，因为它相对快速、无创，可用于意识清醒的患宠。在健康犬猫中，外耳和中耳内的空气可有效地阻止超声波传输。然而，如果外耳充满盐水或中耳因疾病而含有液体或固体物质，则超声波束可以通过耳朵传输，并且可以检查其内部结构。

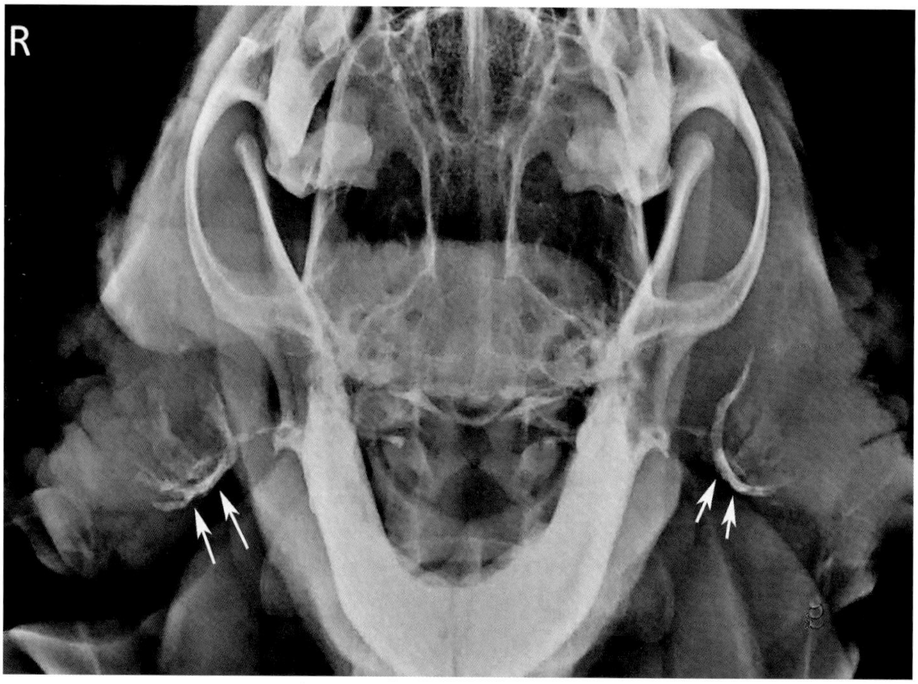

图 5.2 双侧外耳软骨营养不良性钙化或矿化的犬的腹背位X线片投影（白色箭头）。在患有晚期外耳炎的犬猫中可观察到这种现象

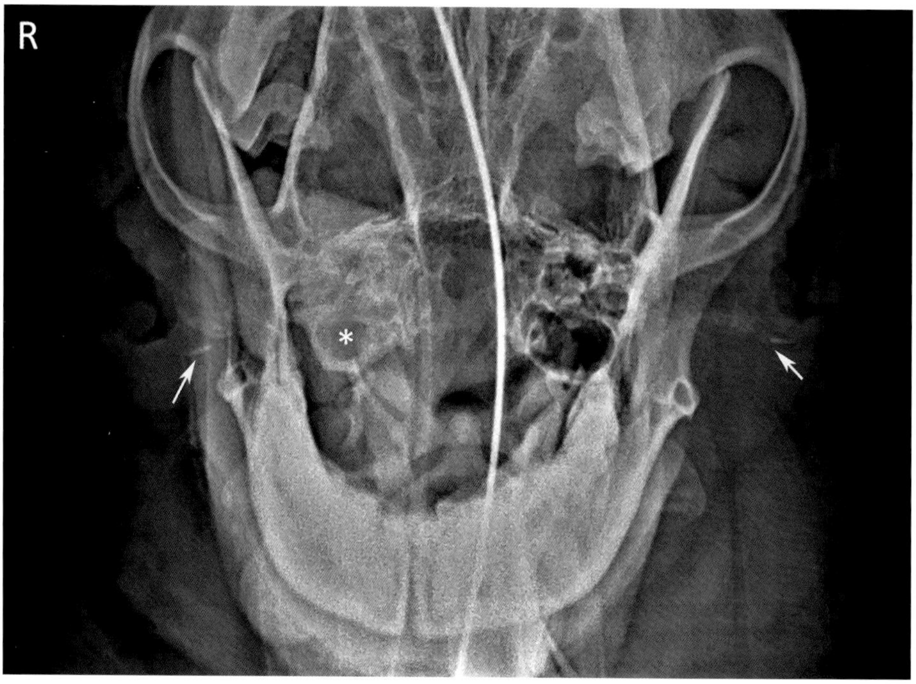

图 5.3 患有轻度双侧外耳软骨营养不良性矿化的犬的腹背位X线片投影（白色箭头）。右侧鼓泡壁明显增厚，鼓泡看起来不透射线（致密物质）。右侧中耳炎（白色星号）

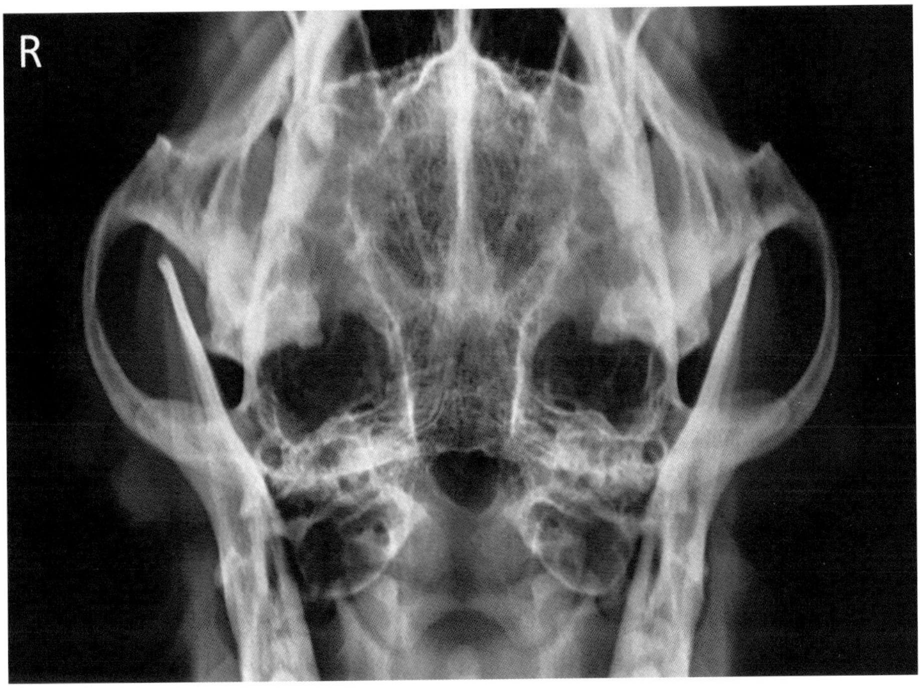

图 5.4 健康犬的腹背位X线片。张嘴投影可以显示双侧鼓泡并进行比较

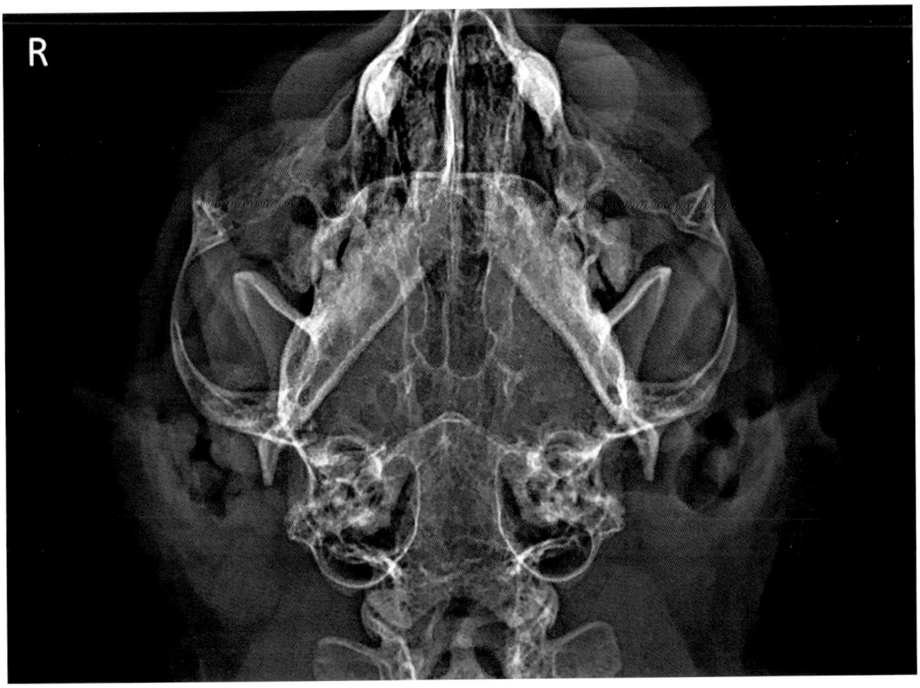

图 5.5 健康猫的腹背位X线片。吻—10°腹—尾背位（闭嘴）投影可以显示双侧鼓泡并进行比较

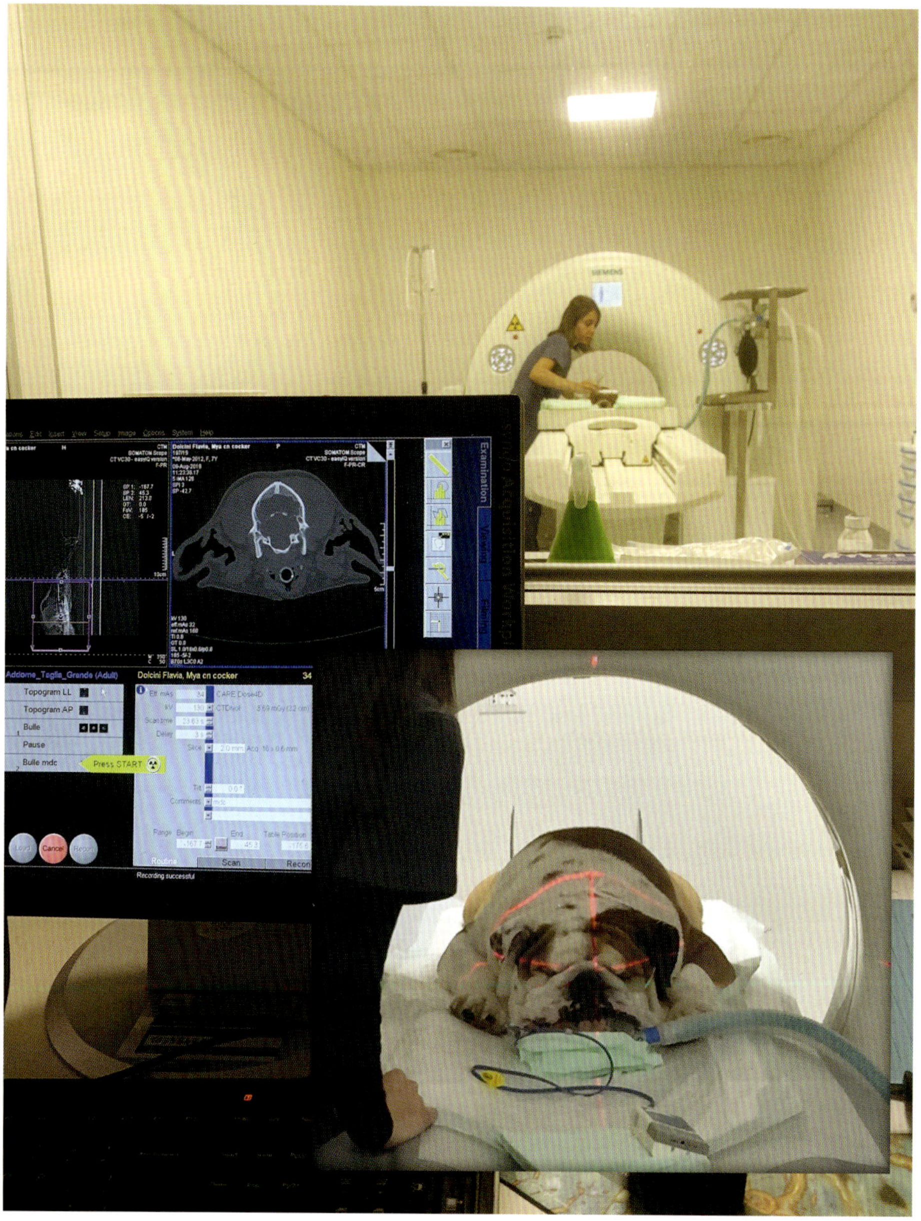

图 5.6　CT 扫描室。通常对患宠采用胸卧位，头部支撑在带衬垫的槽中，以便于稳定和对称摆位

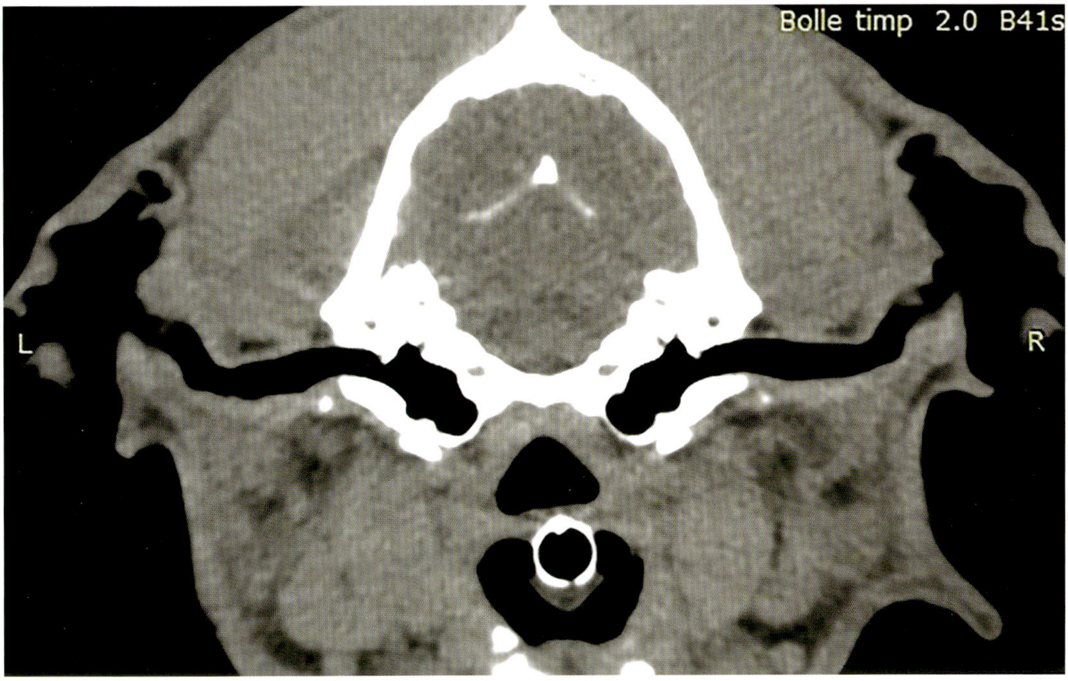

图 5.7 健康沙皮犬耳部水平的横向 CT 软组织窗。耳道以及中耳和内耳的解剖结构清晰可见（图片来源：由CentroTacVet提供）

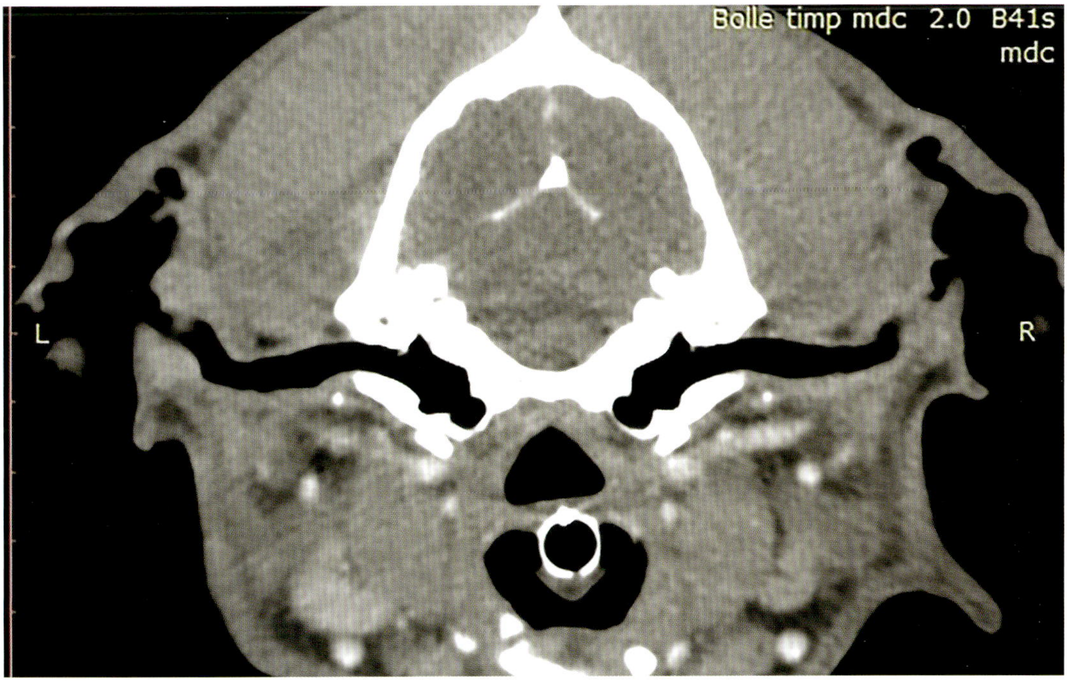

图 5.8 横向 CT 软组织窗，与上图相同的犬。静脉注射有机碘造影剂后，软组织和血管结构明显（图片来源：由CentroTacVet 图片提供）

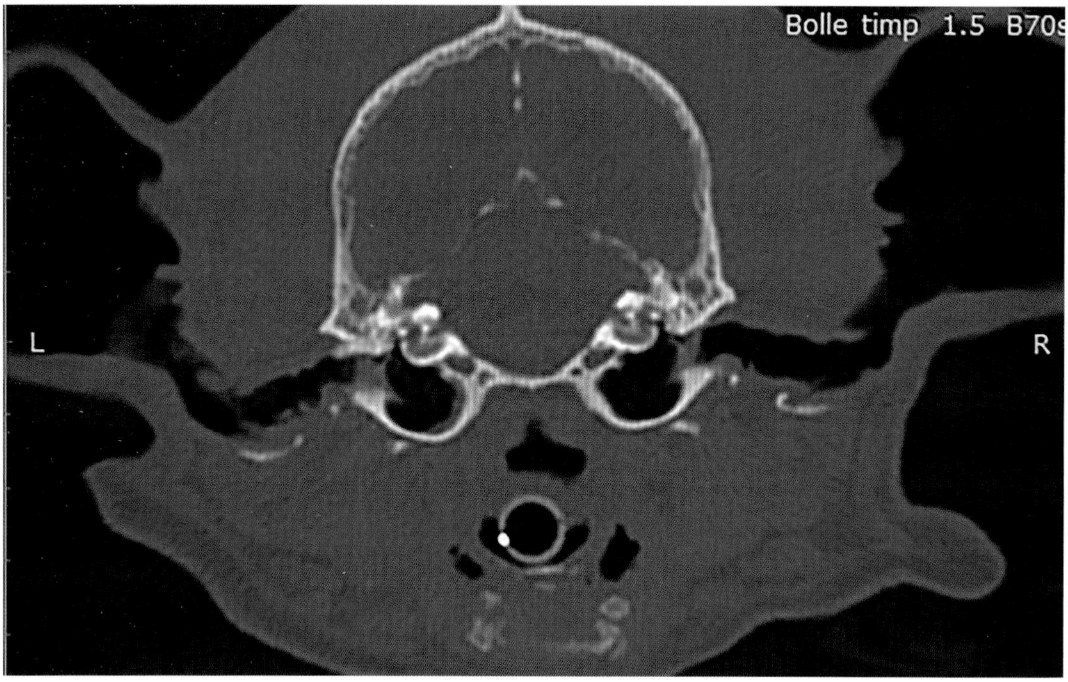

图 5.9 患有慢性中耳炎的犬的横向 CT 骨窗。外耳道壁轻微增厚，耳道深部有少量组织物质。软骨轻度矿化。左侧鼓泡腹侧有少量液体衰减物质（图片来源：由 CentroTacVet 图片提供）

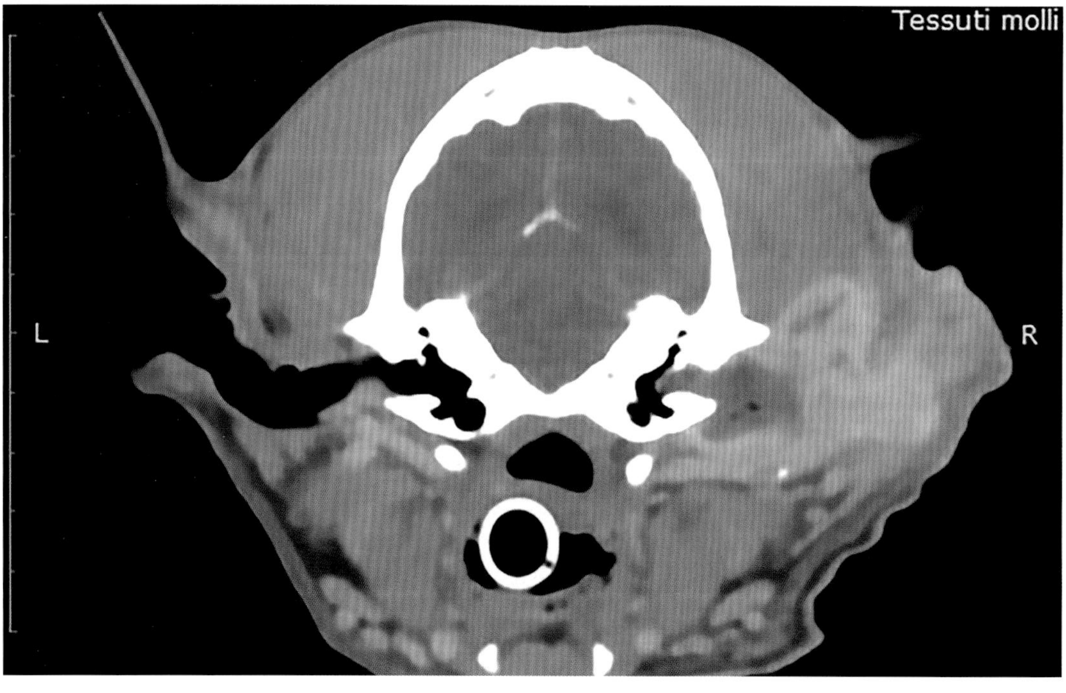

图 5.10 患有右耳道皮脂腺腺癌的犬的横向 CT 软组织窗。肿块浸润周围软组织，可见造影剂增强效应。此外，肿块还涉及同侧鼓泡（图片来源：由 Centro Veterinario Futuravet 提供）

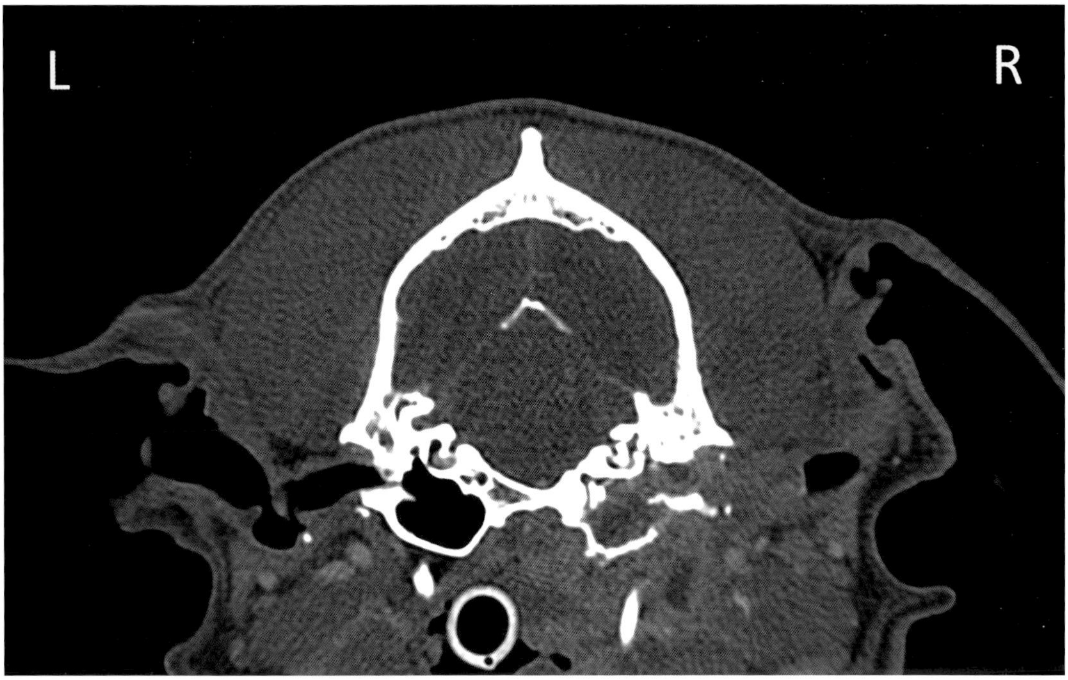

图 5.11 中耳胆脂瘤犬的横向 CT 软组织窗。由于组织密度物质的积聚，导致右鼓泡没有气体，可见异质造影剂增强和低密度空腔区域（图片来源：由Centro Veterinario Futuravet提供）

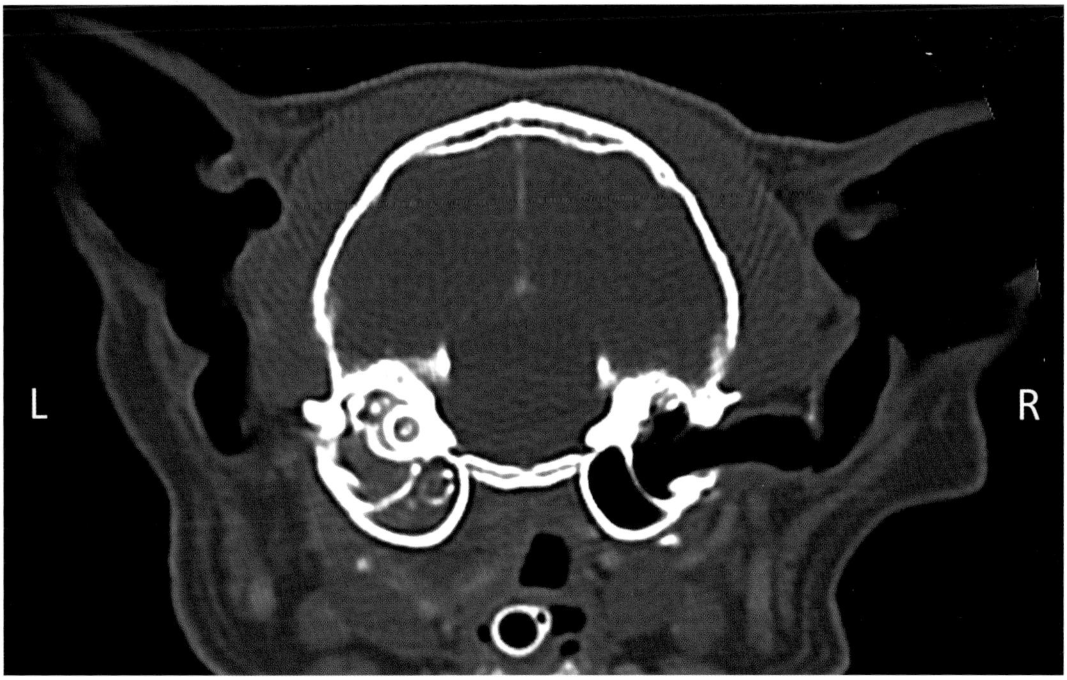

图5.12 患有左侧单侧外耳炎和中耳炎的1岁猫的横向CT软组织窗。病变占据水平耳道和中耳，与炎性息肉相符（图片来源：由Centro Veterinario Futuravet提供）

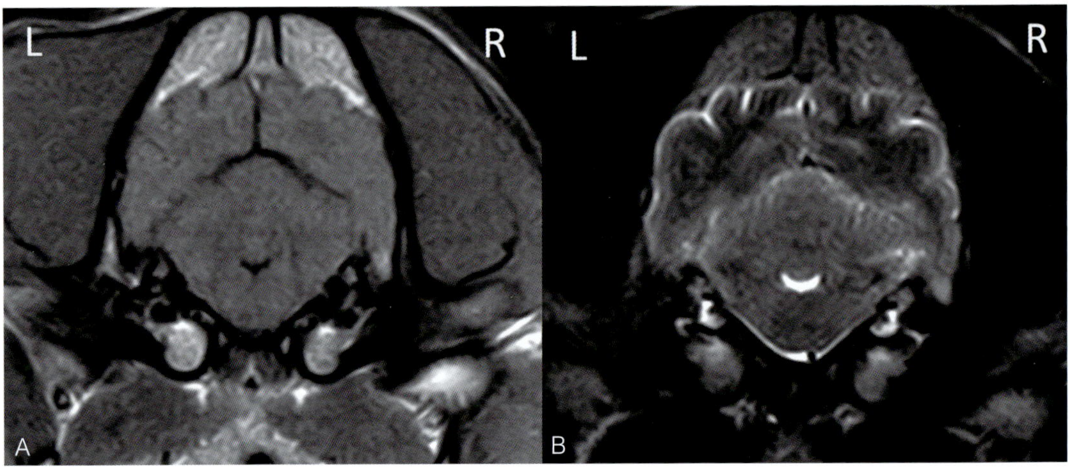

图 5.13 患有原发性分泌性中耳炎的骑士查理王小猎犬的横向MRI造影后T1加权图像(A)和T2加权图像(B)。注意双侧鼓泡中存在不透明物质

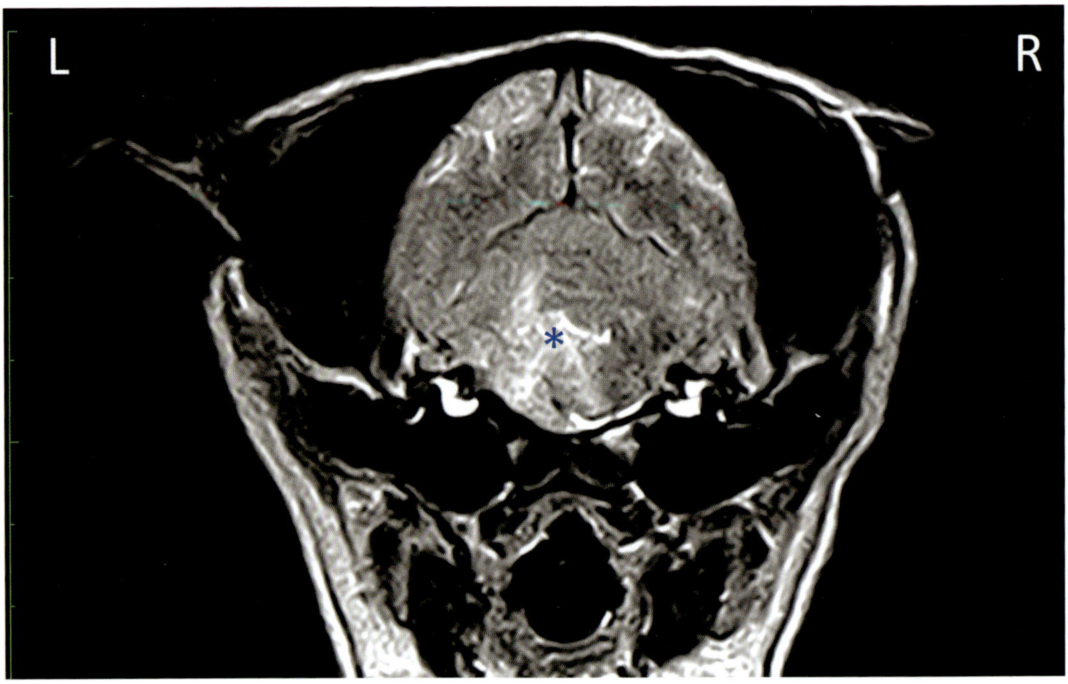

图 5.14 患有三叉神经肿瘤的犬的横向MRI造影后T1加权图像。三叉神经T2加权序列中的高信号新生物，T1加权序列中的等信号，呈现出明确的边缘和卵圆形。该肿块挤压了相邻实质组织结构（图片来源：由Centro Veterinario Futuravet提供）

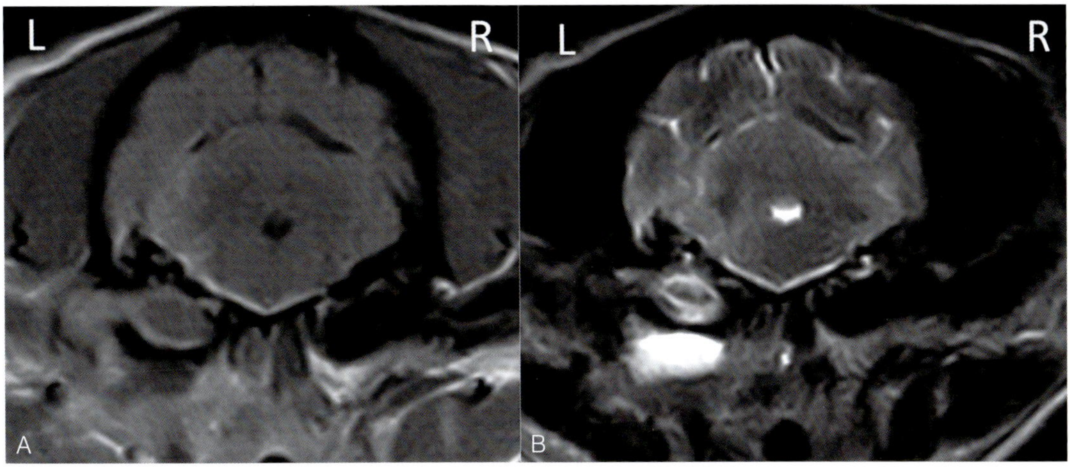

图 5.15 患有耳源性脑膜脑炎的法国斗牛犬的横向MRI造影后T1加权图像(A)和T2加权图像(B)。右侧鼓泡内长TR序列中高信号物质集聚。鼓泡腹侧软组织上的信号具有相同的高信号，边缘明确，直径约1.5cm的圆形物质；造影剂呈弥散性均匀分布。右侧前庭耳蜗和面神经以及同侧小脑脚出现的T2加权和FLAIR序列中的高信号（图片来源：由Centro Veterinario Futuravet提供）

5.2 后天性疾病

外耳炎具有多因素病因学。根据病因学分类，有两类病因（原发性和继发性）可引发外耳炎，以及两种因子（易发因子和持久因子）会导致外耳炎的维持和恶化。原发性病因是那些即使在健康的耳朵中也足以引起耳炎的因素，而继发性病因只能在已经改变的耳朵中诱发耳炎。易发因子显著增加个体患宠发生耳炎的风险，持久因子是那些能够通过加重临床疾病并阻止其消退来扩散并维持炎症的因素（表5.1）。

5.2.1 急性外耳炎

所有涉及外耳道和鼓膜的炎症性、感染性和肿瘤性疾病均需考虑。首次发病的时间点可帮助区分急性和慢性耳炎。通常，如果病史长达3～4周，则视为急性耳炎。然而，有时主人不会注意到急性耳炎，特别是耳朵仅出现发红症状时（例如过敏性皮炎）。这可能是因为感染性耳炎的临床症状，包括瘙痒、刺激、疼痛、恶臭和耳内分泌物的产生，对主人来说更加明显和令人担忧。

耳道不是无菌环境，正常情况下，常驻微生物群由少量细菌，主要是革兰氏阳性菌

表 5.1 耳炎的多因素病因学。用于外耳炎的 PSPP 系统©克雷格 · 格里芬 (Craig Griffin)

原发病因	继发病因	易发因子	持久因子
过敏	细菌	解剖结构	耳垢产生过多
异物	酵母菌	湿度过高	耳垢向外迁移的机制遭到破坏或完全缺失
寄生虫	过度清洁	治疗的结果	进行性病理改变
角化缺陷	药物反应	耳道阻塞性疾病	中耳炎
代谢疾病	游泳	全身性疾病	
自身免疫性疾病			
病毒性疾病			

引自 Glaze M.B. Diseases of Eyelids, Claws, Anal Sacs, and Ears. In Miller, Griffin, Cambell: Muller & Kirk’s Small Animal Dermatology, 7th Ed. Elsevier Mosby. (19):743–745.

和酵母菌组成。

炎症过程会引发一系列事件，从而改变微环境和微观解剖结构。在炎症开始阶段，VOE检查时可以看到血管扩张（发红）（图5.16）和血管通透性增加（水肿）。在持续的炎症刺激下，腺体组织会发生量变到质变。皮脂腺进行性增生，随后是耵聍顶浆腺（即耵聍腺）增生，分泌活性增加。在更多亚急性的耳炎中，腺管发生囊性扩张，VOE图像中出现小白点（图5.17）。耵聍腺的活性改变了耳垢的成分。脂质含量相对于水性成分显著降低。因此，耳垢的疏水性和抗菌性会降低，从而导致相对湿度增加，以及细菌（细菌过度生长）和酵母的繁殖。

5.2.1.1 病因

5.2.1.1.1 过敏性皮肤病

过敏性皮炎（食物和/或环境）是犬外耳炎最常见的潜在病因（即原发病因）。接触性超敏反应相对罕见，但如果治疗后临床症状恶化，应予以考虑。外耳炎可能影响高达85%的特应性疾病患宠，并且在许多情况下(25%)，外耳炎是第一个出现的症状。特应性患宠在表现其他皮肤病变之前可能会出现几次耳炎。另一方面，发红性耳炎可能是唯一的临床症状。

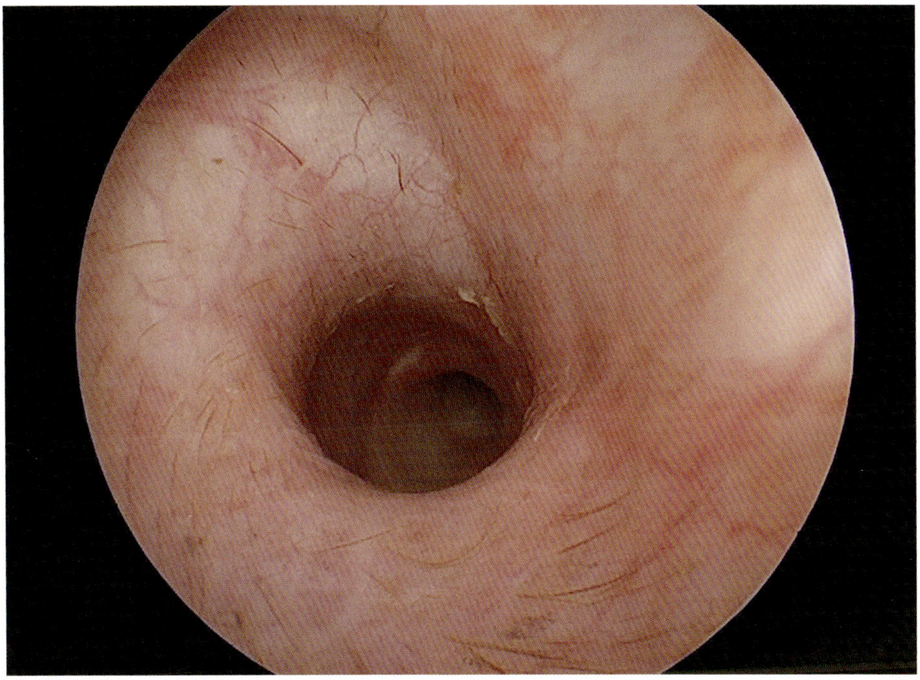

图 5.16 VOE图像。过敏犬左耳道的急性外耳炎。注意可见耳道发红

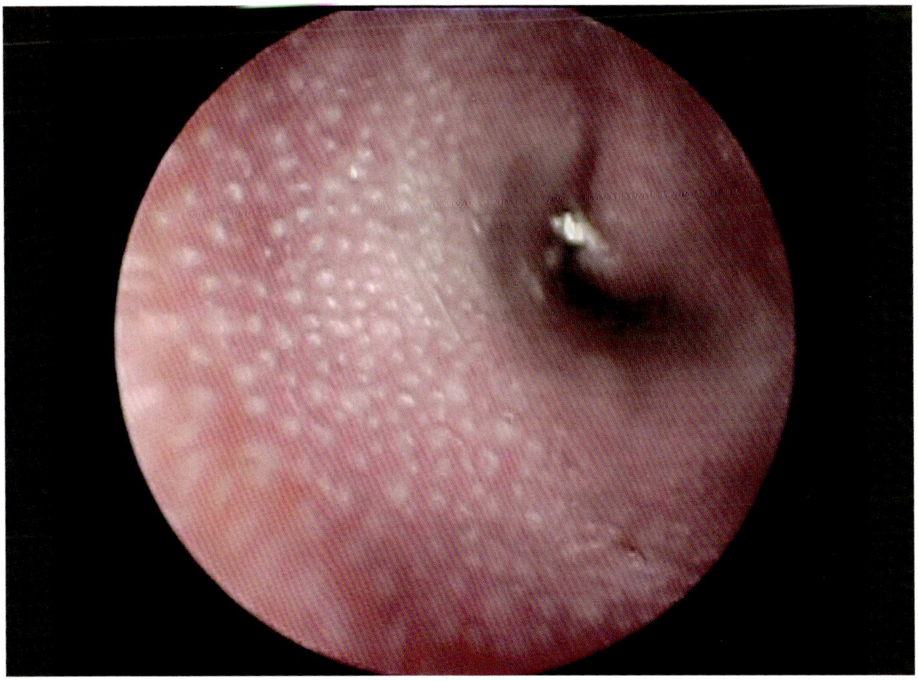

图 5.17 VOE图像。过敏犬左耳道的亚急性外耳炎。注意可见耳道发红和许多白点，表明腺体增生

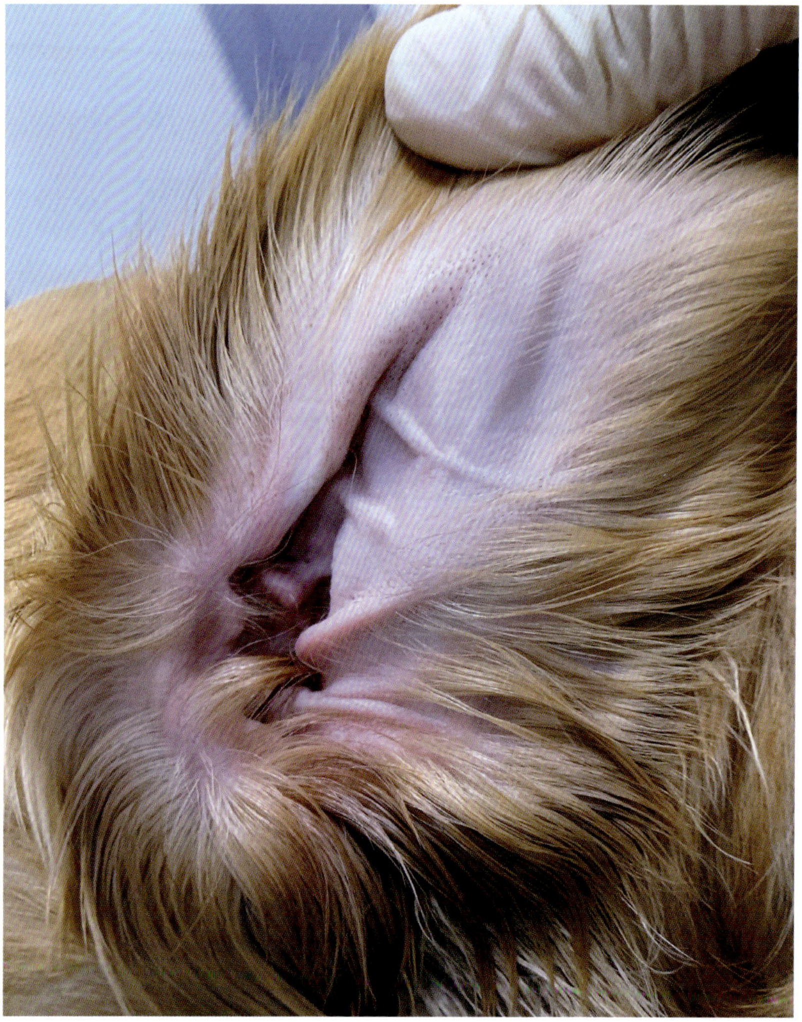

图 5.18 临床图像。过敏犬左耳道的急性外耳炎。注意可见发红，尤其是内侧耳郭的近端部分和垂直耳道的入口处

耳郭凹面和耳道的近端部分（图5.18）往往是过敏个体临床症状的主要和最初焦点。随着病情的发展，会涉及耳道，形成后续的继发感染。有些患宠仅累及耳郭凹面，急性特应性疾病发作可能导致耳郭水肿和耳道狭窄。大多数患宠双侧受累，但也有可能看到特应性耳炎主要影响一只耳朵。有趣的是，据报道，受影响的耳朵松弛部扩张的发生率较高。发病机制尚不清楚，但是，假说包括摇头或咽鼓管功能障碍。

5.2.1.1.2 体外寄生虫病

对于猫，超过50%的外耳炎是由耳螨(*Otodectes cynotis*)引发的外耳道寄生虫感染导致的，犬为5%～10%。耳部寄生虫以表皮碎屑为食。耳道的持续机械性刺激导致耵聍产生增加，有时与血液混合。螨虫也可能以表皮液体为食，使患宠对寄生虫抗原物质过敏。瘙痒的程度经常很严重，可能与耳道中存在的螨虫数量不成比例。此外，在一项研究中，50%感染耳螨的猫在皮内检测中发现尘螨属（*Dermatophagoides* spp.）呈阳性，结果显示存在交叉反应。这些猫在杀螨剂治疗后检测结果呈阴性。

耳螨病通常导致瘙痒性发红耵聍性外耳炎，一般为双侧，有大量干燥、黑棕色耳垢，其外观让人想起“咖啡渣”（图5.19和图5.20）。另一方面，由犬蠕形螨感染引起的外耳炎不常见。在极少数情况下，外耳炎可能是由犬疥螨、猫背肛螨、秋收恙螨幼虫以及蜱虫或苍蝇幼虫感染的相关耳郭疾病的扩展所致。

5.2.1.1.3 异物

一些异物（例如草芒、沙子、小块棉花或纱布）可能会意外落入外耳道内（图5.21）。因此，将硬性耵聍结石（带有毛发的耵聍栓）和异物（图5.22）进行区分很重要。

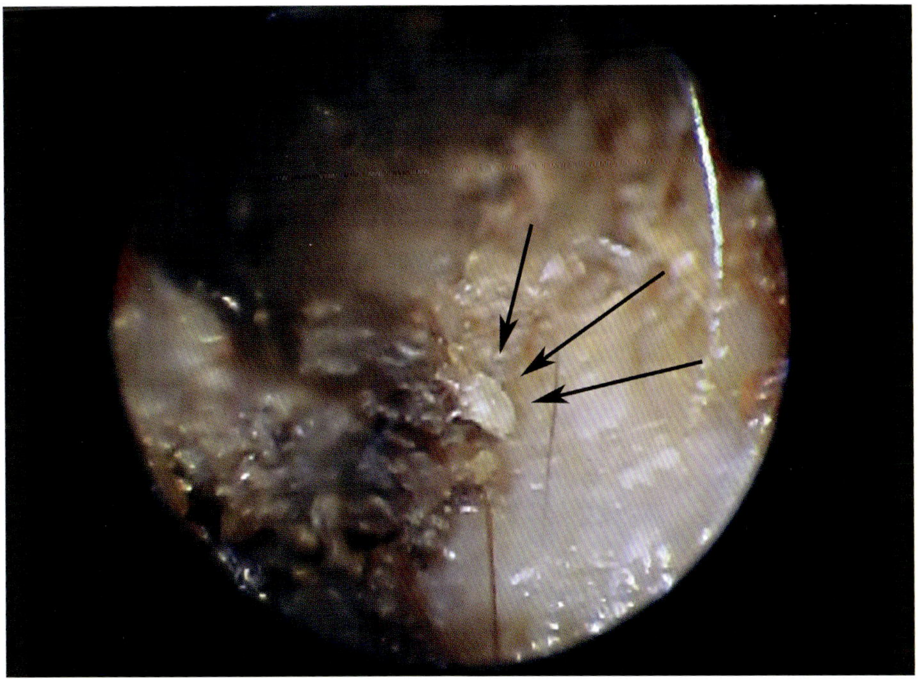

图 5.19 VOE图像。耳螨病。犬耳道内的亚急性外耳炎。注意存在大量耵聍和螨虫（黑色箭头）

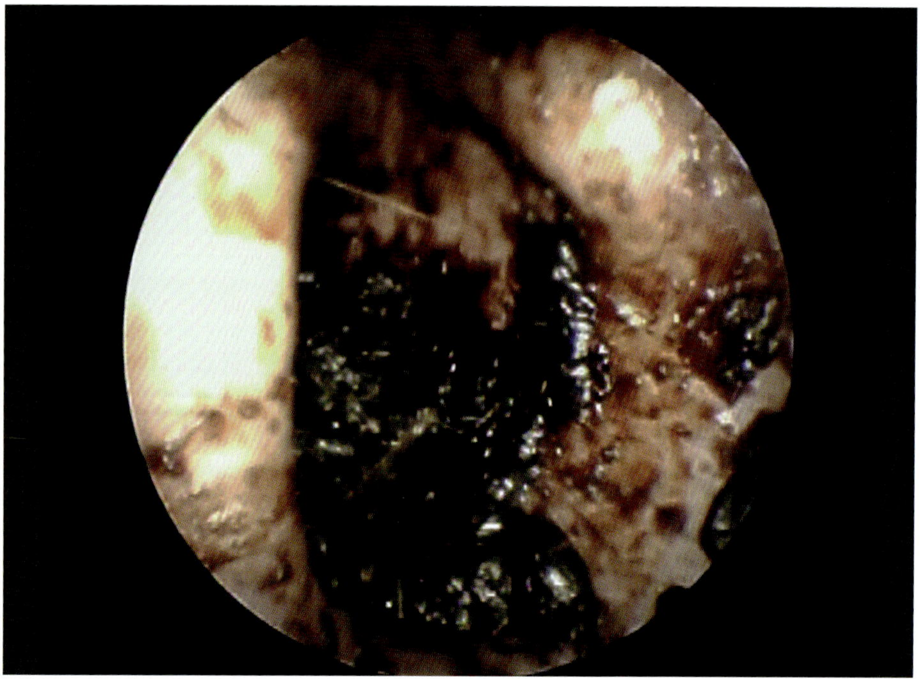

图 5.20 VOE图像。耳螨病。犬耳道内的亚急性外耳炎。注意存在大量黑棕色盯聍

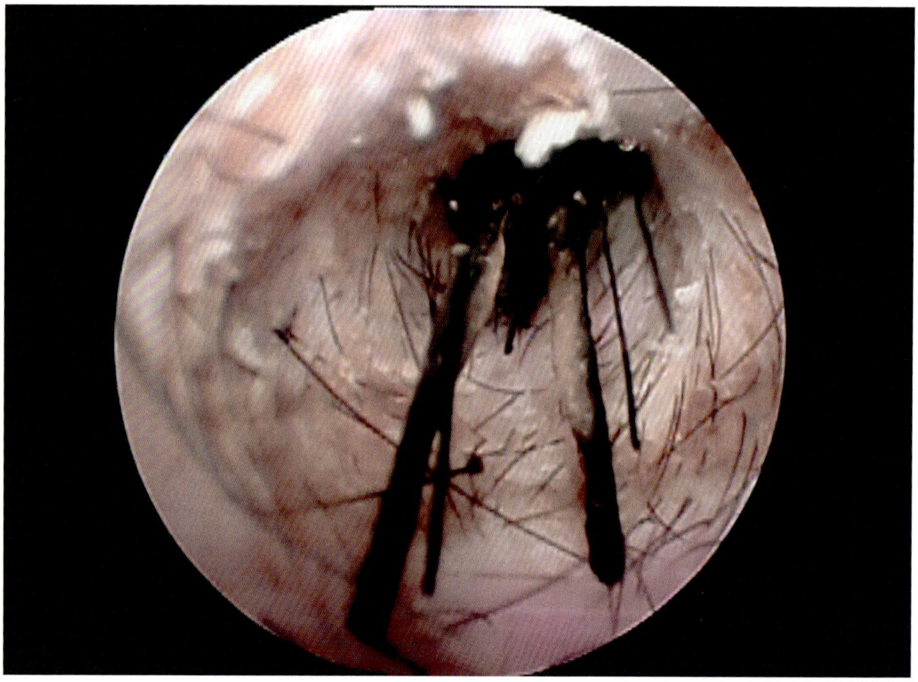

图 5.21 VOE图像。异物。犬耳道内的急性外耳炎。注意水平耳道最深处存在一个草芒

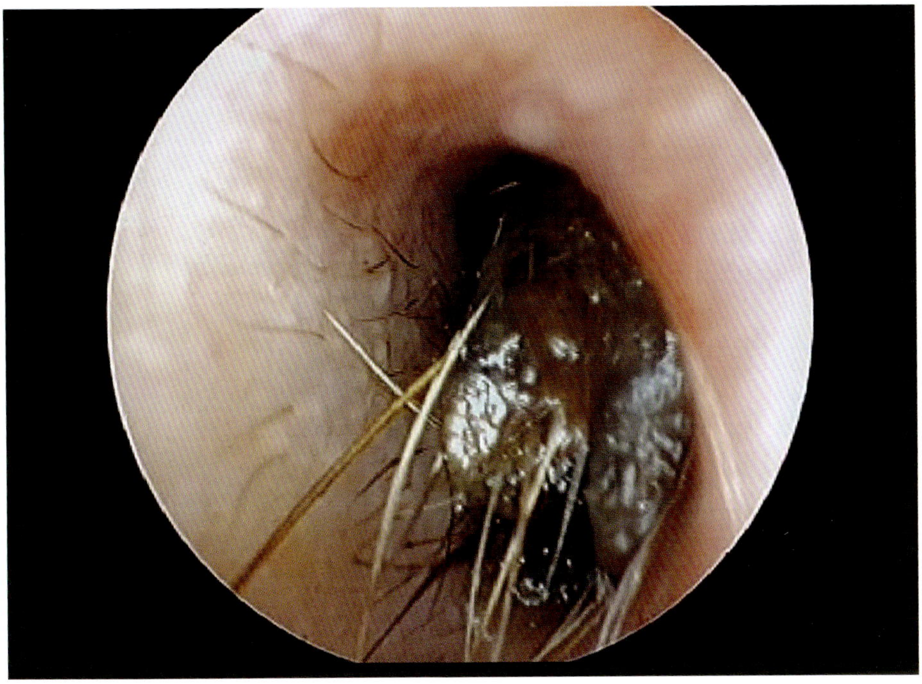

图 5.22 VOE图像。犬耳道内的急性外耳炎。注意水平耳道最深处存在毛发和耵聍。重要的是不要将其与异物混淆

异物最常见于狩猎型犬耳道内。一般来说，临床症状的特点是突然发作的急性单侧耳炎，非常疼痛，并迅速出现继发细菌感染。有些异物完全无症状，可能是耳炎无法消退的原因。有时，该物质可能会迁移到耳道的最深处，导致鼓膜破裂并引发中耳炎（参见相关章节）。因此，耳异物的搜寻必须全面。

5.2.1.1.4 新生物

耳道内任何占位性病变的生长都会引发急性外耳炎。在犬耳道内，可能会形成肉芽肿。在幼猫中，可见炎性息肉。猫的耳道耵聍囊瘤病，尤其是某些品种，如波斯猫，可能在年轻时发病（图5.23）。另外，这些蓝棕色结节也可能出现在面部（唇周和眼周区域）、耳郭内侧和耳皱褶处。

• 犬猫炎性息肉

对于犬猫来说，组织学意义上具有管性附件的炎性息肉（IP）性结节可能很罕见（图5.24）。然而，对于幼猫，急性外耳炎很常见，通常是单侧的。病因常常是炎性息肉的存在，可能源自鼓室的呼吸上皮或耳道。息肉可能会顶破鼓膜并延伸到外耳道中（图

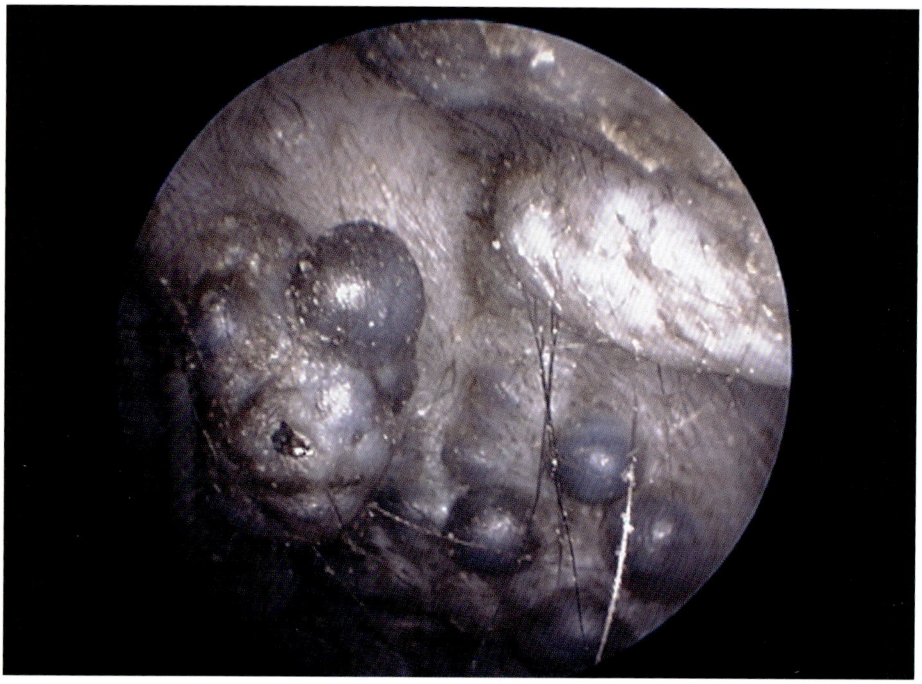

图 5.23 VOE图像。猫的耳道耵聍囊瘤病。注意耳褶和耳道内存在几个蓝棕色结节

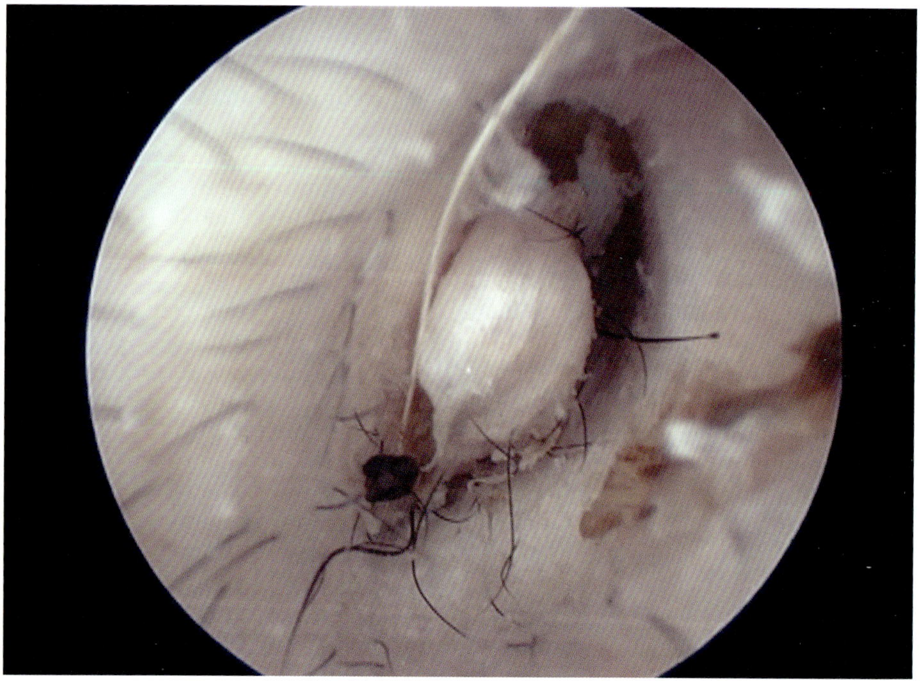

图 5.24 VOE图像。犬的耳道炎性息肉。注意耳道内可见结节

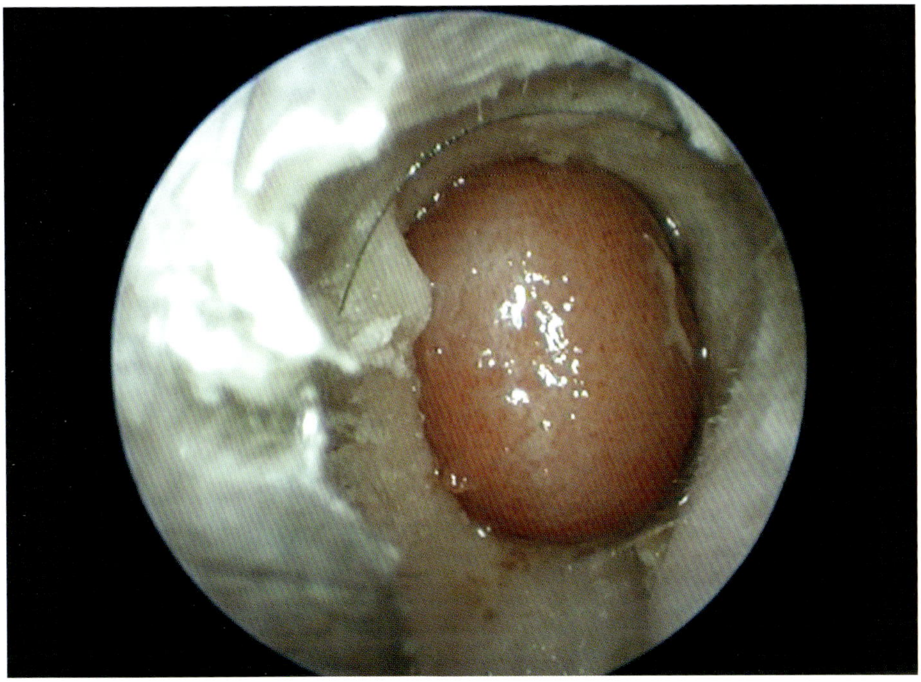

图 5.25 VOE图像。猫的炎性息肉。注意可见占据整个耳道的息肉

5.25)。由于息肉占据耳道空间而引起的继发感染或突然出现神经系统症状是就诊的常见原因（参见中耳炎章节)。炎性息肉也可能延伸到鼻咽部并产生临床症状。

• 犬猫耳道良性肿瘤

在犬身上，耳道肿瘤不常见，50%是良性的；相比之下，猫为15%。最常见的肿瘤来自耵聍腺(腺瘤和腺癌)。对于犬,其他良性耳肿瘤包括乳头状瘤、上皮瘤和组织细胞瘤。

5.2.1.1.5 继发感染（细菌和酵母菌）

通常认为，继发感染是继发于潜在原发病因的常见并发症。例如，急性外耳炎通常是由过敏性皮炎、异物、体外寄生虫和炎性息肉引起的。从BOG（细菌过度生长）到感染的转变非常迅速。急性期的细菌感染通常由链球菌和葡萄球菌等革兰氏阳性菌引起。同时，酵母菌感染是由马拉色菌引起的。

如果找到并处理原发病因，局部治疗可以在几周内治愈这些感染。然而，有时一些易发因子，例如某些犬类品种（英国斗牛犬或巴塞特猎犬）的解剖结构或产生厚而硬的耵聍（狩猎品种）是这些感染反复发作的原因。

• 耵聍性耳炎

耵聍性或发红耵聍性耳炎是最常见的急性耳炎类型。由于腺体增生，犬耵聍产生过多，而炎症模式会导致自然清洁机制（耵聍迁移）停止（图5.26）。对于猫，耵聍性耳炎（图5.27）不太常见，但与上述提及的犬的情况类似。

• 渗出性耳炎

渗出性或化脓性耳炎经常并发感染，尤其对于犬而言。化脓性物质通常呈白色至黄色（革兰氏阳性菌）（图5.28）。一般来说，幼猫会因异物或炎性息肉而表现出单侧耳炎（图5.29），而老年猫的单侧耳炎可能是由肿瘤引起的。耳螨病通常会引发双侧耵聍性耳炎。

• 溃疡性耳炎

在某些情况下，由革兰氏阴性杆菌（例如假单胞菌属）或大肠杆菌引起的细菌感染可能出现在急性外耳炎中。

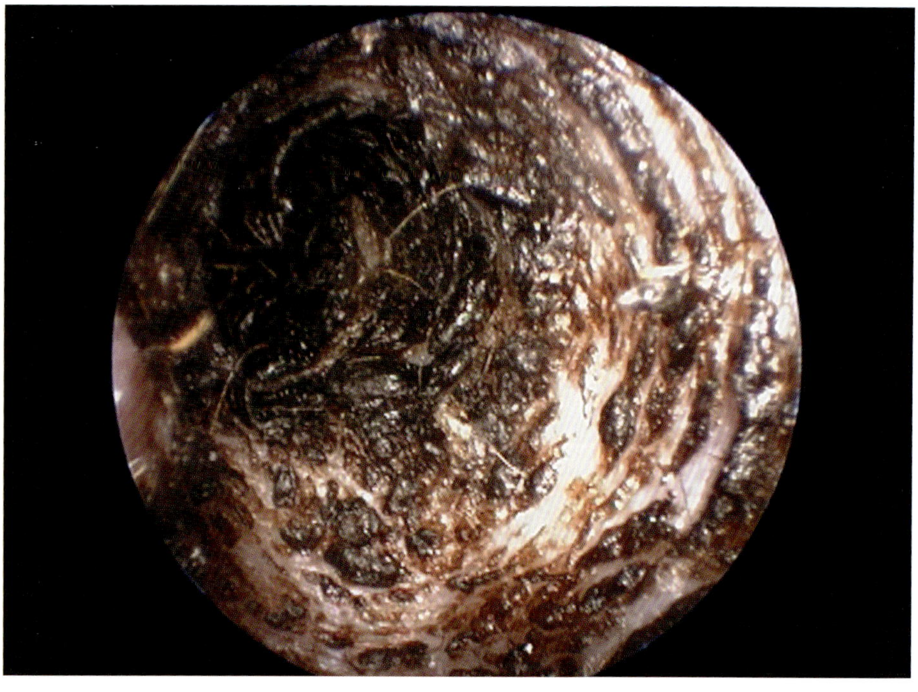

图 5.26 VOE图像。犬的耵聍性耳炎，耳道内充满耵聍

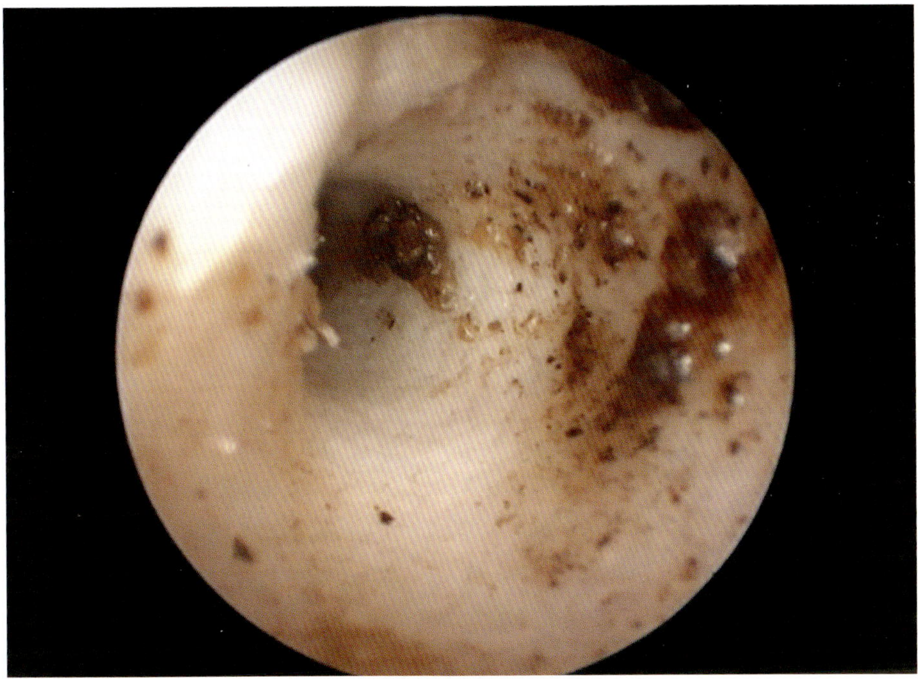

图 5.27 VOE图像。猫的耵聍性耳炎，耳道内充满大量耵聍

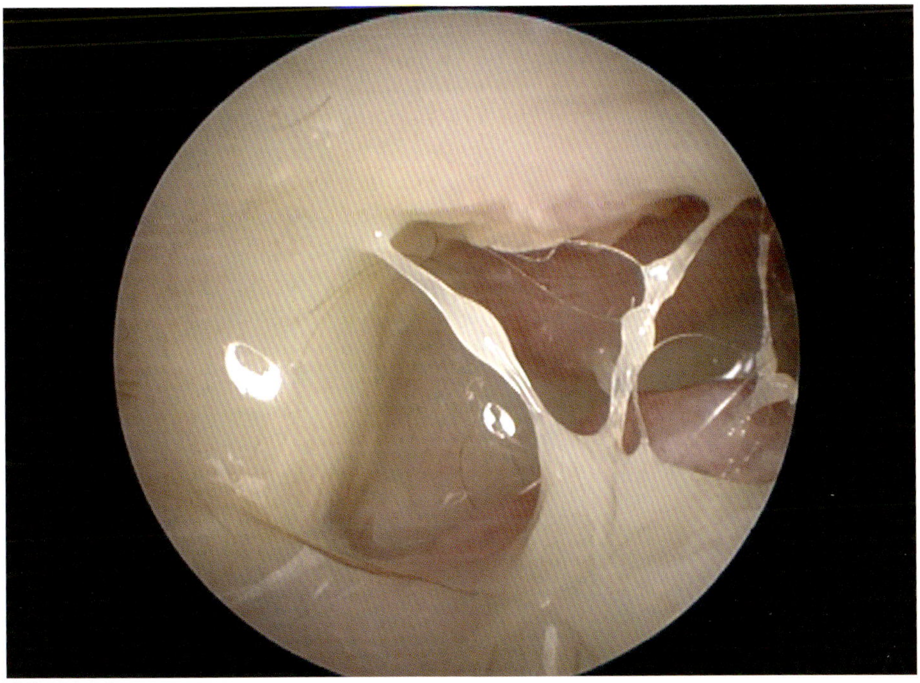

图 5.28 VOE图像。犬的化脓性耳炎，大量白色脓性物质淹没耳道

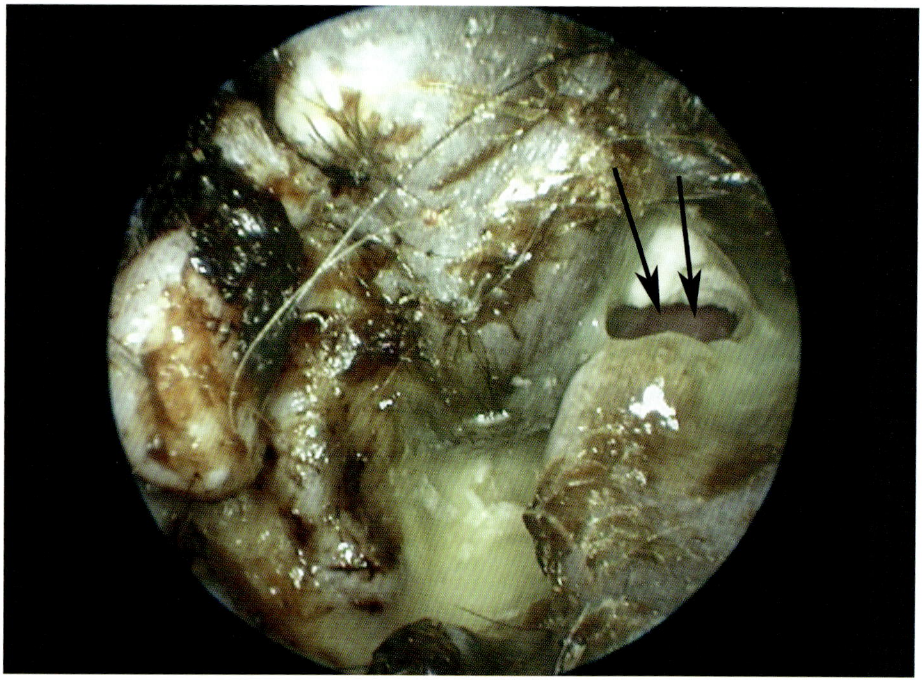

图 5.29 VOE图像。猫的化脓性耳炎，黄色脓性物质淹没耳道并覆盖息肉（黑色箭头）

通常，发病机制是由于强烈的自我创伤和随后机会性致病菌的继发感染（这些细菌倾向于在潮湿环境中生长，如土壤、植被和粪便）。植物性异物也可以携带这些土壤细菌。这些细菌的许多菌株都会产生导致溃疡和疼痛的炎性毒素。

5.2.2 慢性外耳炎

在慢性耳炎中，由于耳道包含在几乎不可伸展的软骨结构内，炎症和水肿最初会导致管腔直径减小（图5.30）。表皮基底层的细胞通过增加周转率来应对炎症。此外，皮脂腺和耵聍腺的分泌活性也增加。表皮脱落和耵聍分泌增加导致耵聍产生过多（图5.31）。反过来，这会进一步缩小耳道，并为微生物的过度生长提供理想的环境，微生物的抗原和外毒素会极大地加剧局部炎症。

腺体增生和耵聍腺导管的扩张有时会严重到完全闭塞耳道内腔（图5.32和图5.33）。此外，一项研究表明，与其他犬种相比，可卡犬有一种特殊的慢性耳部炎症反应。在该品种中，腺体增生和耵聍腺导管扩张占主导地位（图5.34），而在其他品种中，真皮纤维化的影响更大（图5.35）。

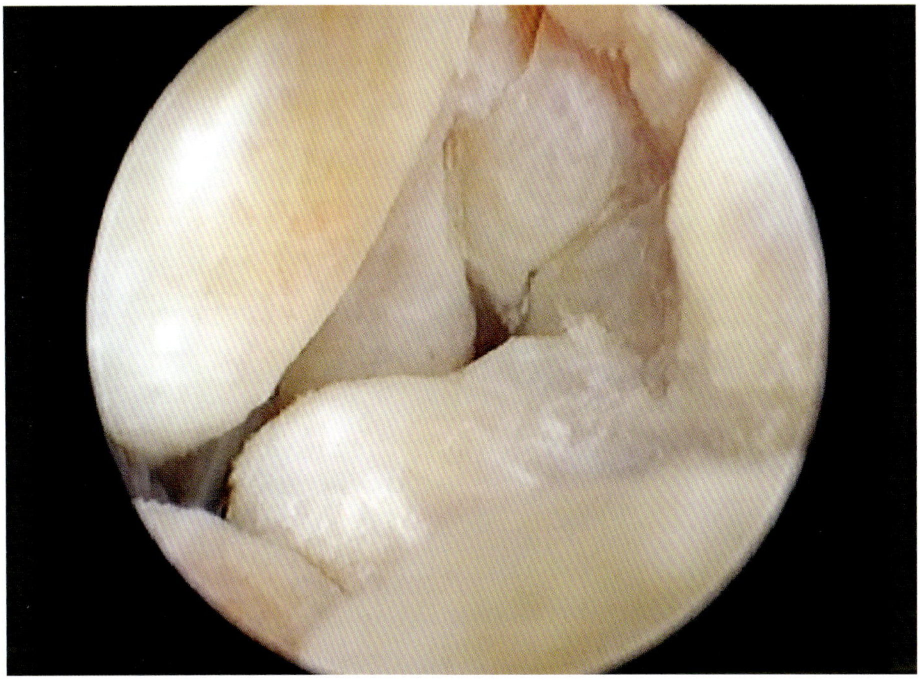

图 5.30 VOE图像。犬的水肿性耳炎，可见耳道变窄

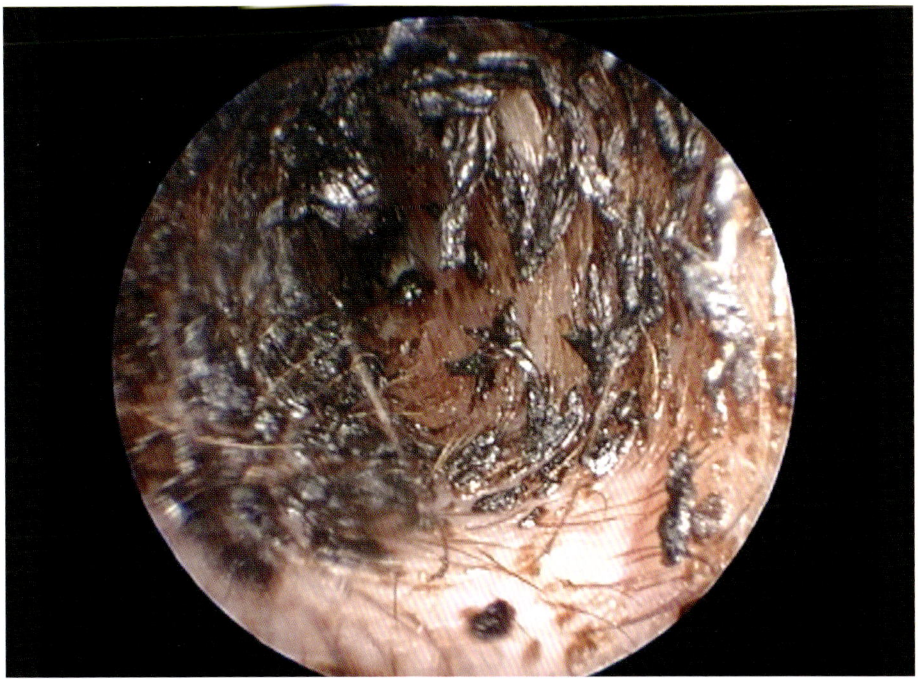

图 5.31 VOE图像。犬的耵聍性耳炎，耳道内充满大量耵聍

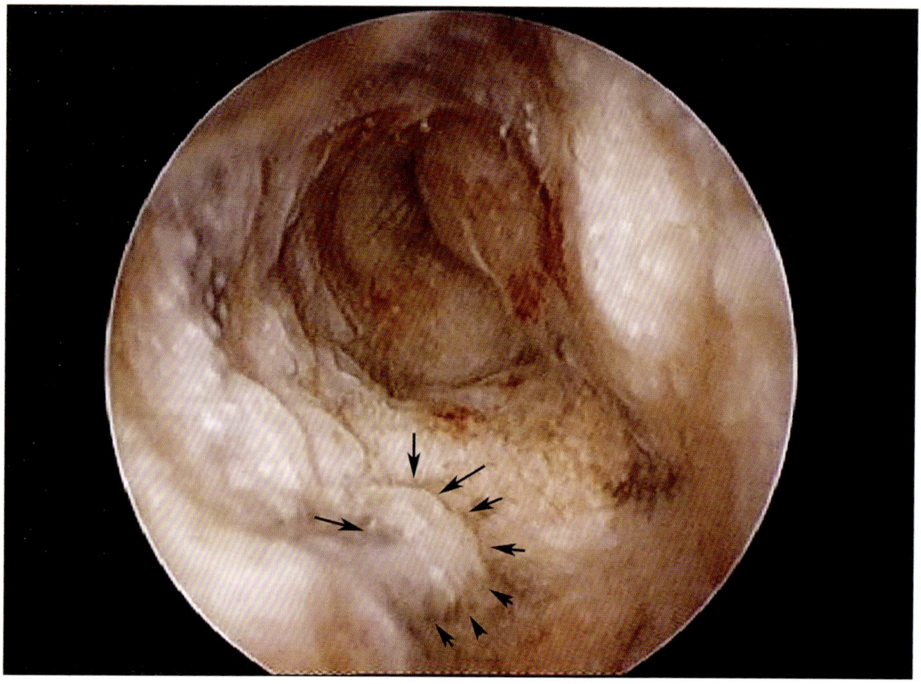

图 5.32 VOE图像。犬的增生性耳炎，在水平耳道可见耳道变窄。此外，还可以看到耵聍腺管的增生（白点）和扩张（黑色箭头标记）

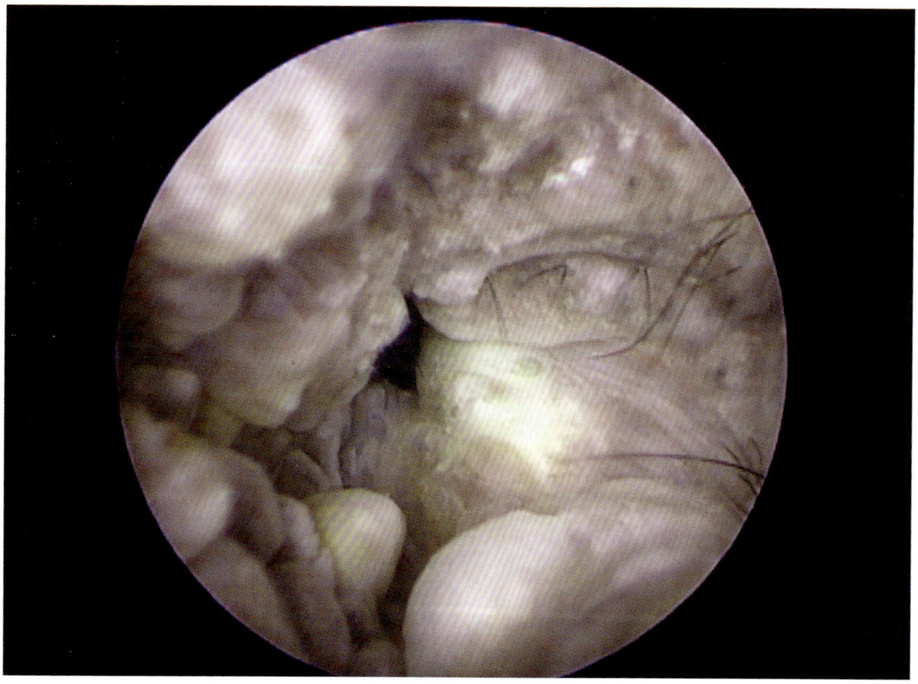

图 5.33 VOE图像。犬的增生性和狭窄性耳炎，可见耳道变窄。此外，耵聍腺增生和导管扩张极其严重，看起来像是肿块和结节

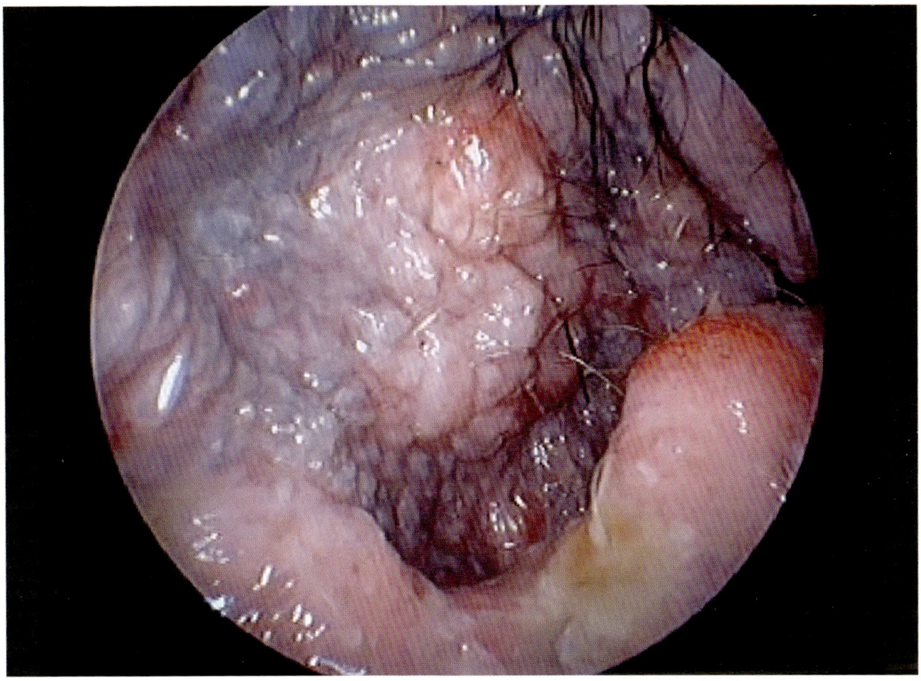

图 5.34 VOE图像。可卡犬的增生性和狭窄性耳炎，可见耳道变窄。此外，耵聍腺增生和导管扩张极其严重，看起来像是肿块和结节

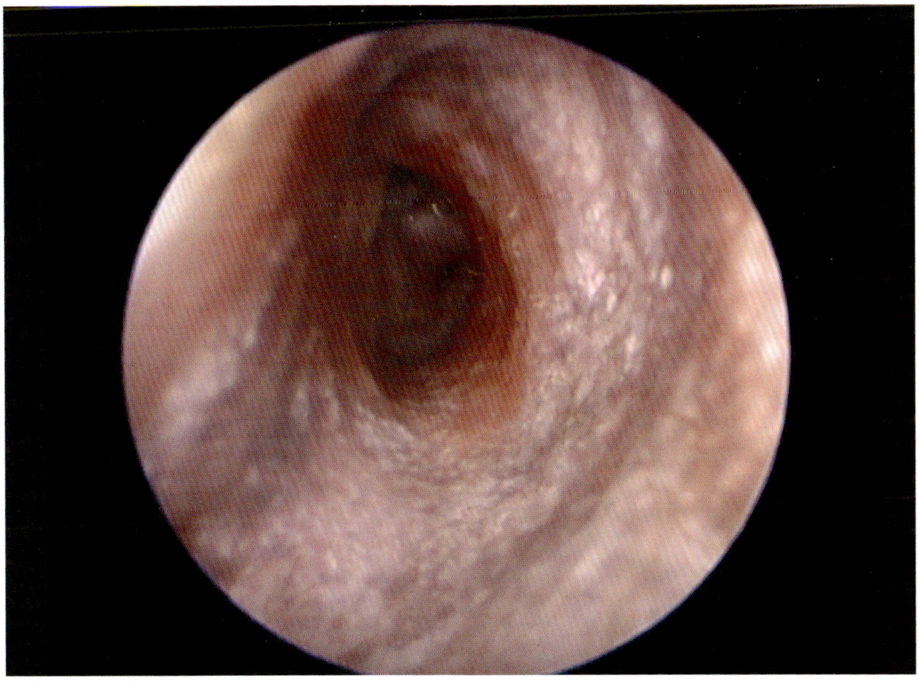

图 5.35 VOE图像。犬的慢性耳炎，耳道变窄是由真皮纤维化引起的

可卡犬的这种异常炎症反应，加上下垂的耳郭和耳道长度等易发因子，可能是在该品种中观察到更严重临床症状的原因。

在慢性中耳炎中，经常无法看到鼓膜。VOE检查的重要标志是腹侧邻近鼓膜有一簇毛发（图5.36）。或者，可以使用刮匙来触摸耳道的腹壁；一直保持柔软（皮肤、真皮和环状软骨）的触感，直到距离鼓膜1cm处，此处水平耳道底由岩骨突支撑（图5.37）。

同时，耳软骨可能会发生骨化生，进一步降低耳道的扩张能力（图5.38）。此外，软组织的增加、耳道管腔狭窄和耳垢成分的变化会导致相对湿度和温度的增加。随之而来的是进行性浸渍和继发感染，从而诱发更多的炎症。结果，微生物的质变和量变同时出现，革兰氏阳性细菌和酵母菌的数量显著增加。此后，革兰氏阴性菌，特别是假单胞菌属出现并增加。

真皮被炎症细胞浸润，释放炎症介质：慢性炎症刺激导致进行性真皮纤维化，耳道管腔进一步变窄（图5.39和图5.40）。

对于慢性外耳炎，有必要对耳炎进行分级（见专栏5.2）。

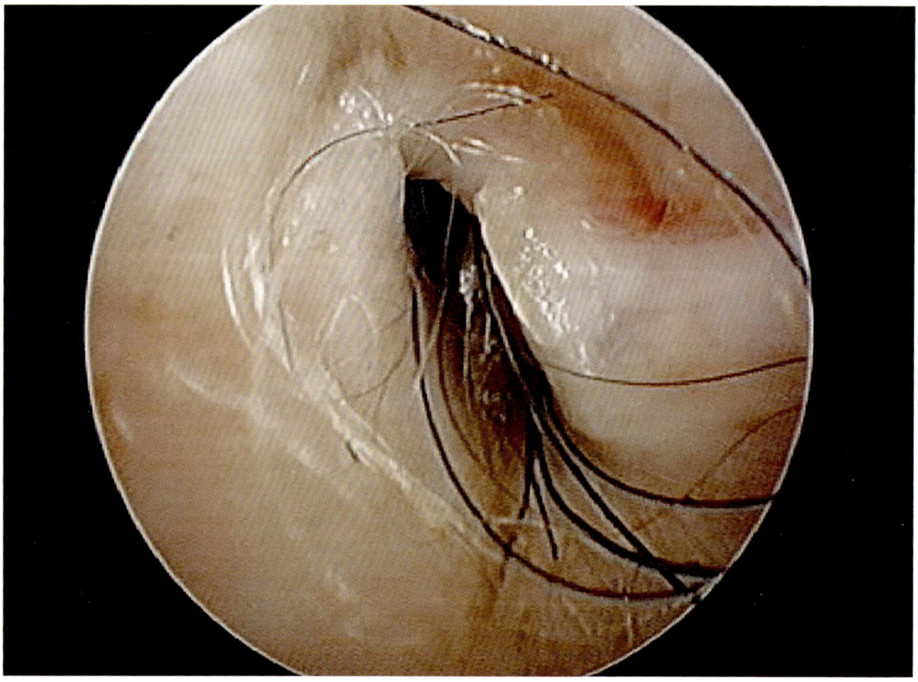

图 5.36 VOE图像。犬的慢性和狭窄性耳炎，可见耳道变窄。此外，无法看到鼓膜，但一簇毛发表明这是水平耳道的末端，且靠近鼓膜

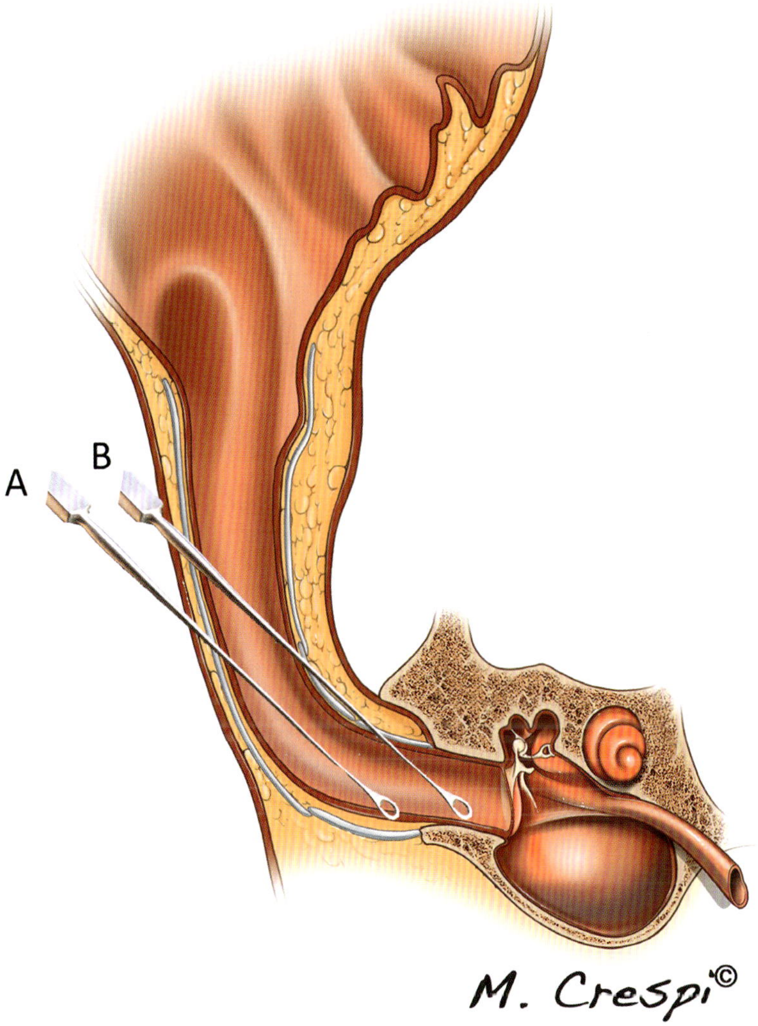

图5.37 犬的外耳、中耳和内耳示意图。颅骨的横截面。在此示例中，将耳匙放置在环状软骨水平处接触水平耳道的底部 (A)；用导管触诊应有“柔软的感觉”。随着导管继续深入（鼓膜上方最后1cm），变成“坚硬的触感”（B），此时耳道由骨性耳道（岩骨突）支撑。因此，在耳道变窄遮挡住鼓膜的情况下，这种方法可以让我们知道什么时候导管接近鼓膜（图片来源：由Massimiliano Crespi提供）

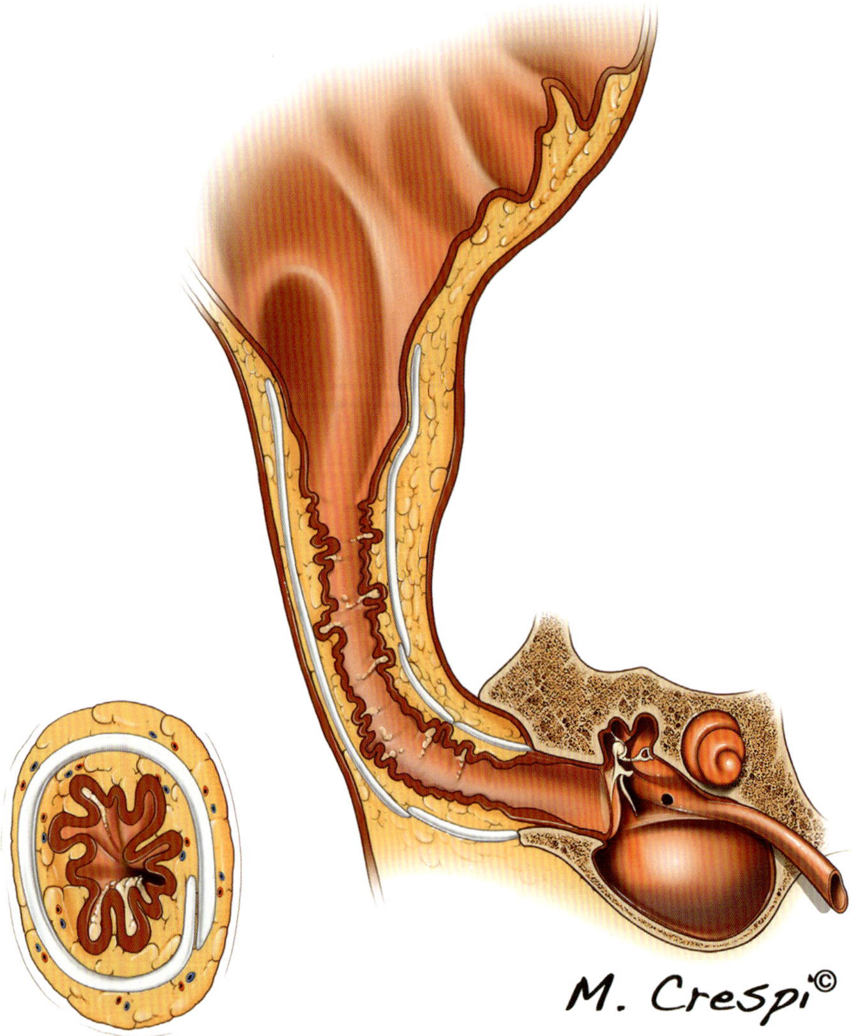

图5.38 犬的外耳、中耳和内耳示意图。颅骨的横截面。在此示例中，慢性耳炎伴有因腺体增生、腺导管扩张以及最终产生大量耵聍而引起的耳道变窄、褶皱形成和肿胀。左图可见耳道的横截面及其解剖学变化（图片来源：由Massimiliano Crespi提供）

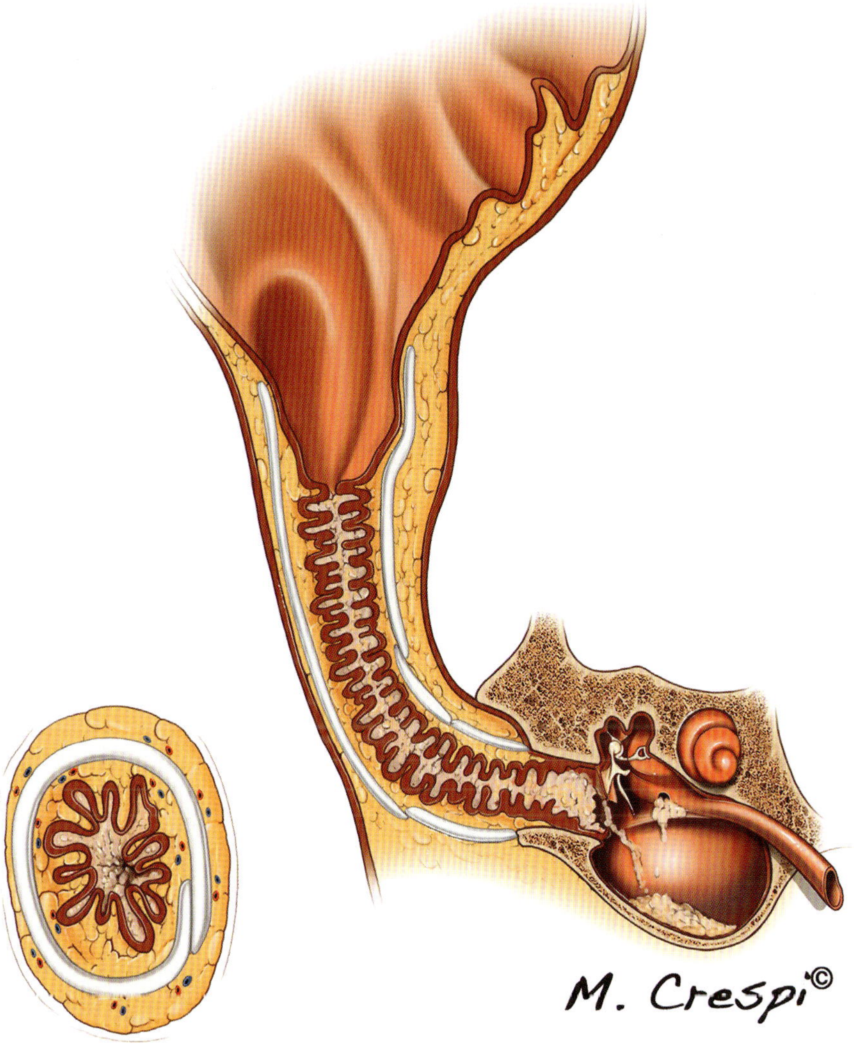

图5.39 犬的外耳、中耳和内耳示意图。颅骨的横截面。在此示例中，因为腺体增生、腺导管扩张以及最终产生大量耵聍而引起的耳道变窄，以及以褶皱形成和肿胀为特征的慢性耳炎的发展，往往会造成耳道管腔的堵塞。最终，产生大量的有机物质。随之，鼓膜可能发生病理性破裂，有机物质进入中耳产生中耳炎。左图可见耳道的横截面及其解剖学变化（图片来源：由Massimiliano Crespi提供）

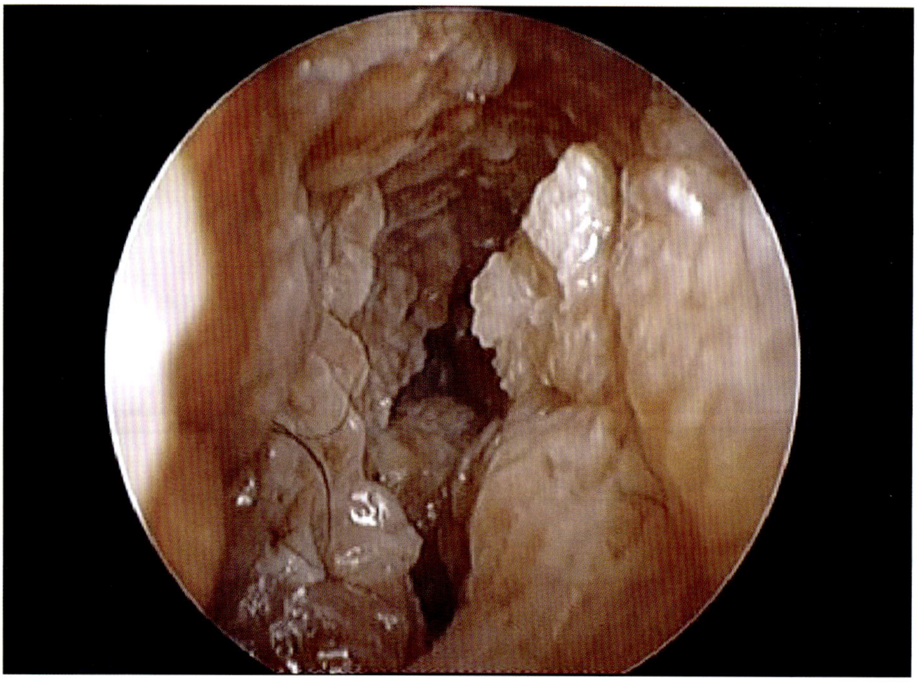

图 5.40 VOE图像。犬的慢性和狭窄性耳炎，可见耳道变窄。注意扩张的严重程度和石笋状结构

专栏 5.2 慢性耳炎分级管理

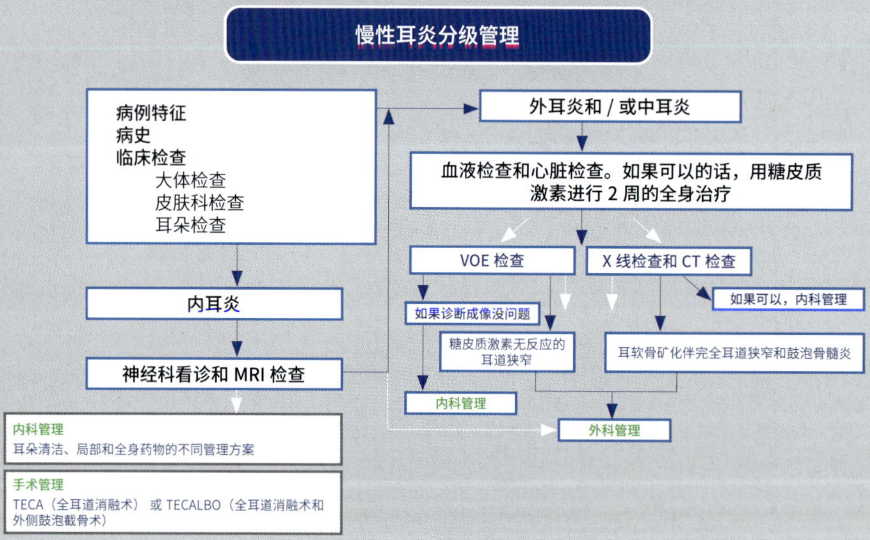

耳炎分级诊疗非常重要。首先，按时间顺序的诊疗路径必须致力于收集得出精确诊断和预后所需的所有数据。基于诊断结果，并与主人意见统一，所做的与治疗方法（药物或手术）有关的决定方可获得良好的结果和依从性。该分级诊疗法在快速诊断疾病和避免常见且反复发作风险方面存在巨大优势。

第一步是收集患宠特征和患宠的完整病史。接下来，进行常规临床看诊，这对于确定犬猫的状况并评估是否存在其他并发疾病至关重要。

如果症状涉及外耳炎，在患宠允许的情况下应进行耳镜检查。同时，观察耳郭和耳郭皱褶（及其有机物质）有助于确定耳炎的严重程度和慢性程度。此外，操作员站在患宠头部前方进行耳道触诊以评估耳道的弹性或硬度，这一步也非常重要。如果存在耳道狭窄，给予患宠 10 ～ 14d 的口服糖皮质激素会有所帮助。但有必要通过最近的血液检查和之前的心脏科检查来确定患宠的健康状况。此时，该分级诊疗法还涉及在全身麻醉下进行 VOE 和 CT 或 MRI 检查。如果内镜能够观察到耳道的最后部分和鼓膜，并且通过诊断成像排除了显著的解剖学变化，则可进行内科处理。然而，在有些情况下，手术是唯一有效的治疗方法。例如，耳道狭窄对糖皮质激素治疗没有反应时，或者存在严重的耳郭软骨钙化以及中耳炎伴有鼓泡骨髓炎时。

如果犬猫患有神经系统症状（内耳炎），该分级诊疗法建议进行神经系统检查和影像学检查（通常是 MRI）。对于耳源性脑膜炎或迷路炎患宠，需要进行 VOE 检查和深层鼓泡清洁。

5.2.2.1 病因

如果不诊断和治疗原发病因，急性外耳炎往往会复发并转为慢性。在这种情况下，解剖结构的改变成为重要的持久因子。

5.2.2.1.1 过敏性皮肤病

对于瘙痒症没有得到很好控制的过敏性患宠，皮肤和耳朵感染经常会复发。这些复发通常需要反复的抗炎（类固醇）治疗、抗生素和抗真菌治疗。随着时间的推移，抗微生物药物治疗会随着细菌和酵母菌耐药菌株的产生而失效。在这些微生物中，还有许多会产生针对抗菌剂具有防御特性的生物膜。慢性过敏犬的VOE检查通常以耳道狭窄和其他持久因子为特征。

5.2.2.1.2 体外寄生虫病

慢性外寄生虫性耳炎的病例很罕见。这些患宠通常会出现强烈的瘙痒症状，促使主人尽早寻求兽医的帮助。此外，新的杀寄生虫剂家族（例如异恶唑啉）具有高效和广谱（跳蚤、蜱虫和螨虫）的特征，大大减少了临床病例数量。仅在流浪猫的群体中，猫背肛螨或耳螨才会持续反复感染。

一些未接受驱虫剂治疗且与户外的猫一起生活的犬也可能会被感染（图5.41）。特别要注意的是，在有些过敏犬身上，其瘙痒程度与感染耳螨一样严重！

5.2.2.1.3 异物

异物通常会引起明显且突然发作的症状。然而，如果不迅速取出，有些可能会进入耳道深处并使犬猫变成无症状患宠。许多异物携带环境微生物，可能会导致反复的耳部感染（图5.42）。有时，即使使用VOE，也可能很难搜索到异物，因为小碎片可能会被浸渍并且无法再识别（图5.43）。此外，它们通常会嵌入耳垢栓和毛发栓中，使识别变

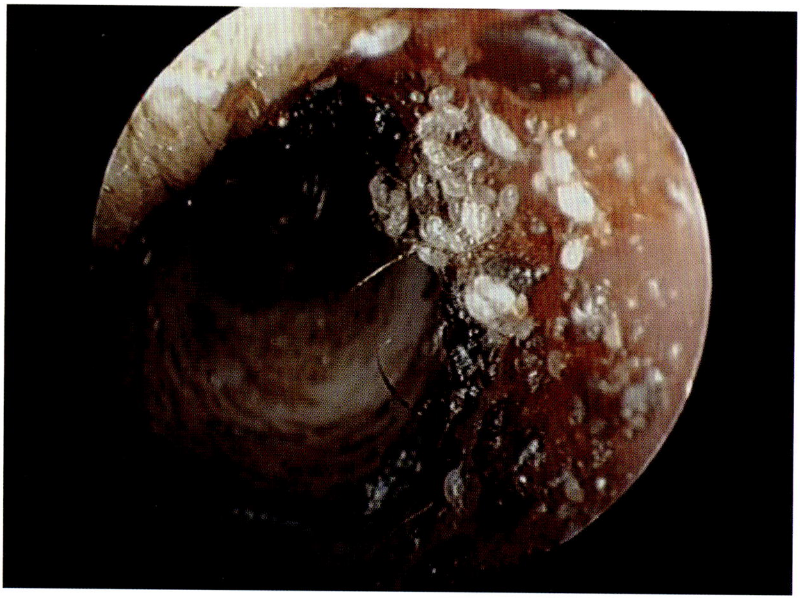

图 5.41 VOE图像。犬的耳螨病，注意耳道内的发红、耵聍和一些白色的成年螨虫

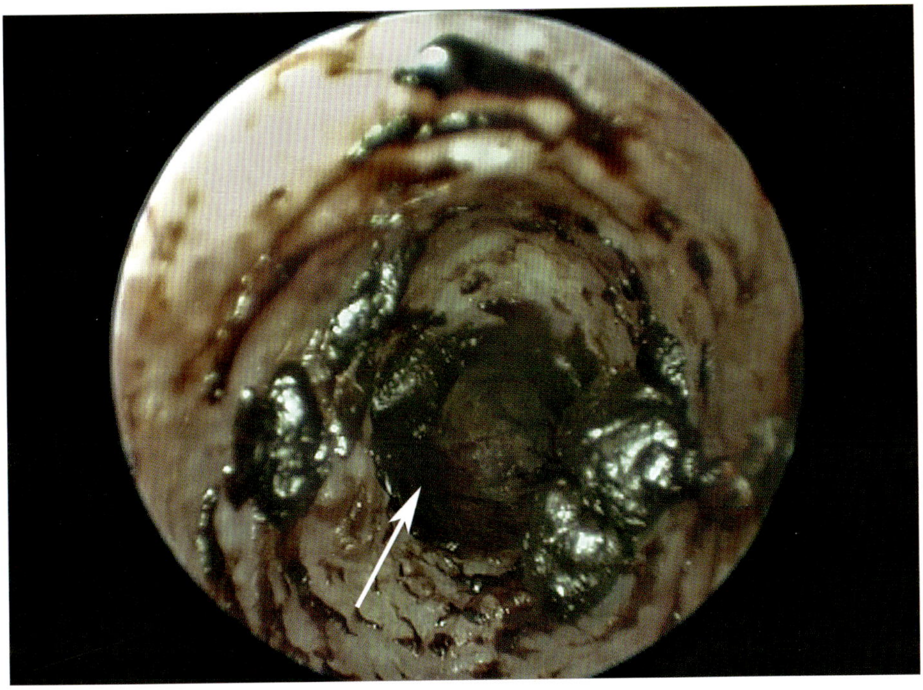

图 5.42 VOE图像。犬的慢性盯聍性耳炎，可见盯聍和碎屑（马拉色菌性耳部感染）。注意耳道末端有浸渍的异物（白色箭头）

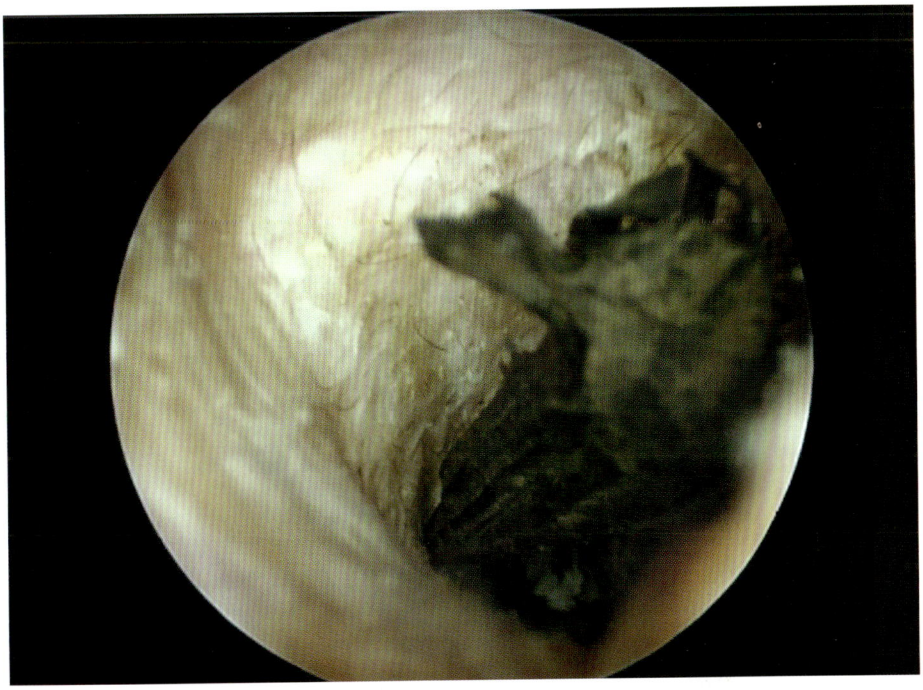

图 5.43 VOE图像。犬的慢性复发性耳炎，耳道内可见褐色、浸渍的草芒

得非常困难。在由异物引起的慢性耳炎中，位于鼓膜附近或鼓膜上的异物可能会突然引起犬猫疼痛或刺激。因此，必须彻底清除它们，然后进行深层耳道清洁。一旦取出异物，经常会看到鼓膜破裂（图5.44）。如果得到适当的治疗，破裂的鼓膜通常会在4～5周内愈合。

5.2.2.1.4 新生物

在慢性耳炎中，新生物很常见。对于犬，它们往往是由腺体慢性增生和腺导管扩张引起的病变。对于猫，耵聍囊瘤病与遗传倾向和慢性炎症刺激有关。此外，还可以检查到炎症结节，例如脓性肉芽肿或肉芽肿。最后，还有生长在耳道内的犬猫炎性息肉。

• 犬耳息肉样腺体增生

对于患有慢性或复发性耳炎的犬，可以观察到耳褶和耳道的息肉样增生（图5.45）。特别是在巴哥犬、英国斗牛犬和法国斗牛犬等短头颅品种身上，更常见到这些类似于肿瘤性肿块的病变。此前，此类增生性耳炎病例总被认为是具有手术指征（TECALBO）的终末期患宠。如今，如果CT扫描未发现不可逆的解剖结构的改变，则可以采用激光手

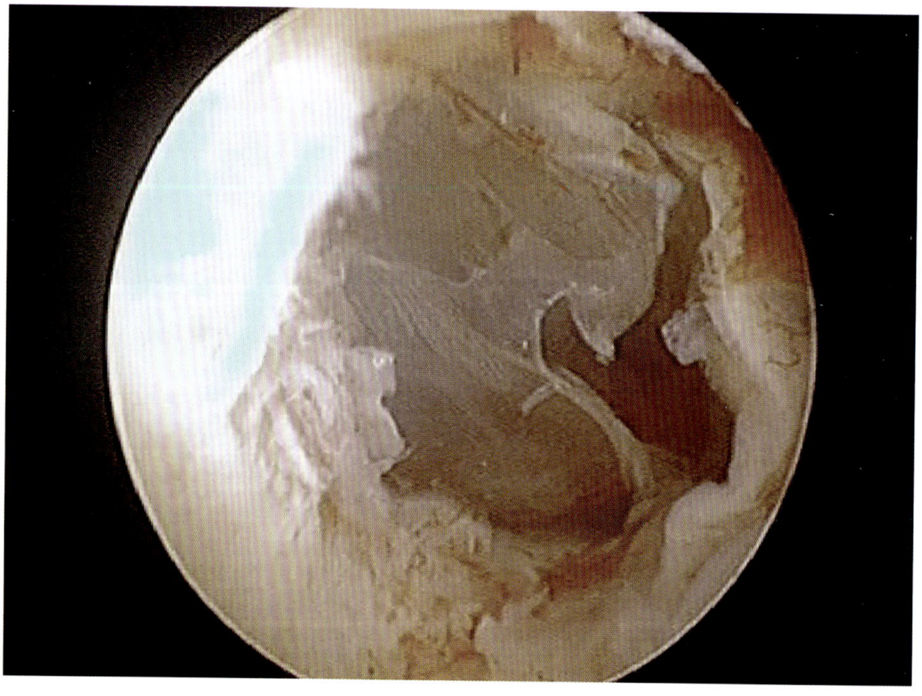

图5.44 VOE图像。猫的鼓膜破裂，在这之前，刚刚取出了一个卡在鼓膜上的较大异物

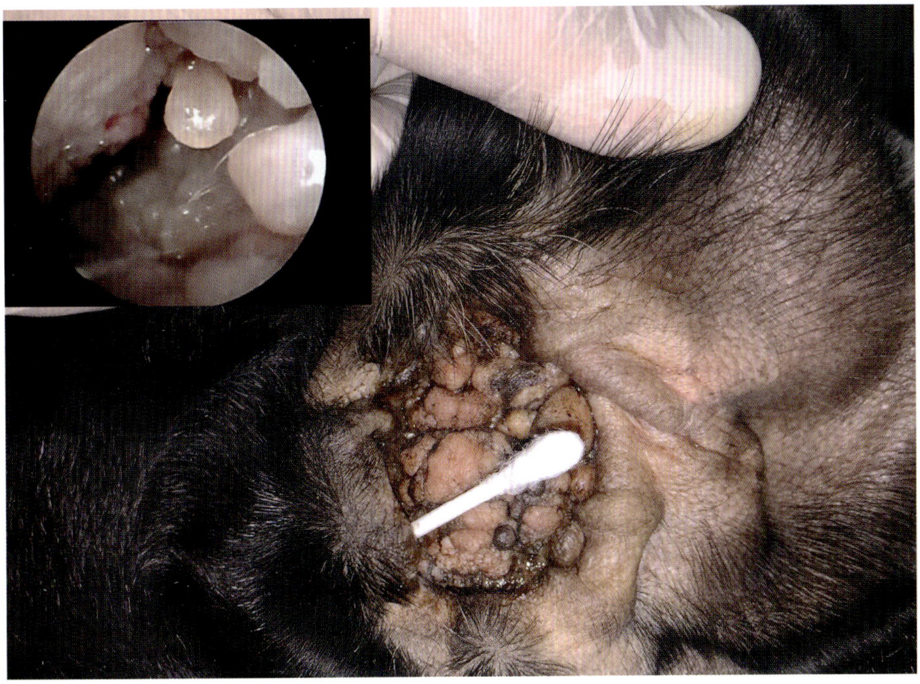

图 5.45 临床图像。犬的耳褶和耳道息肉样增生（左上角为VOE检查图像），注意作为标记的插入外耳道口的棉签

术进行侵入性较小的治疗（图5.46）。

此外，经常使用低剂量口服和/或局部糖皮质激素进行维持治疗，可减少复发。潜在的原发病因经常是过敏。

• 猫耵聍囊瘤病

这种情况（即耵聍腺腺瘤、顶浆腺囊瘤病）是猫的不常见非肿瘤性疾病。病变最常影响耳郭内面和外耳道口（图5.47），偶尔也影响耳道内。病变可能代表一种先天性/退行性和老年性改变。所有年龄段的猫都可能受到影响，但在中年猫身上更为常见。据报道，阿比西尼亚猫和波斯猫具有品种倾向性，其中雄性略占优势。手术激光治疗是适合且有效的（图5.48）。

• 肉芽肿

耳道的慢性炎症可产生肉芽肿（图5.49），可能与肿瘤相混淆，因此需要进行细胞学检查。

• 犬猫炎性息肉

正如之前对急性耳炎的描述，炎性息肉如果不及时诊断，可能会导致慢性和复发性耳部感染。

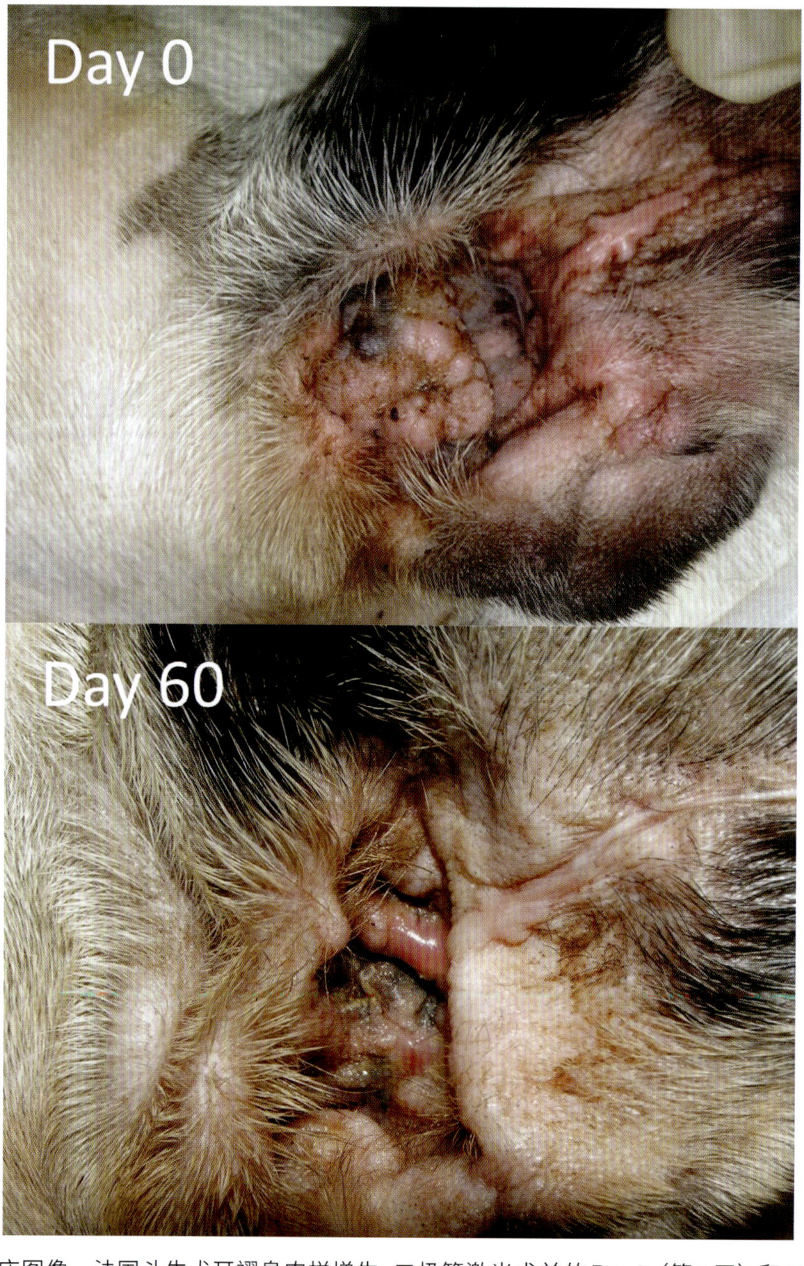

图 5.46 临床图像。法国斗牛犬耳褶息肉样增生，二极管激光术前的Day0（第0天）和Day60后（第60天）

然而，在这些病例中，耳道变窄和继发感染的化脓性物质使它们难以观察。为此，必须进行VOE检查和耳朵清洁。临床症状通常是单侧的，尽管双侧炎性息肉的发生频率比以前报道的要高。这些发现表明先进成像技术（例如增强MRI/CT）在诊断炎性息肉中非常有用。

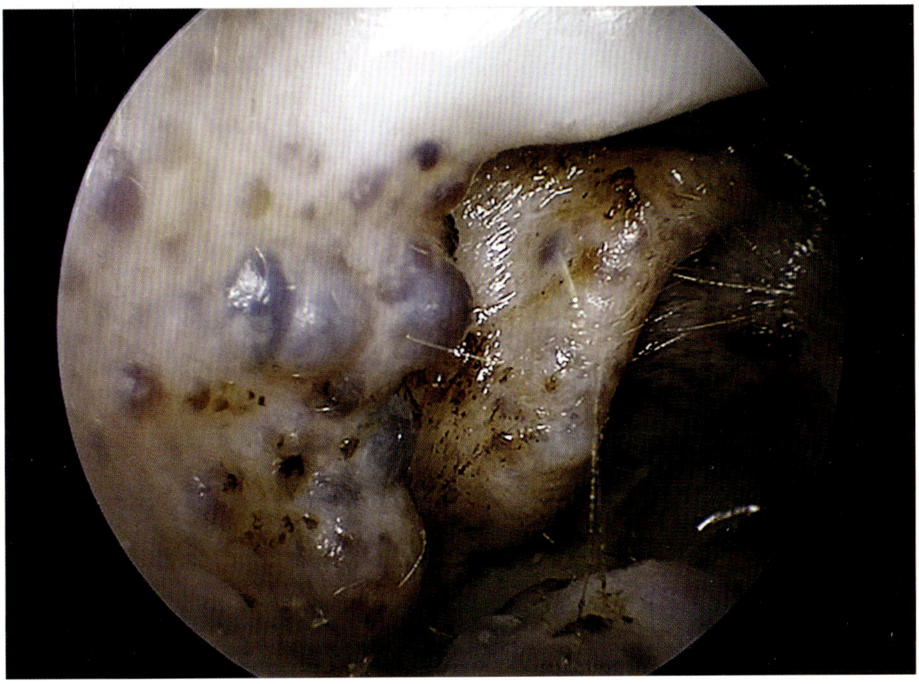

图 5.47 VOE图像。猫的耳道耵聍囊瘤病，注意耳褶和耳道内存在几个蓝棕色结节

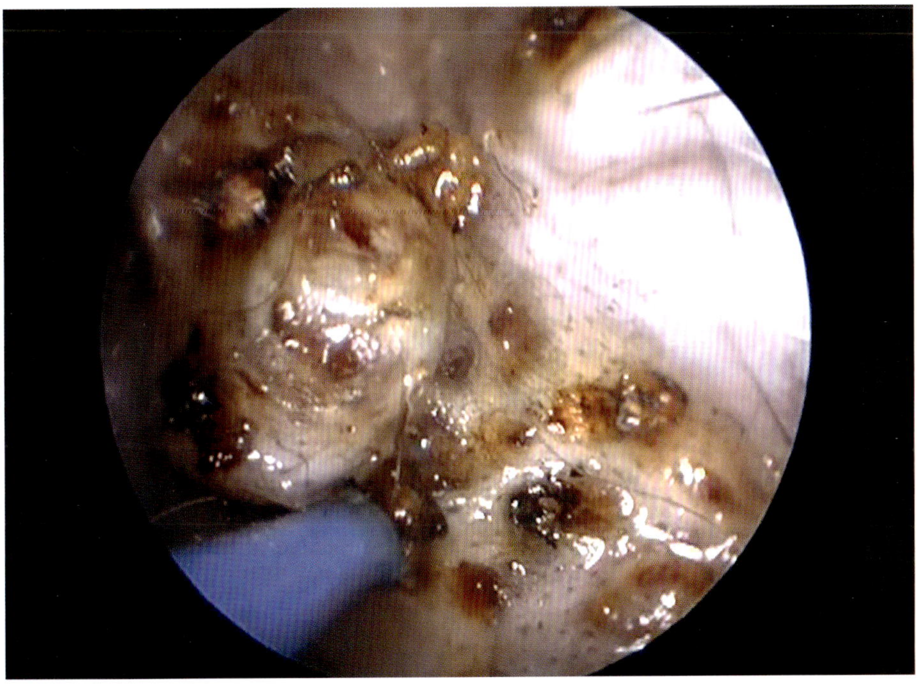

图 5.48 VOE图像。猫的耳道耵聍囊瘤病，二极管激光囊肿消融术

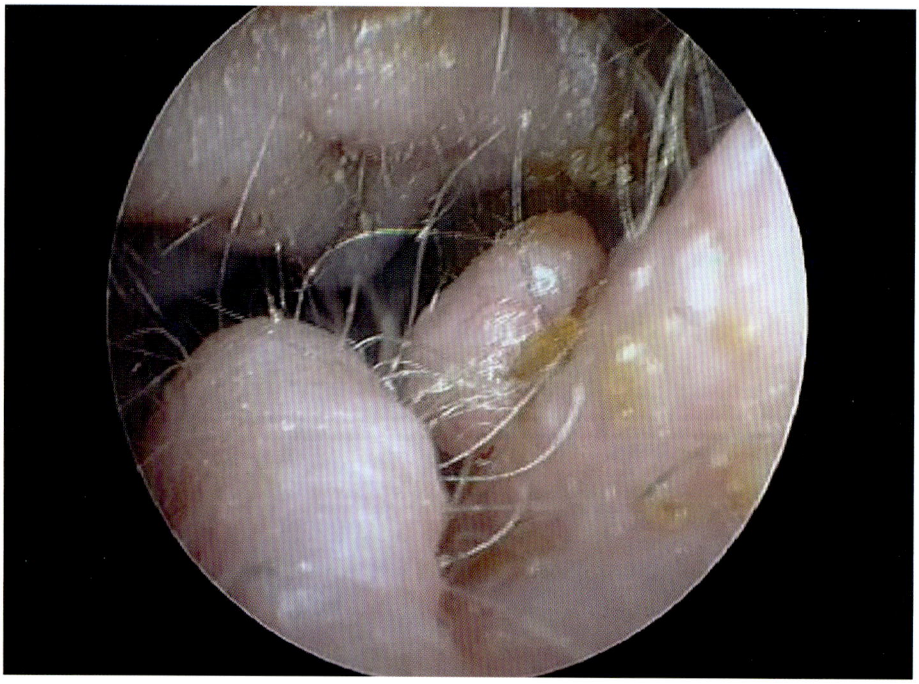

图 5.49　VOE图像。犬耳道内的肉芽肿。可见垂直耳道内的肿块

5.2.2.1.5　肿瘤

对于原发性耳道肿瘤（表5.2），慢性耳部感染引起的刺激可能具有致癌作用。另一方面，耳道阻塞/闭塞会导致炎症和继发感染。因此，大多数外耳道肿瘤的特点是对合理治疗没有反应的单侧外耳炎。患宠还可能因肿块伴随/不伴随继发感染而出现传导性耳聋。因此，当患宠出现伴随耳出血的单侧耳炎时，应怀疑肿瘤。

表 5.2　犬耳道肿瘤情况

良性肿瘤	恶性肿瘤
耵聍腺腺瘤	耵聍腺腺癌
基底细胞瘤	鳞状细胞癌
皮脂腺腺瘤	软组织肉瘤
乳头状瘤	恶性黑色素瘤
组织细胞瘤	
浆细胞瘤	

5.2.2.1.6 良性肿瘤

耵聍腺良性肿瘤（腺瘤）最常见于成年犬和老年犬（图5.50）。在老年猫中，耵聍腺腺瘤的形成（图5.51～图5.53）经常与慢性耳炎病史有关。更罕见的情况下，可发现皮脂腺腺瘤和乳头状瘤（图5.54和图5.55）。用二极管激光切除良性肿瘤非常有效且创口微小（图5.56）。

5.2.2.1.7 恶性肿瘤

耳道恶性肿瘤来源于耵聍腺和表皮。腺癌更有可能是侵袭性和溃疡性而不是闭塞性的。这些肿瘤发生在老年犬猫身上：猫的平均发病年龄为12岁，犬的平均发病年龄为9岁（图5.57和图5.58）。肿瘤移除/活检（可能使用激光），用于细胞学检查（图5.59）和组织病理学检查（图5.60），可确诊。

鳞状细胞癌是源自表皮细胞的恶性肿瘤（图5.61），猫比犬更常见（图5.62）。它们往往会伴随着增殖和溃疡而迅速发展，并渗透到局部组织中。如果出现淋巴结肿大、张口疼痛和/或附近组织肿胀，始终建议通过诊断成像进行分期，例如CT扫描（图5.63）。

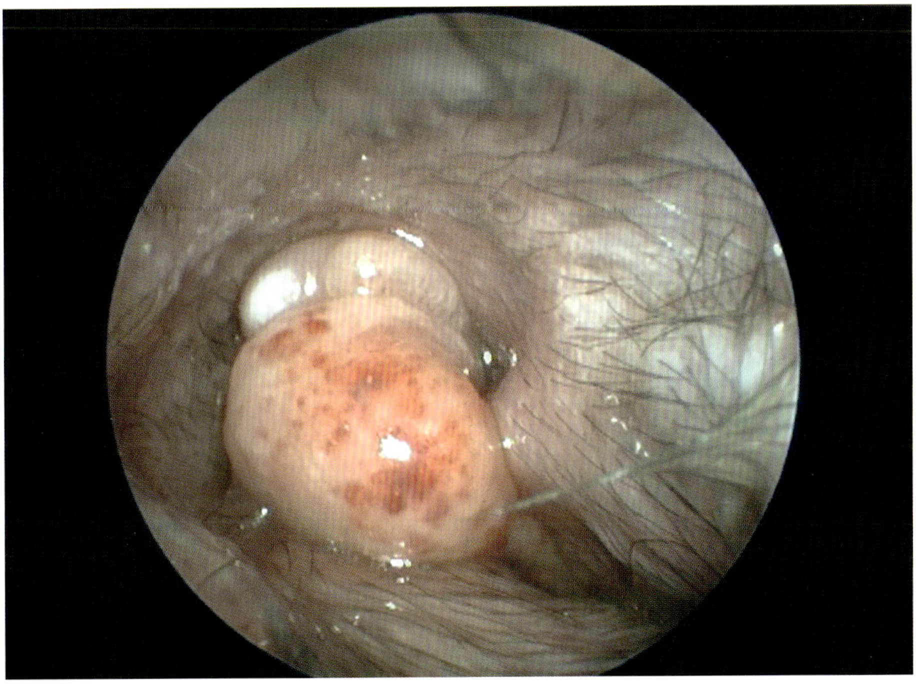

图5.50 VOE图像。犬耳道内的耵聍腺腺瘤

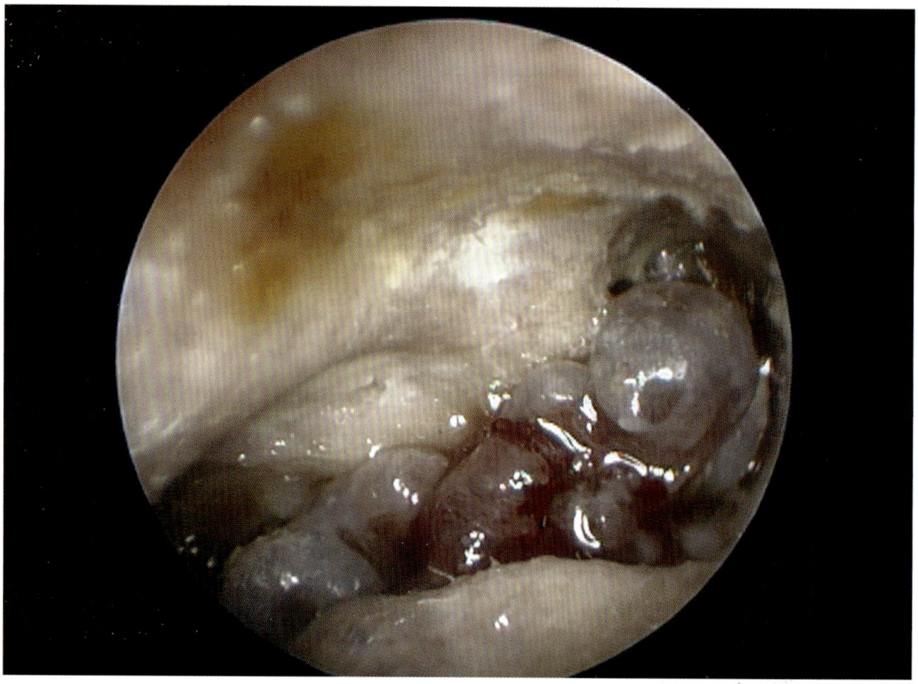

图 5.51 VOE图像。猫耳道内的耵聍腺腺瘤。注意肿瘤的多叶性

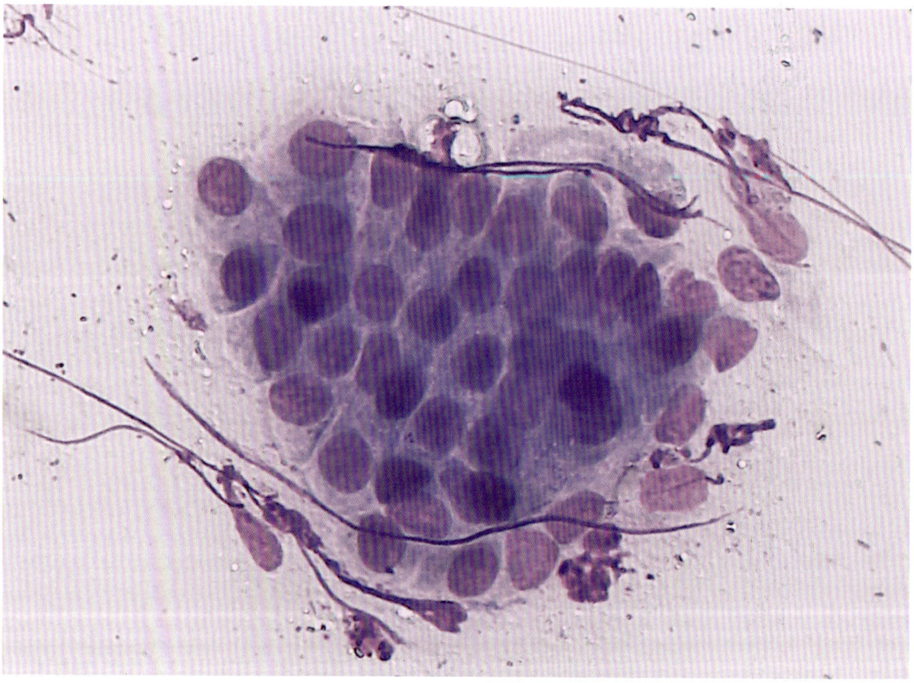

图 5.52 显微镜检查。细胞学（图5.51）。观察到具有嗜碱性细胞质和腺泡细胞结构的均匀簇状上皮细胞聚集（Stain Diff Quick 染色，40× 高倍视野）

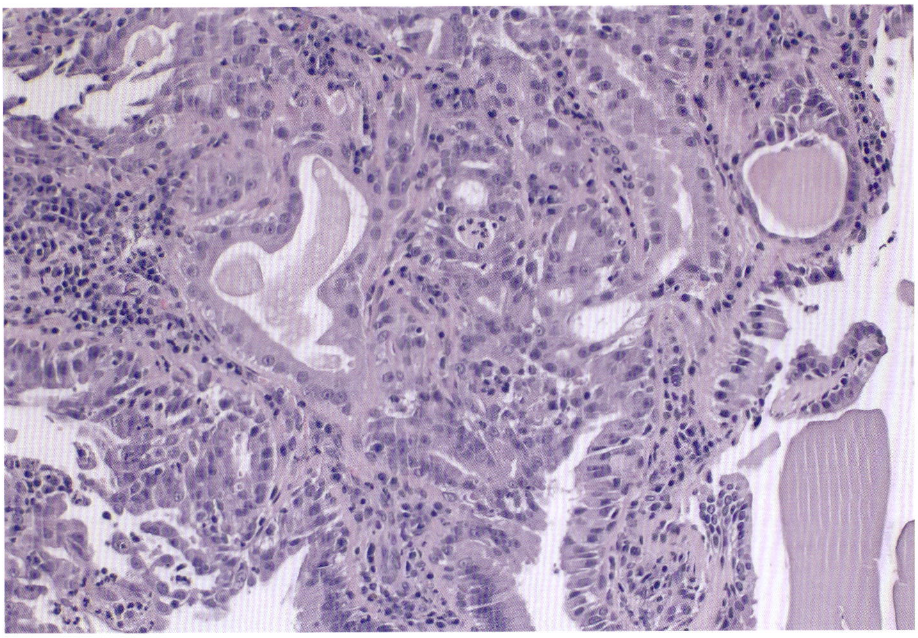

图 5.53 显微镜检查。组织病理学。耵聍腺腺瘤（图5.51）。真皮的特征是顶浆起源的腺上皮细胞组织成管状结构，由具有基底核/极核的立方形/圆柱形细胞界定，这些细胞核往往是大小相同或细胞核轻度大小不等。管状结构显示各种大小的囊性腔，腔内充满嗜酸性分泌物和炎症浸润（汗腺炎）。（苏木精和伊红染色，40× 高倍视野）（图片来源：由Francesco Albanese提供）

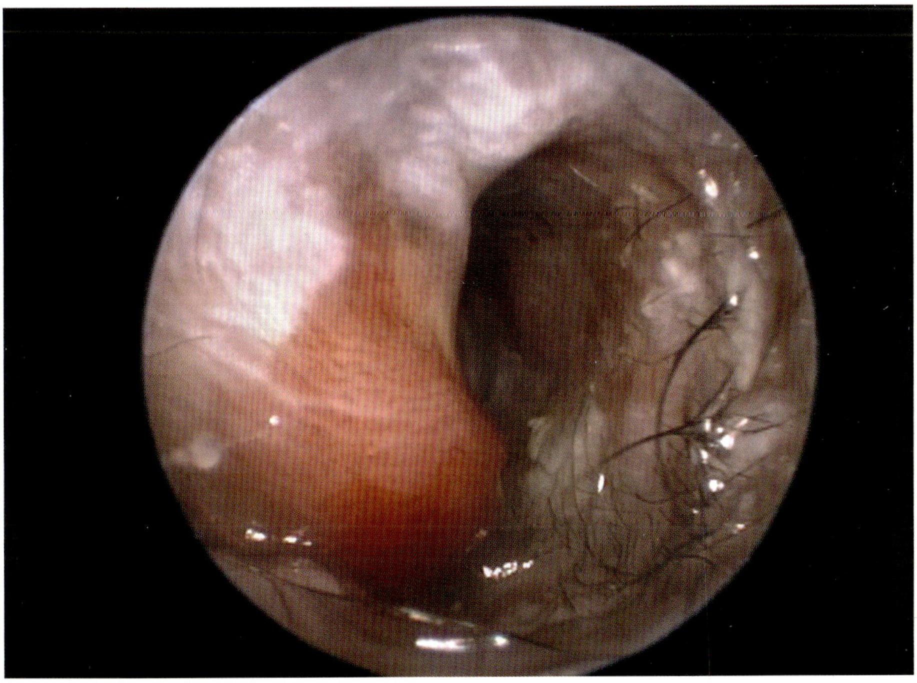

图 5.54 VOE图像。犬耳道内的乳头状瘤

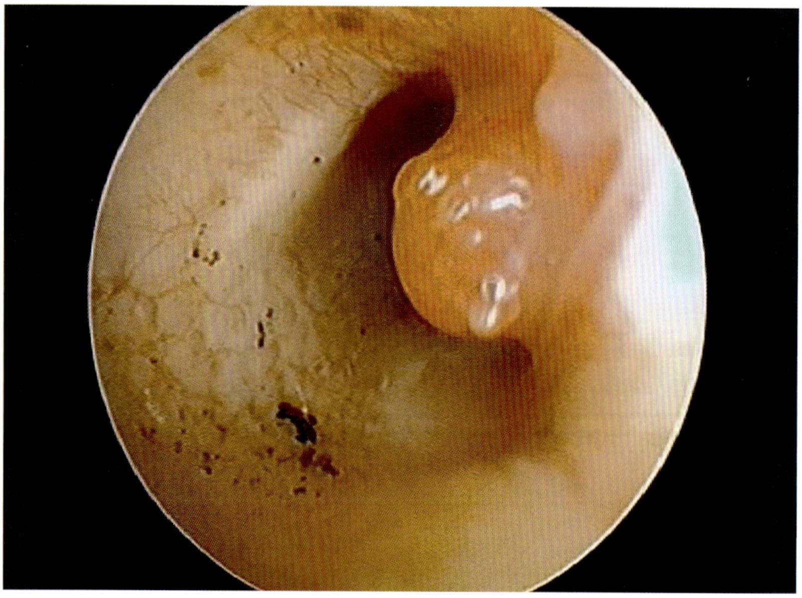

图5.55 VOE图像。猫耳道内的乳头状瘤

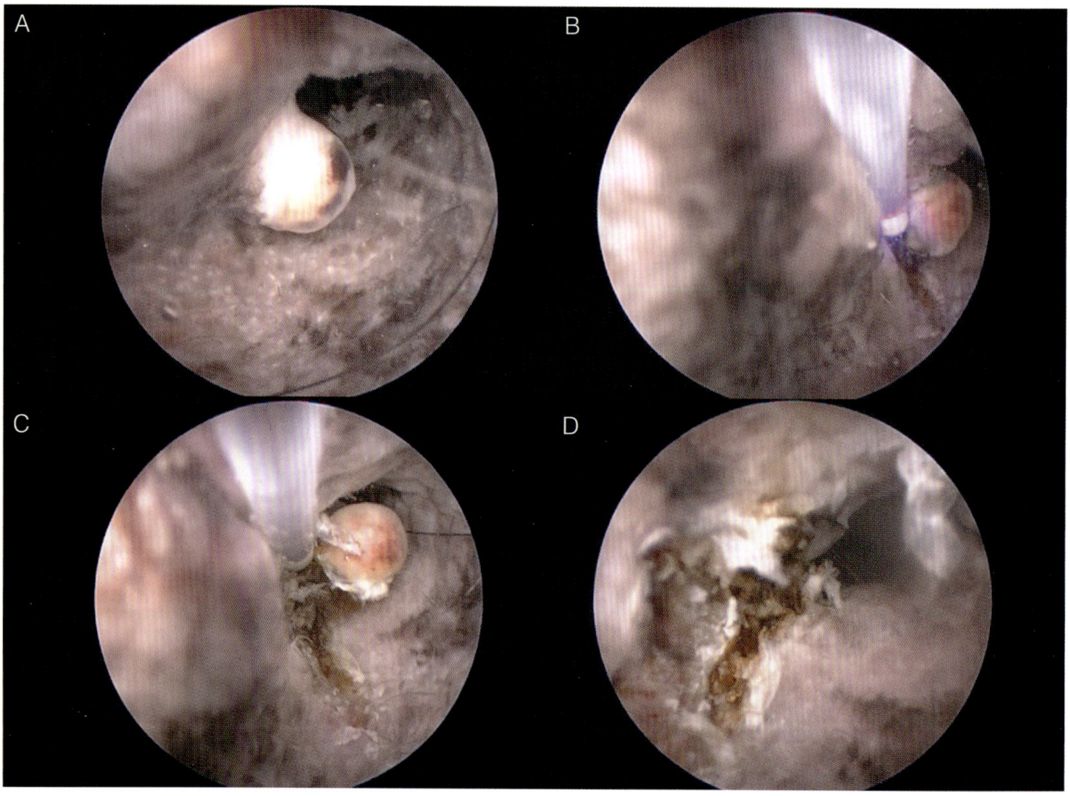

图5.56 VOE图像。犬耳道内的腺瘤。注意二极管激光纤维正在进行减瘤手术

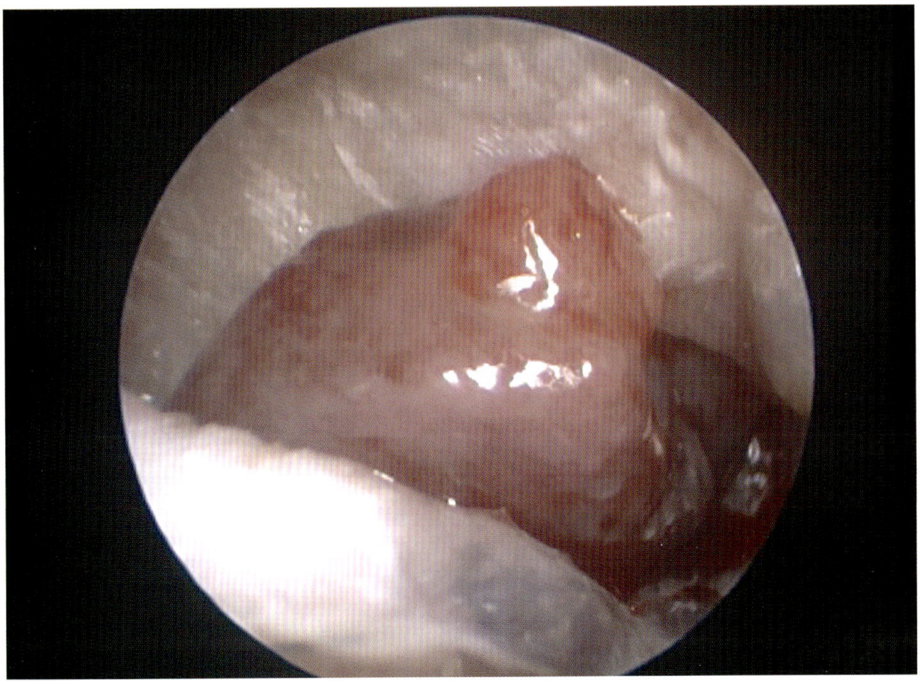

图 5.57 VOE图像。犬耳道内的腺癌

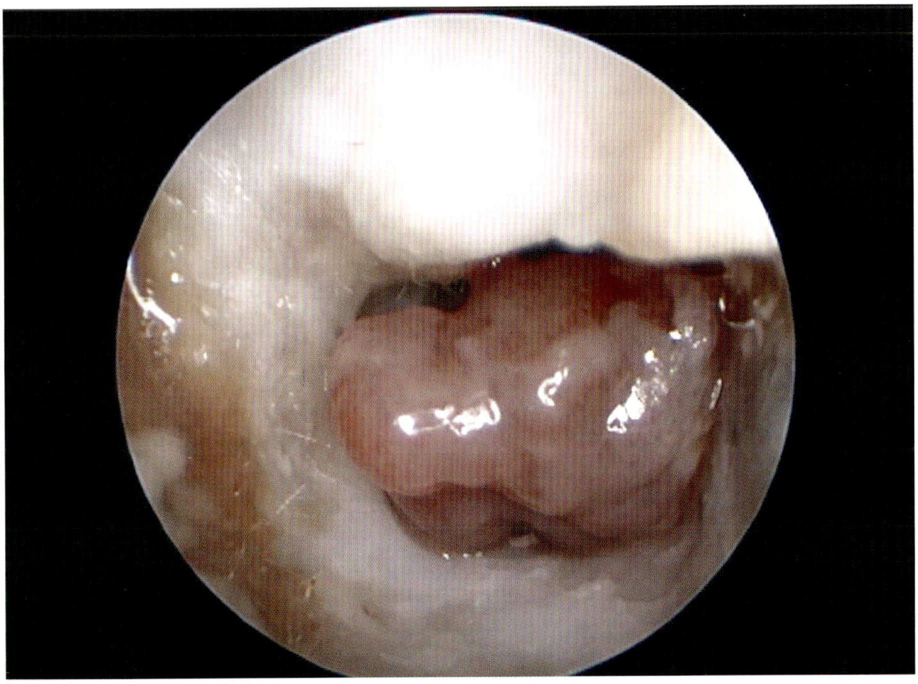

图 5.58 VOE图像。猫耳道内的腺癌

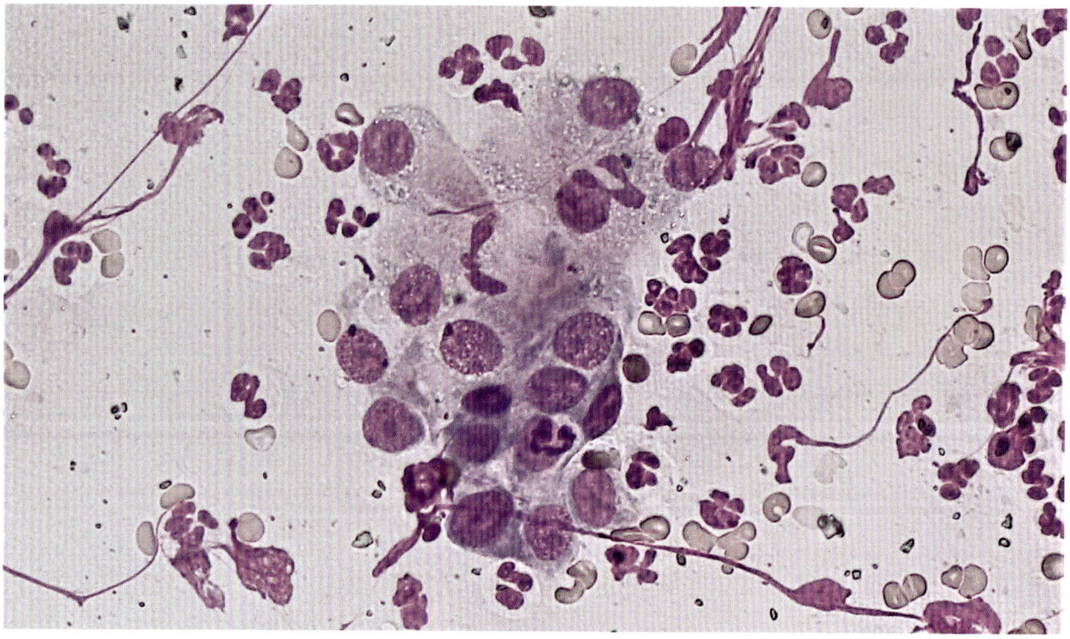

图 5.59 显微镜检查。细胞学（见图5.57）。观察到具有嗜碱性细胞质和腺泡细胞结构的簇状上皮细胞聚集。这些细胞表现出细胞大小不等、细胞核大小不等和核仁突出。注意大量中性粒细胞和红细胞（Stain Diff Quick 染色，40× 高倍视野）

5.2.2.1.8 罕见肿瘤

• 毛母细胞瘤

笔者曾遇到过一例这种罕见的耳道肿瘤。一只7岁的雌性绝育杂交犬被转诊到我们的诊所来评估右侧垂直耳道肿块。单侧耳道肿块的内镜活检显示毛母细胞瘤（图5.64）。通过耳内镜检查（图5.65）和CT扫描（图5.66）对肿瘤进行定位和分期。通过二极管激光手术成功切除了肿瘤。毛母细胞瘤是一种由毛胚产生的良性上皮肿瘤。其发病率为犬皮肤肿瘤的0.4% ～ 4.0%。

• 鼓室球瘤

笔者曾遇到过一例这种散发性鼓室球瘤。一只11岁的雄性英国塞特犬因左耳道突然出血和单侧耳聋而就诊。对单侧红色鼓膜肿块进行内镜活检，发现鼓室球瘤（图5.67）。通过耳内镜检查（图5.68）和CT扫描（图5.69）对肿瘤进行定位和分期。通过二极管激光手术成功切除了肿瘤。鼓室球瘤（副神经节瘤）是由副神经节细胞产生的罕见神经内分泌肿瘤。在人类中，血管球瘤是良性富含血管的肿瘤，发生在鼓膜后方狭小且有限的空间中。

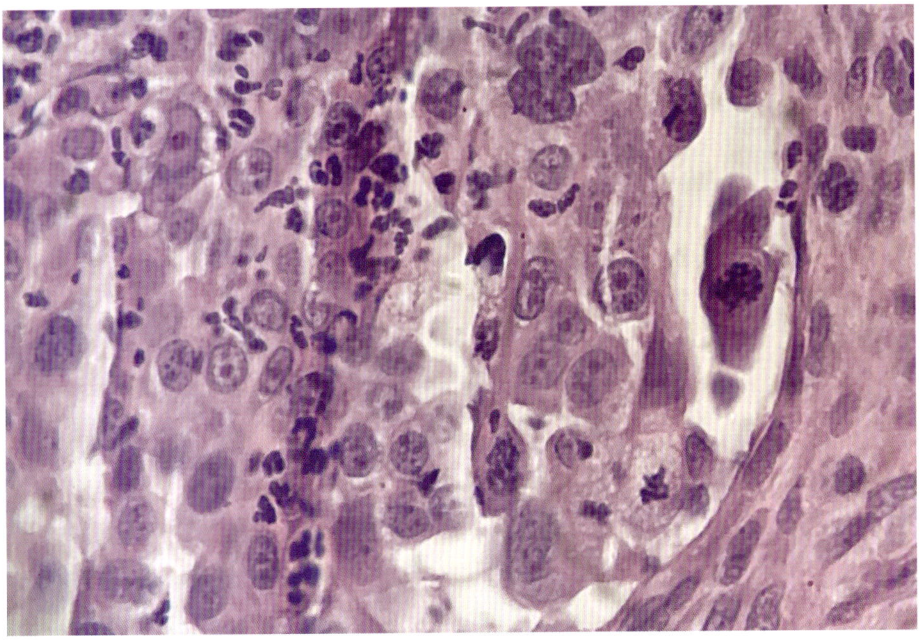

图 5.60 显微镜检查。犬的耵聍腺腺癌。浸润性恶性上皮肿瘤增生由多个大小不等的实性结构组成，这些结构由立方形至圆形上皮细胞组成，具有明显的细胞学恶性特征。这些肿瘤细胞表现出细胞大小不等、细胞核大小不等、核仁通常较大以及大量非典型有丝分裂（苏木精和伊红染色，60× 高倍视野）（图片来源：由Francesco Albanese提供）

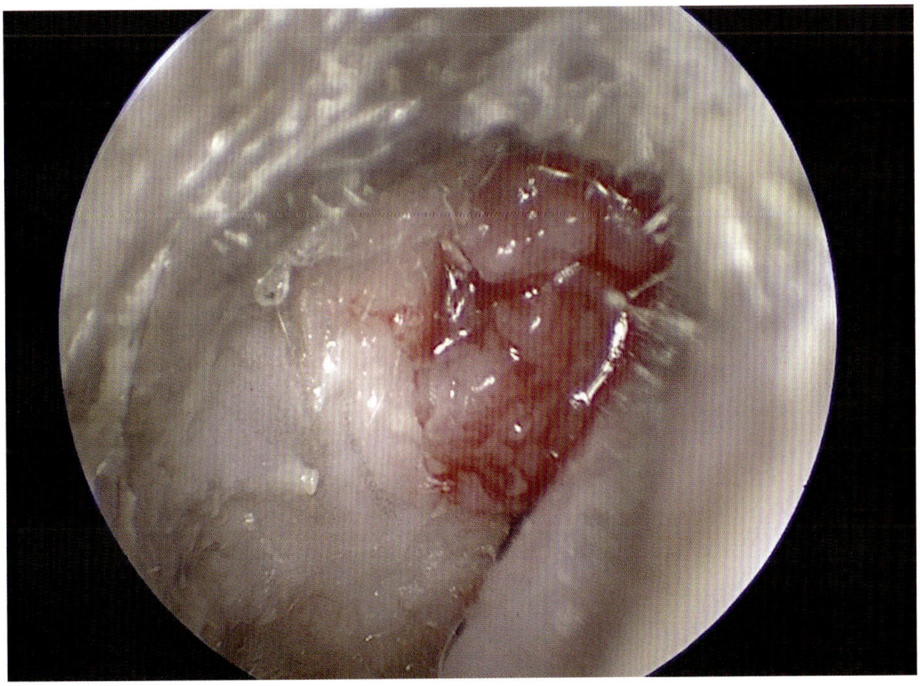

图 5.61 VOE图像。犬耳道内的鳞状细胞癌

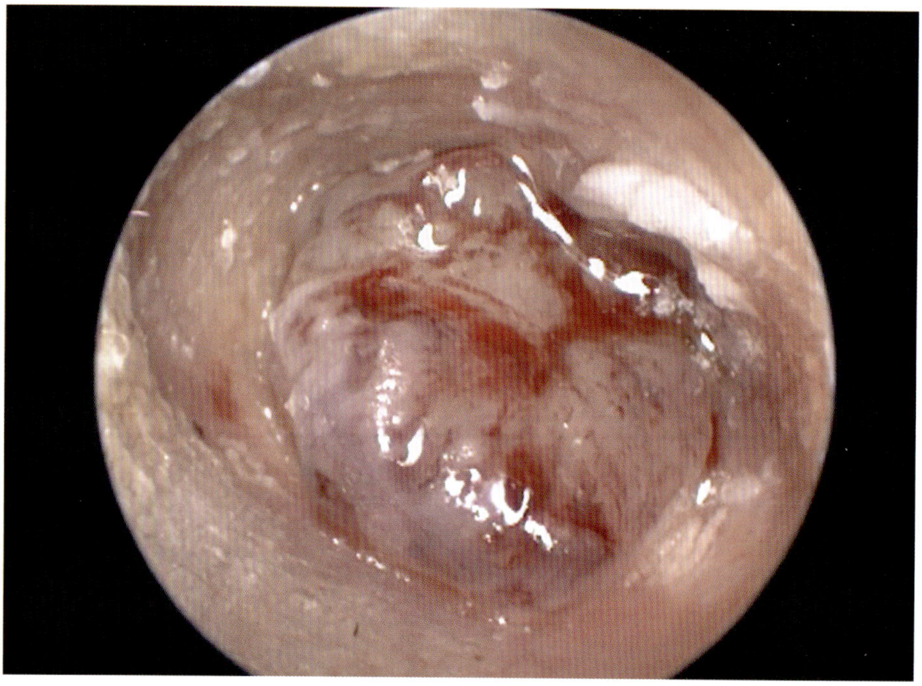

图 5.62　VOE图像。猫耳道内的鳞状细胞癌

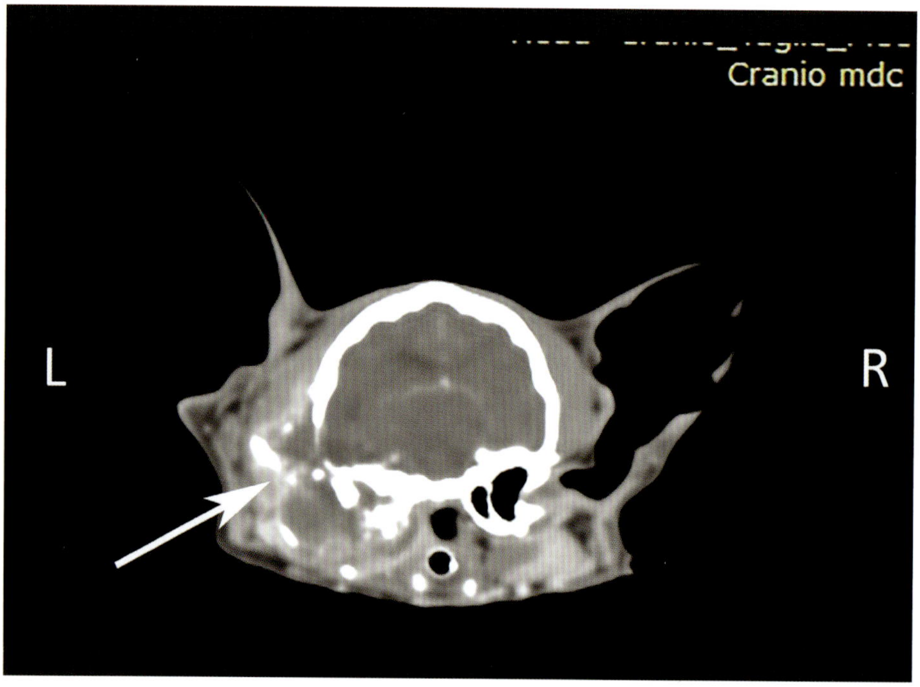

图 5.63　横向CT软组织窗。猫的浸润性鳞状细胞癌。注射造影剂后，左颞下颌关节附近的耳道内有侵袭性组织肿块，侵袭同侧鼓泡，并轴外侵袭左颞叶附近的颅骨。左侧咽后淋巴结的轻度肿大与反应性或转移性淋巴结肿大吻合（图片来源：由CentroTacVet提供）

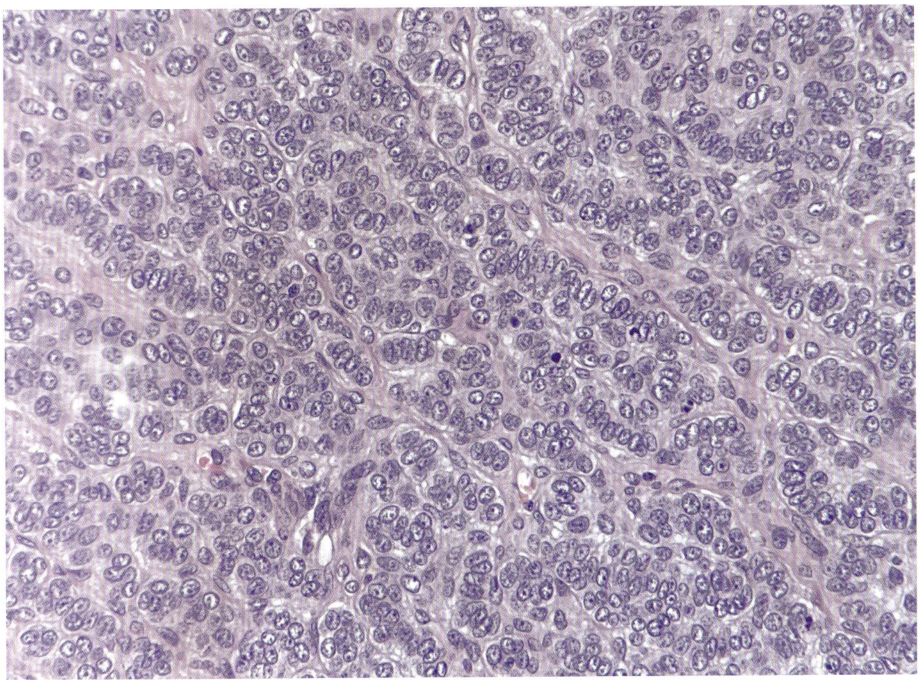

图5.64 显微镜检查。该肿瘤以多个密集的上皮巢和成排的基底样角质形成细胞为特征，由中等量的纤维血管基质维持（苏木精和伊红染色，40× 高倍视野）（图片来源：由Francesco Albanese提供）

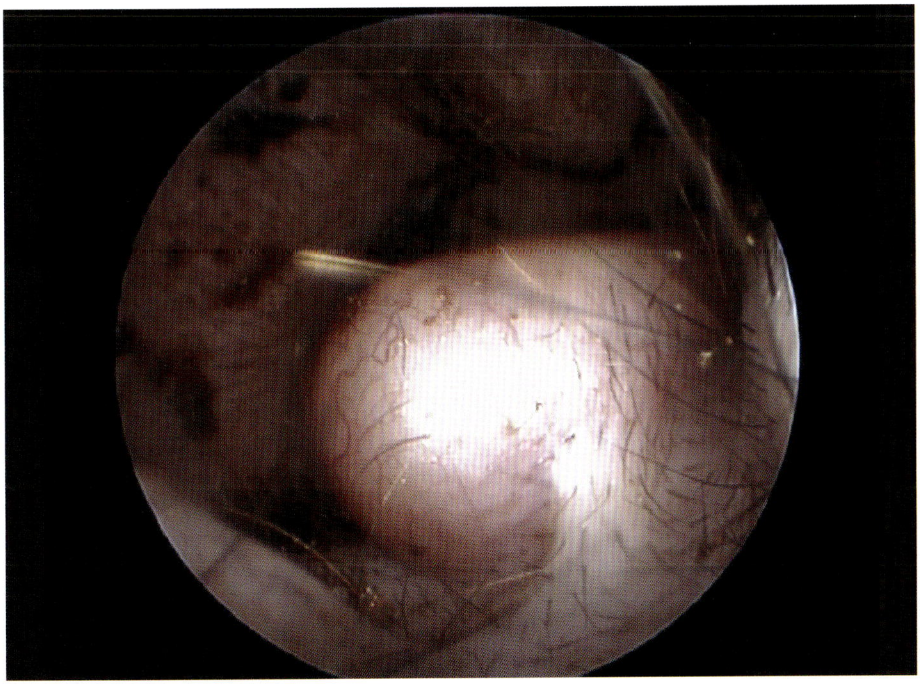

图 5.65 VOE图像。犬的毛母细胞瘤，肿块出现在右垂直耳道腹侧

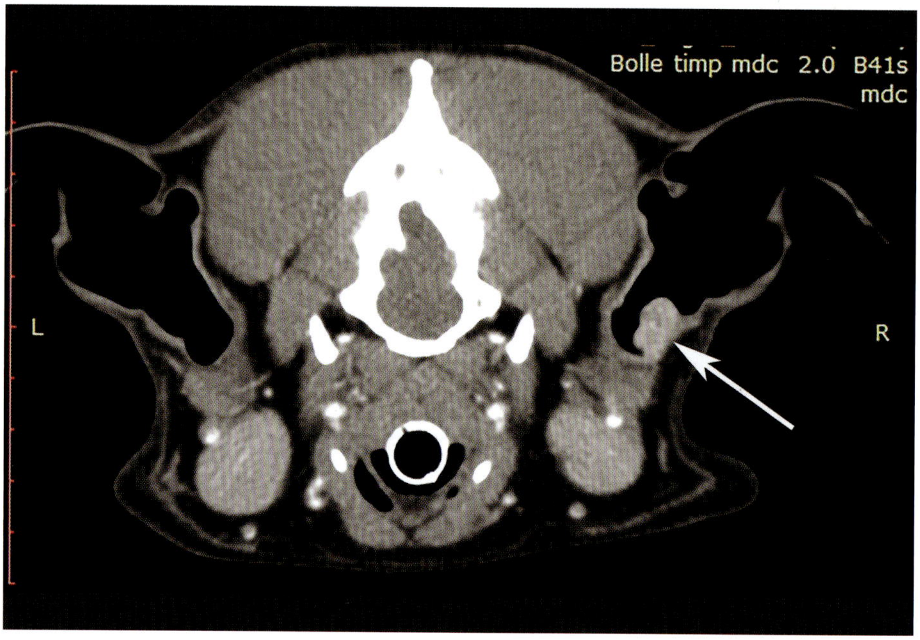

图 5.66　横向CT软组织窗。犬的毛母细胞瘤。注射造影剂后，可见右侧垂直耳道的软组织病变，间质相过度衰减（图片来源：由CentroTacVet提供）

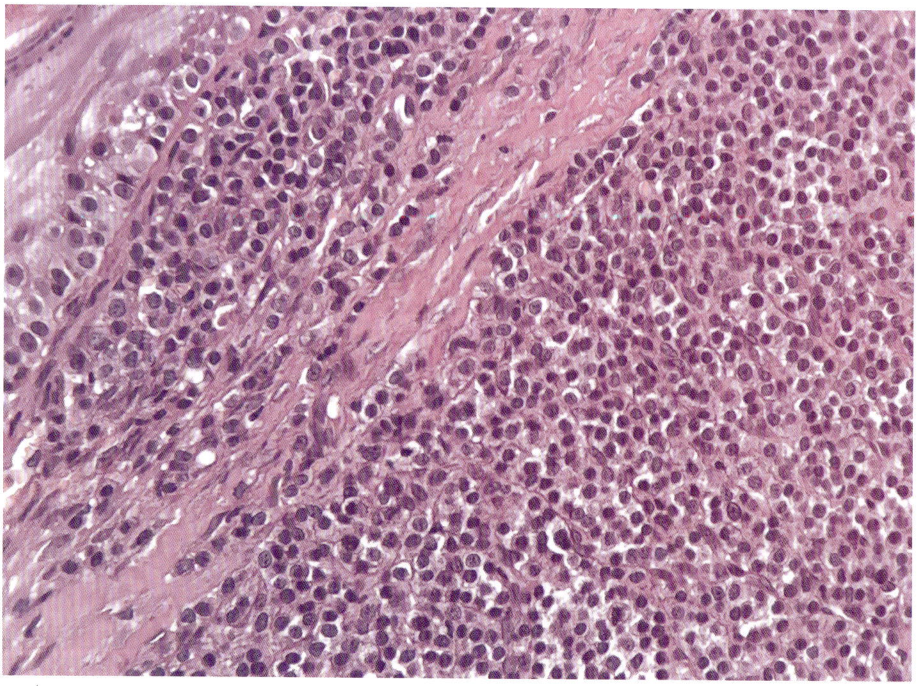

图5.67　显微镜检查。该肿瘤的特征包括肿瘤细胞呈圆形、椭圆形，细胞核均匀，染色质分散，细胞质呈颗粒状嗜酸性空泡化，肿瘤呈实性巢状排列，被纤维血管组织分开（苏木精和伊红染色，40× 高倍视野）（图片来源：Antonella Vercelli提供）

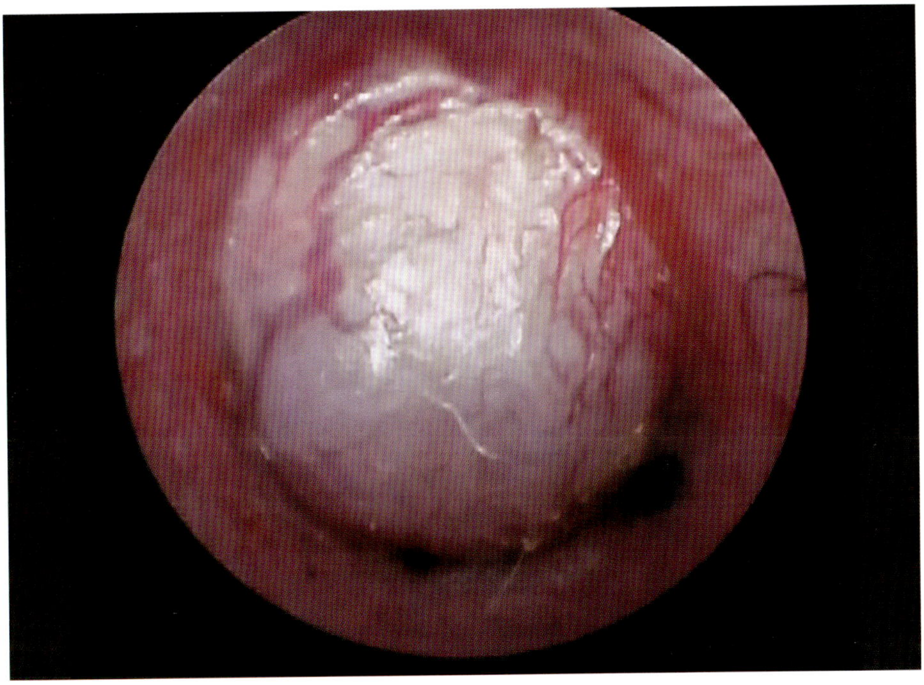

图 5.68 VOE图像。英国塞特犬的鼓室球瘤，肿块占据鼓膜并向耳道突出。注意肿瘤血管丰富

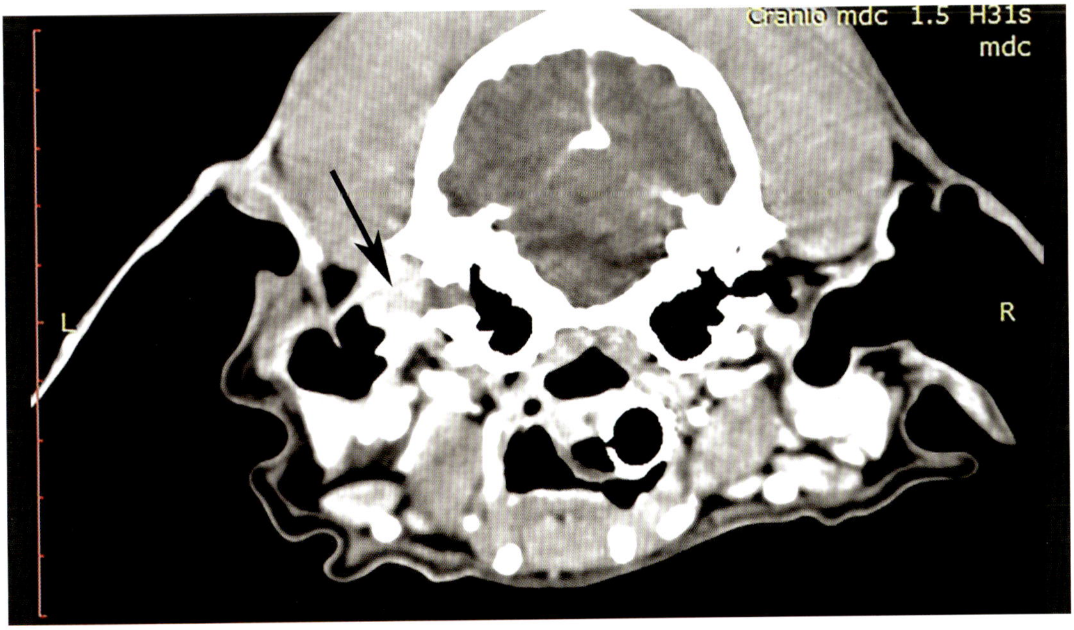

图 5.69 横向 CT 软组织窗，英国塞特犬的鼓室球瘤。注射造影剂后，可见左侧水平耳道的软组织病变，间质相过度衰减（图片来源：由CentroTacVet提供）

5.2.2.1.9 继发感染（细菌和酵母菌）

在复发性和慢性耳部感染中，继发感染更难控制。持久因子的出现通常会妨碍局部耳部单一治疗的临床效果。此外，所涉及的细菌经常是革兰氏阴性微生物，它们会产生生物膜并对抗菌药物产生耐药性。这些细菌还可以产生外毒素，降解上皮，造成疼痛性糜烂和溃疡。

• 耵聍性耳炎

慢性耳炎期间，耳垢产生过多，耳垢性质发生变化，耵聍变得干燥和坚硬（图5.70）。此外，主要通过“上皮迁移”实现的外耳自清洁功能也消失了。这些情况会导致耵聍栓（耵聍结石）（图5.71）的发展，耵聍结石可形成于鼓膜附近或鼓膜上（图5.72）。这会导致疼痛感或鼓膜破裂（图5.73）。即使没有耳部感染，某些猫犬品种中也经常出现耵聍结石。猫也会出现耳垢栓（图5.74）。耵聍性耳炎经常很快就会因继发马拉色菌感染而变得严重。

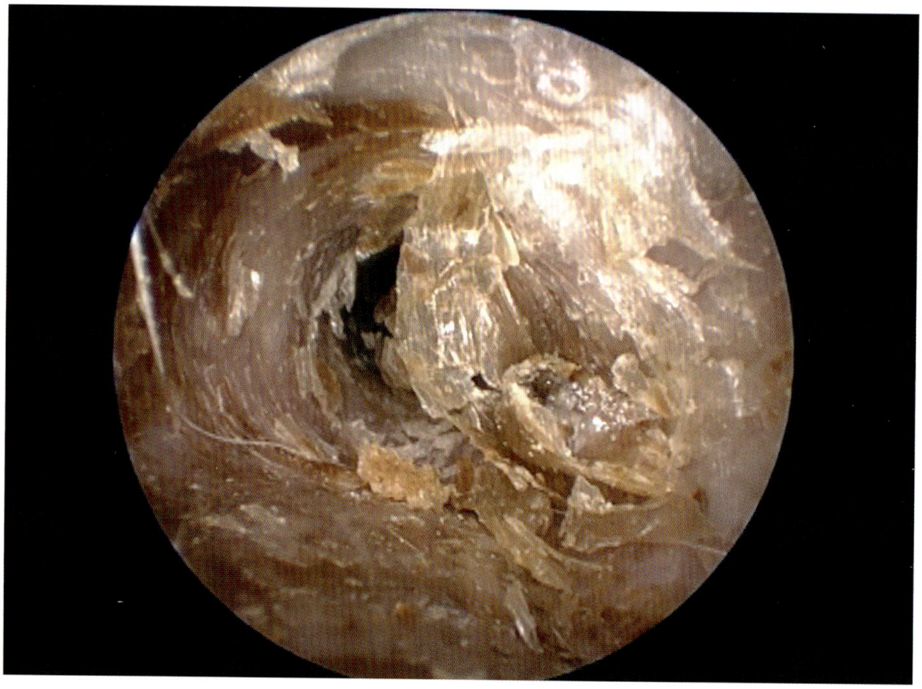

图 5.70 VOE图像。犬的耵聍性耳炎，耳道内有干燥、坚硬的耵聍

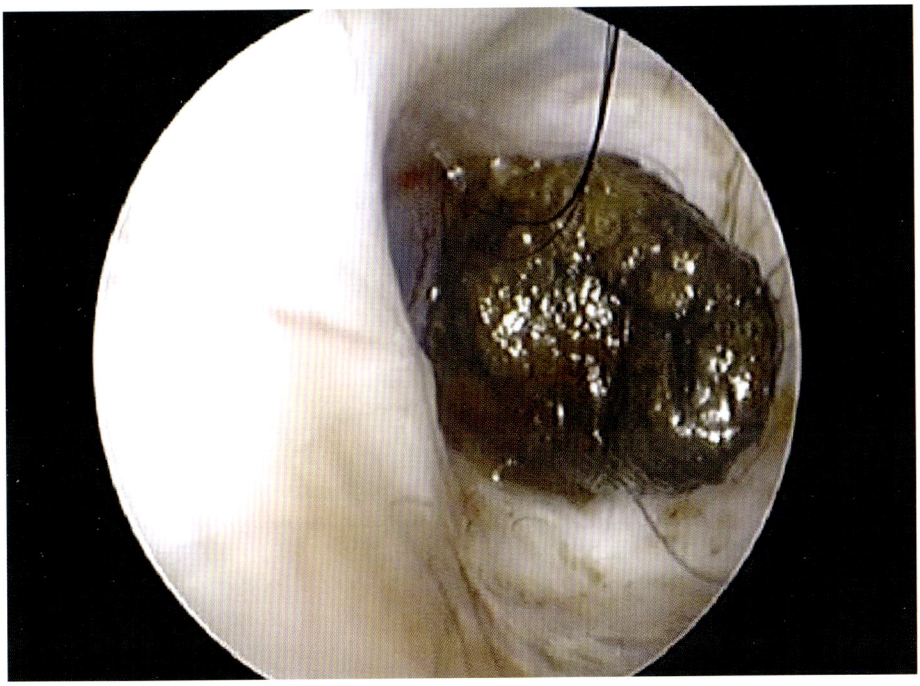

图 5.71 VOE图像。犬的耵聍性耳炎，耳道内可见耵聍结石

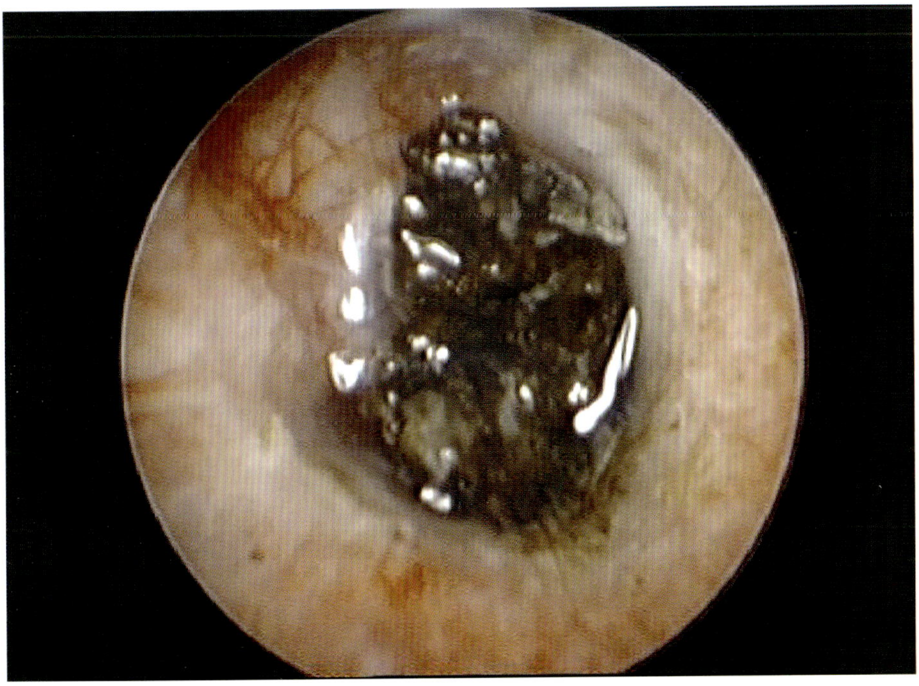

图 5.72 VOE图像。犬的耵聍性耳炎，耵聍结石靠近鼓膜

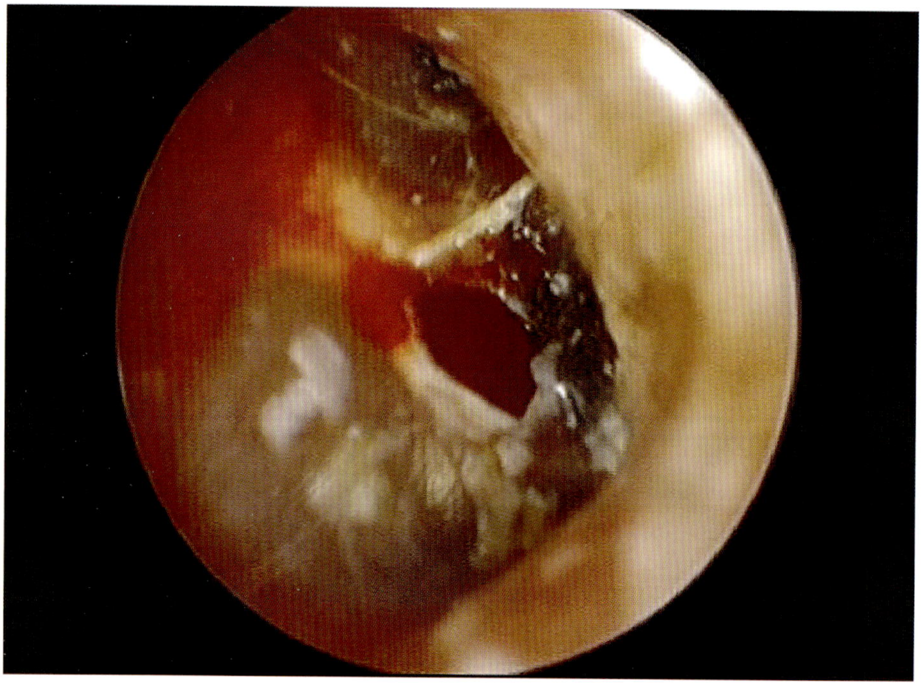

图 5.73　VOE 图像。取出耳垢后（图 5.71），可见破裂的鼓膜

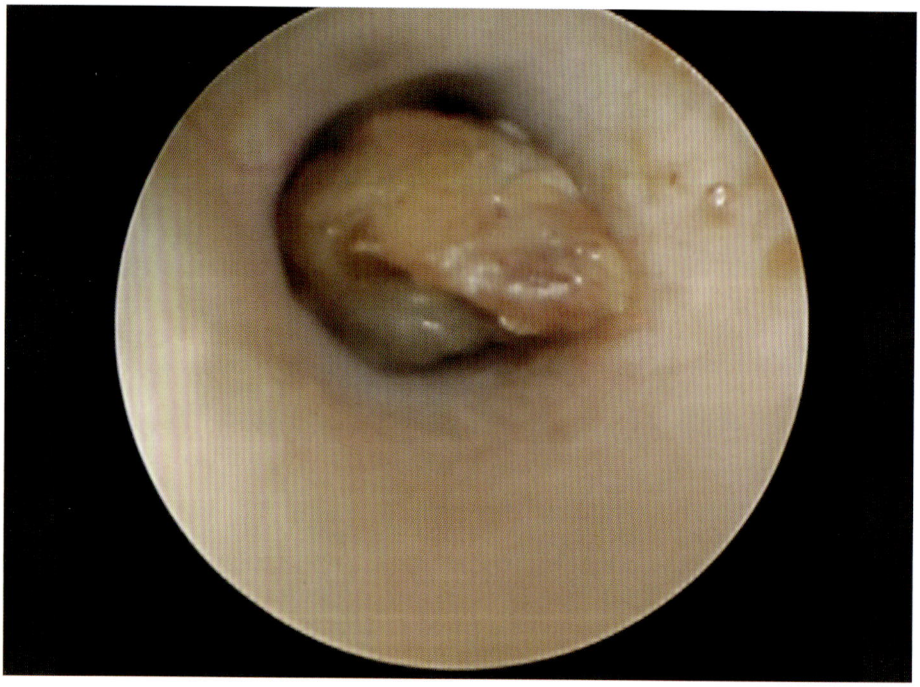

图 5.74　VOE 图像。猫的耵聍性耳炎，耵聍结石靠近鼓膜

• 渗出性耳炎

渗出性耳炎在慢性耳部感染中很常见。杆状细菌，例如棒状杆菌属或铜绿假单胞菌，会产生特征性的黄绿色分泌物（图5.75）和/或出血，不同于葡萄球菌属或链球菌属渗出性耳炎期间出现的黄白色分泌物。这些细菌的许多菌株都可以产生生物膜。因此，如图5.76所示的临床表现或VOE显示的化脓“胶”桥（图5.77），则怀疑存在生物膜。

• 溃疡性耳炎

耳朵清洁后，可以看到感染引起的溃疡和糜烂（图5.78）。与溃疡一起，通常会观察到不同程度的表皮脱落，表现为旗帜形（图5.79）或岛屿状上皮（图5.80）的白色物质。如果耳道有溃疡，建议使用抗炎和止痛药物。

5.2.3 中耳炎

中耳炎可由外耳道的下行疾病、通过咽鼓管的鼻咽上行疾病或鼓泡的原发性疾病所致。罕见情况下，中耳炎由血源传播导致。

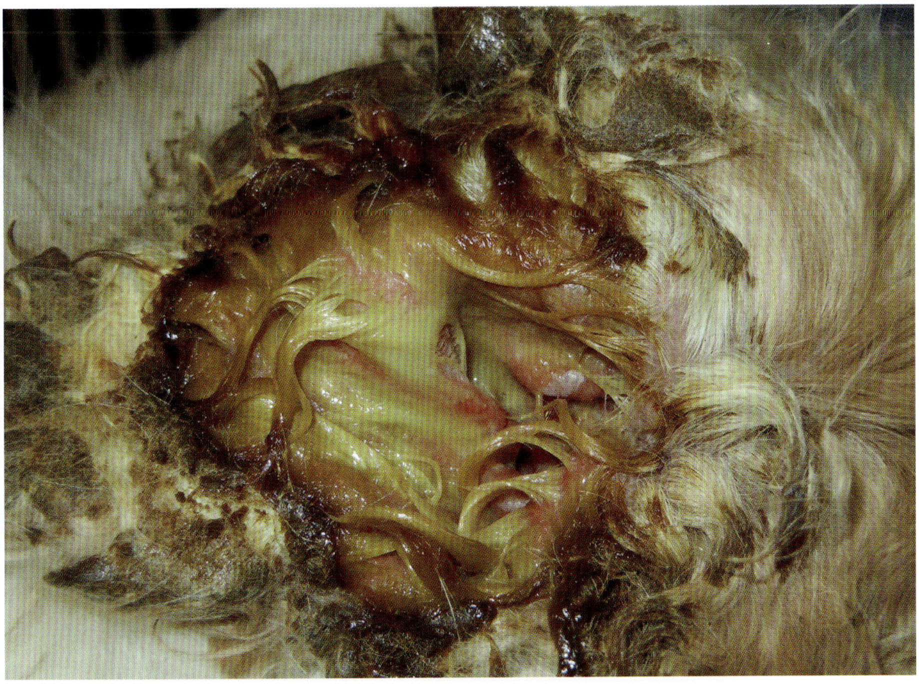

图 5.75 临床图像。过敏犬右侧耳道的慢性化脓性外耳炎。注意存在典型的假单胞菌属感染所致的绿黄色黏液分泌物

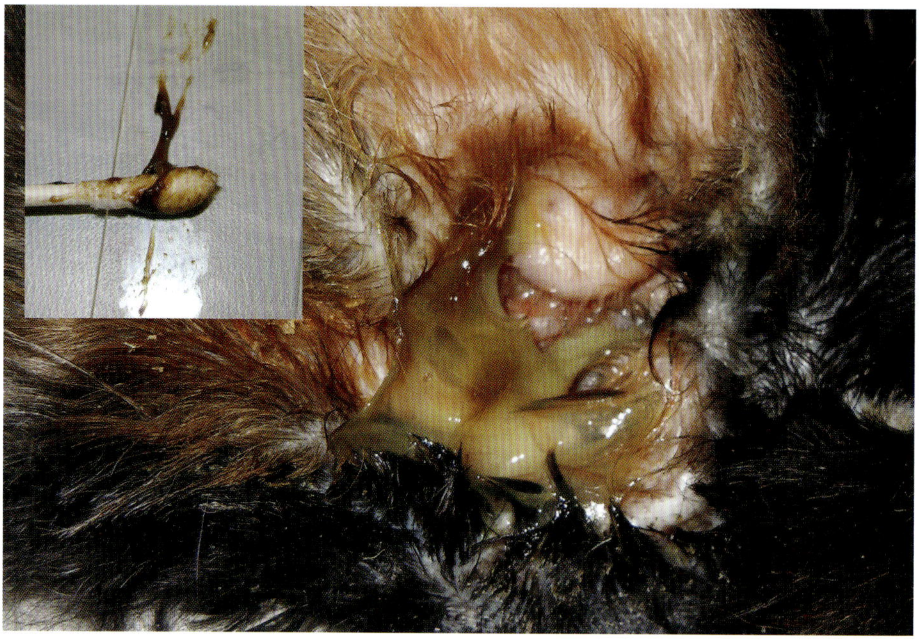

图 5.76 临床图像。犬右侧耳道慢性化脓性外耳炎。注意存在典型的假单胞菌属感染所致的绿黄色黏液分泌物。棉签靠在盒中的载玻片上，形成黏稠脓性物质组成的黏液状丝状桥梁（(生物膜)。

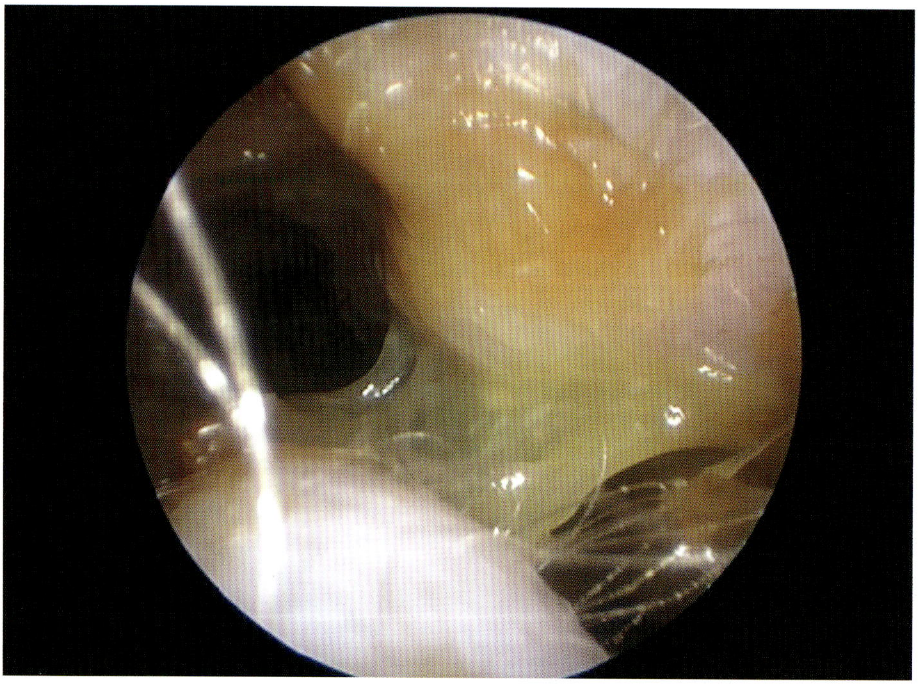

图 5.77 VOE图像。犬的化脓性感染，绿色渗出物在耳道内形成黏液状的桥梁

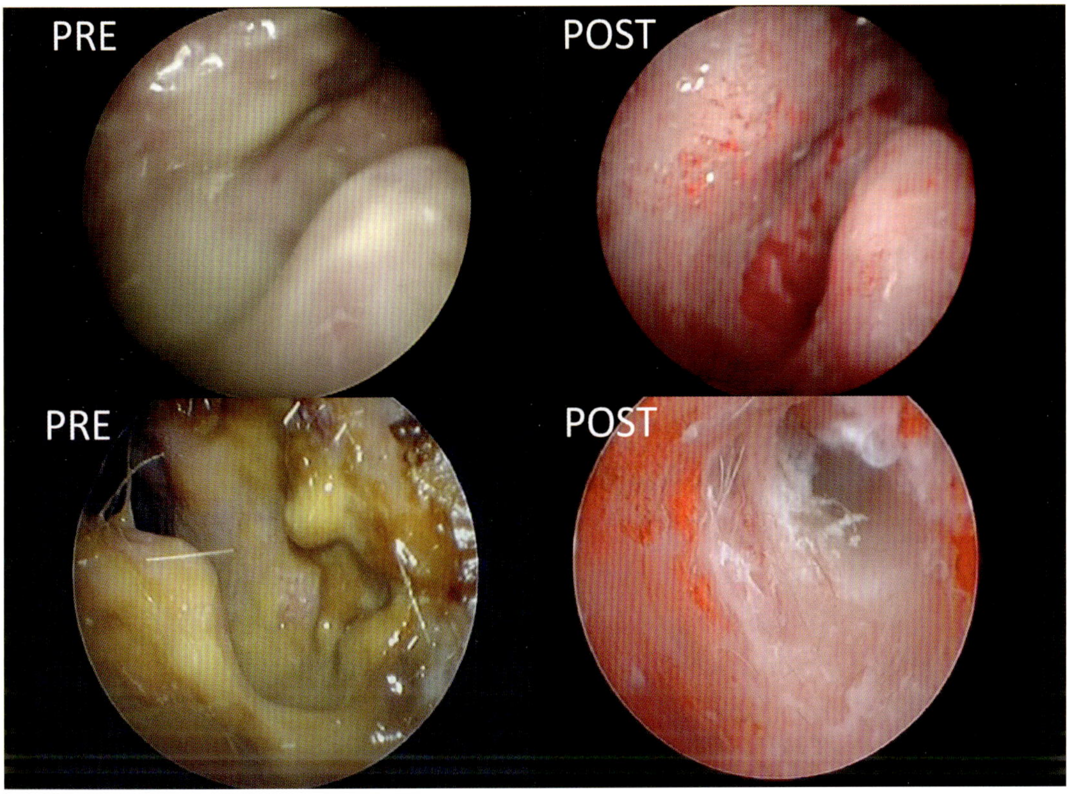

图 5.78 VOE图像。犬的化脓性感染，耳道内有脓性分泌物（PRE），只有在耳朵清洁后才会看到溃疡和表皮剥脱（POST）

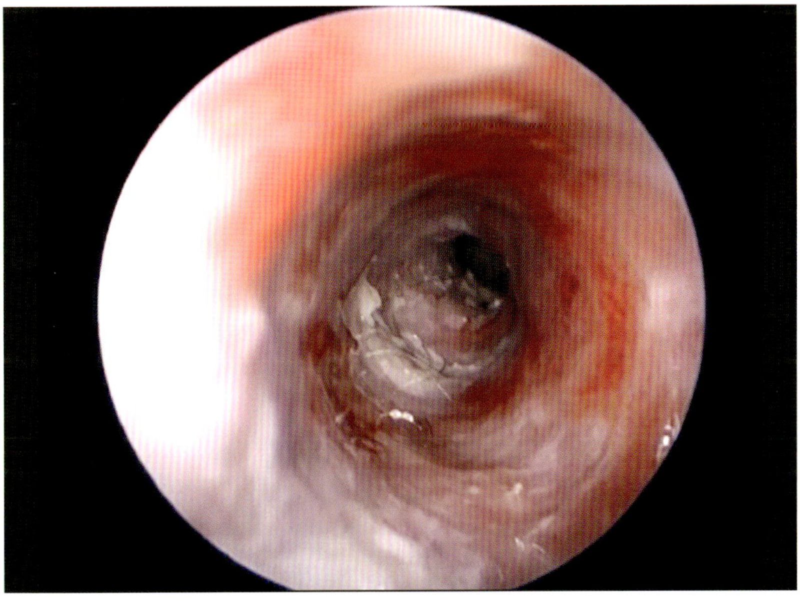

图 5.79 VOE图像。犬化脓性感染耳朵清洁后，存在大面积溃疡，白色物质是皮肤的表皮剥脱

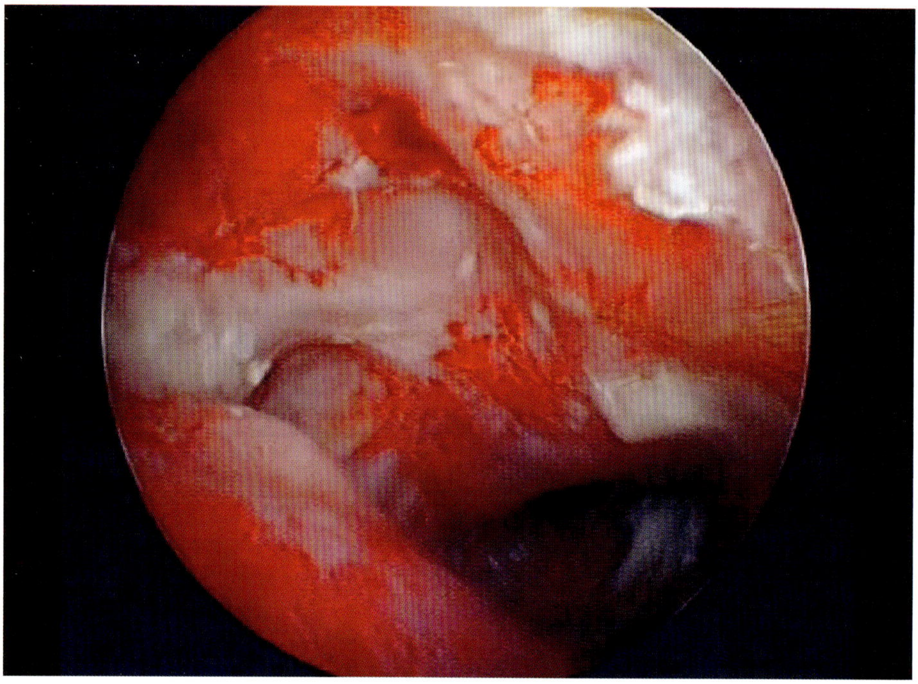

图 5.80 VOE图像。犬耳朵化脓性感染，耳朵清洁后，可见严重溃疡，发白的岛屿状区域是皮肤的表皮剥脱

犬中耳炎最常见的原因是继发于外耳炎和鼓膜破裂（感染和/或异物性）。来自呼吸道病毒或炎性息肉的上行感染可能在猫中更为常见。早期穿孔后，鼓膜可能会愈合，将感染物质封闭在鼓泡内。因此，在评估患宠是否患有中耳炎时，仔细评估鼓膜至关重要。有必要区分慢性发炎的鼓膜（鼓膜炎）（图5.81）和病理性鼓膜（图5.82）。有多种技术协助评估鼓膜是否穿孔。例如，清耳时观察紧张部是否有气泡冒出（图5.83），或多次开关抽吸阀，使紧张部如船帆般移动，或多次开关抽吸阀导致松弛部膨出（图5.84）。鼓膜重新归位且未见后方物质和气体缺失是鼓膜完整性的标志。鼓膜破裂可能只是微小的撕裂（图5.85）或孔洞（图5.86），也可能是部分破裂（图5.87）或全部破裂（图5.88）。完全破裂仅部分愈合时，可见瘢痕环围绕中心孔（开放窗口）。其他类型的破裂通常在4～6周内完全愈合。必须持续监测鼓膜完全破裂的耳朵，因为它更容易发生复发性疾病。

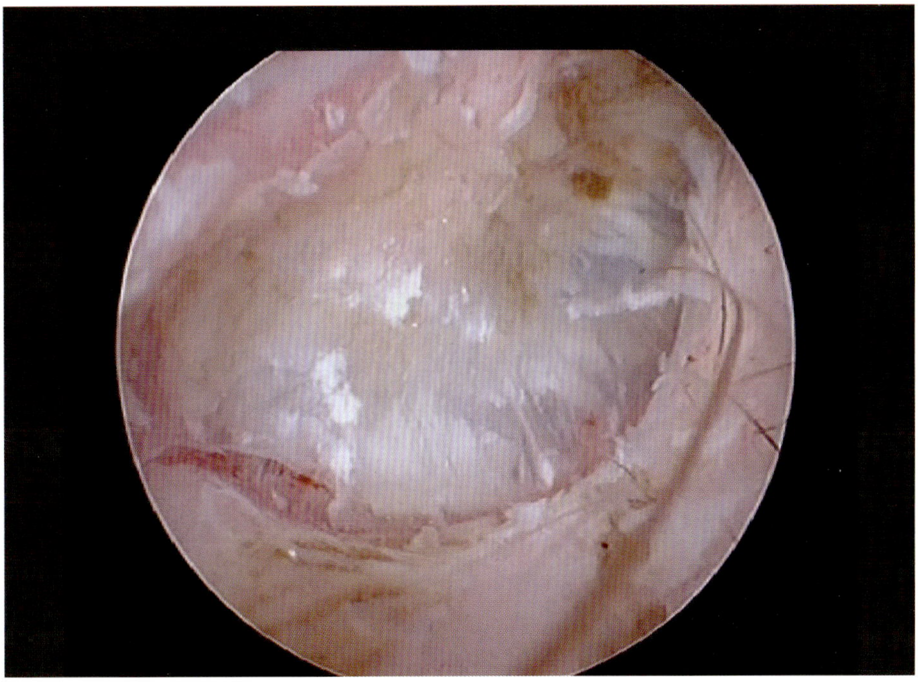

图 5.81 VOE图像。犬的鼓膜炎，由于慢性炎症，鼓膜变厚变白

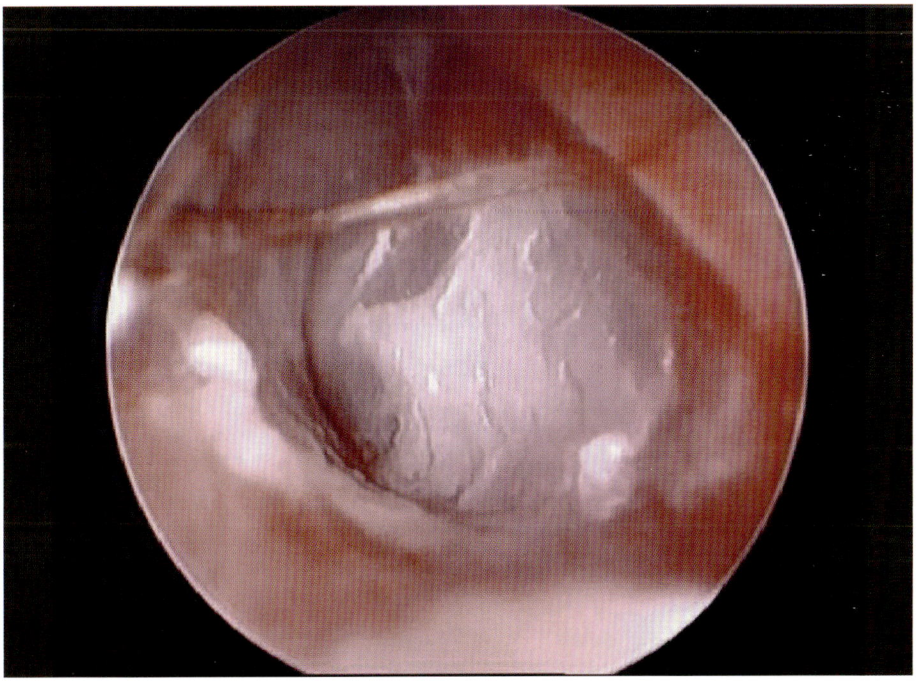

图 5.82 VOE图像。犬的中耳炎，鼓膜增厚、发白，紧张部膨出

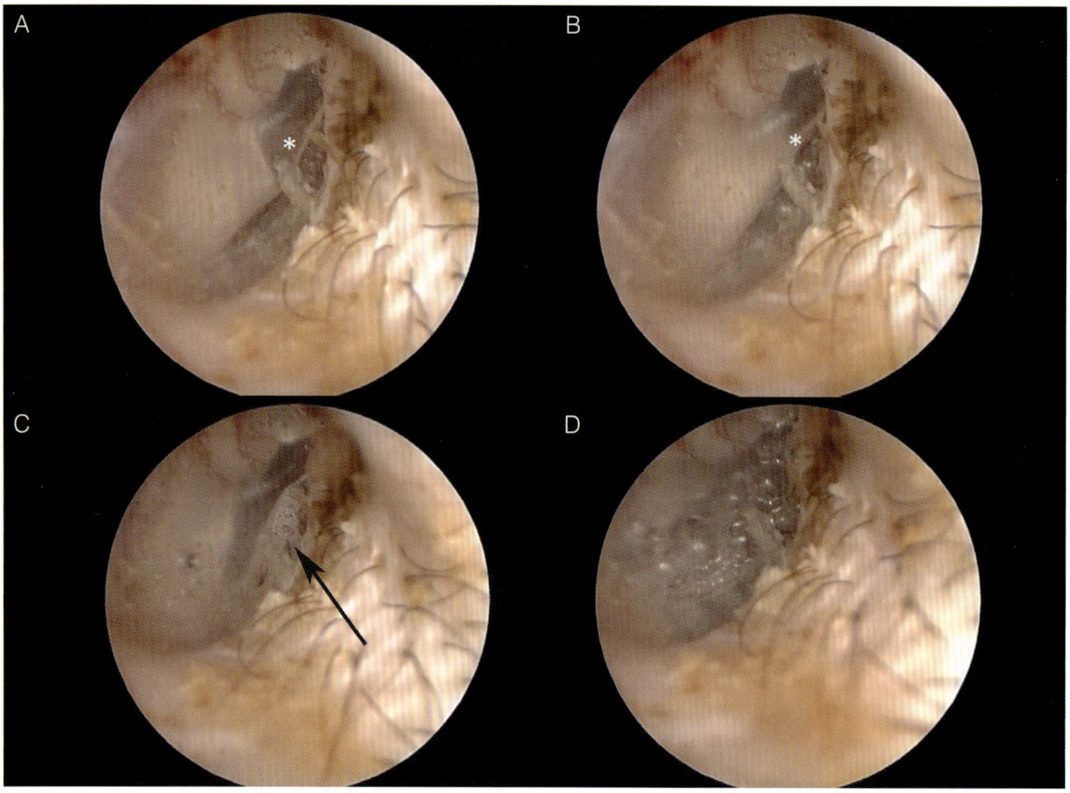

图 5.83 VOE图像。检查鼓膜完整性：多次打开和关闭抽吸阀使紧张部像船帆一样移动（星号）。气泡（黑色箭头）证实部分鼓膜破裂

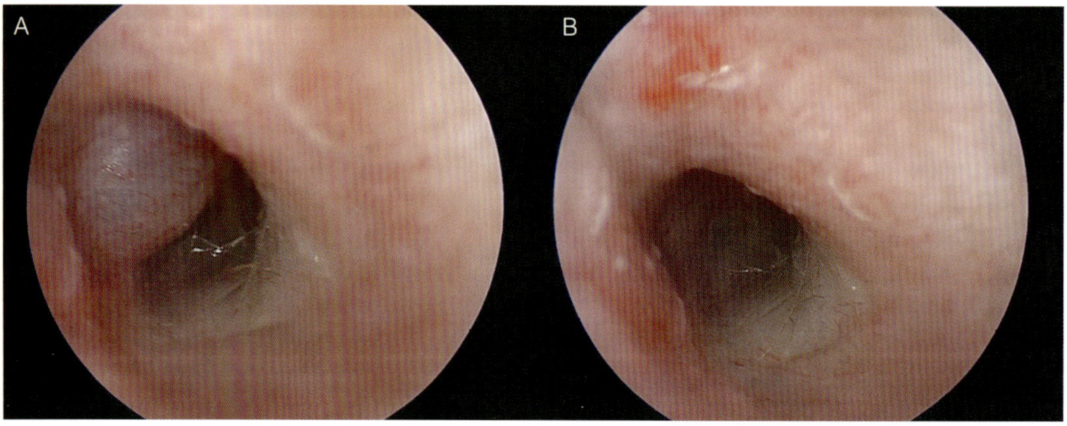

图 5.84 VOE图像。检查鼓膜完整性：打开（A）和关闭（B）抽吸阀数次，使松弛部鼓起，无气泡则证实鼓膜完好

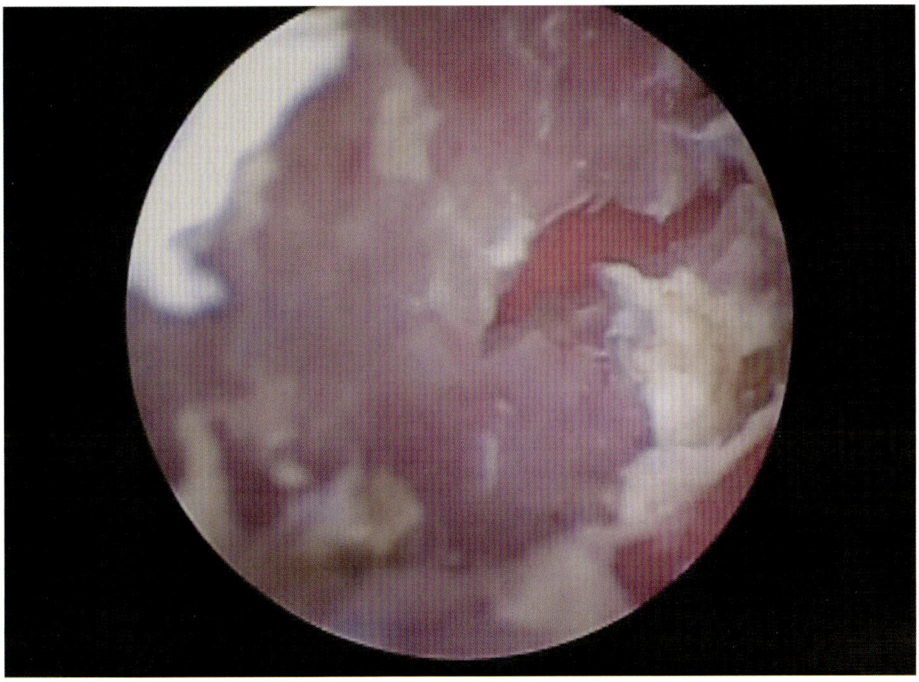

图 5.85 VOE图像。犬的鼓膜，在破裂的鼓膜上可见鼓膜紧张部撕裂

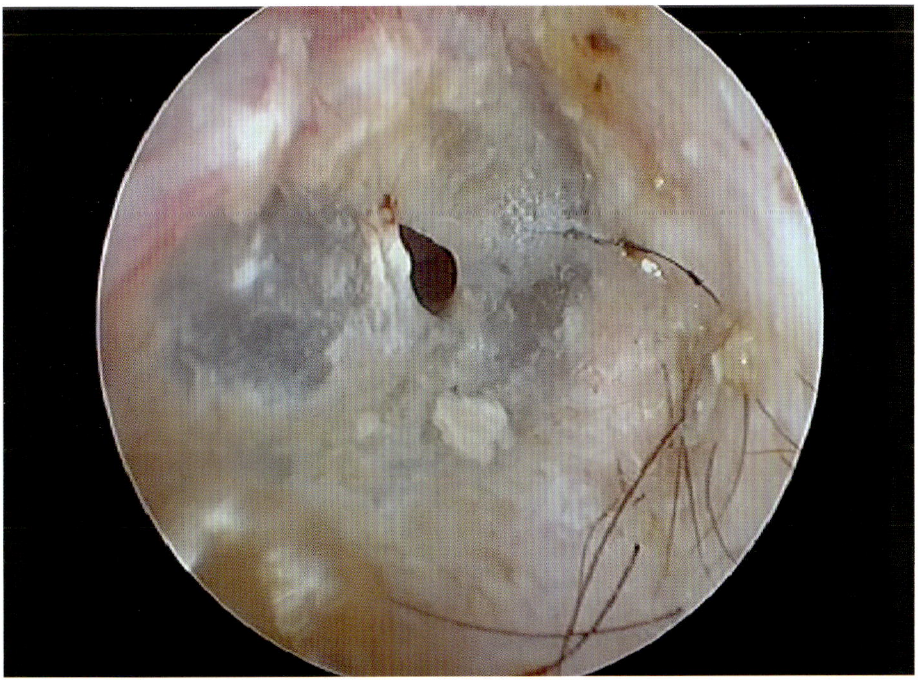

图 5.86 VOE图像。犬的鼓膜，在破裂的鼓膜上可见鼓膜紧张部有一个洞

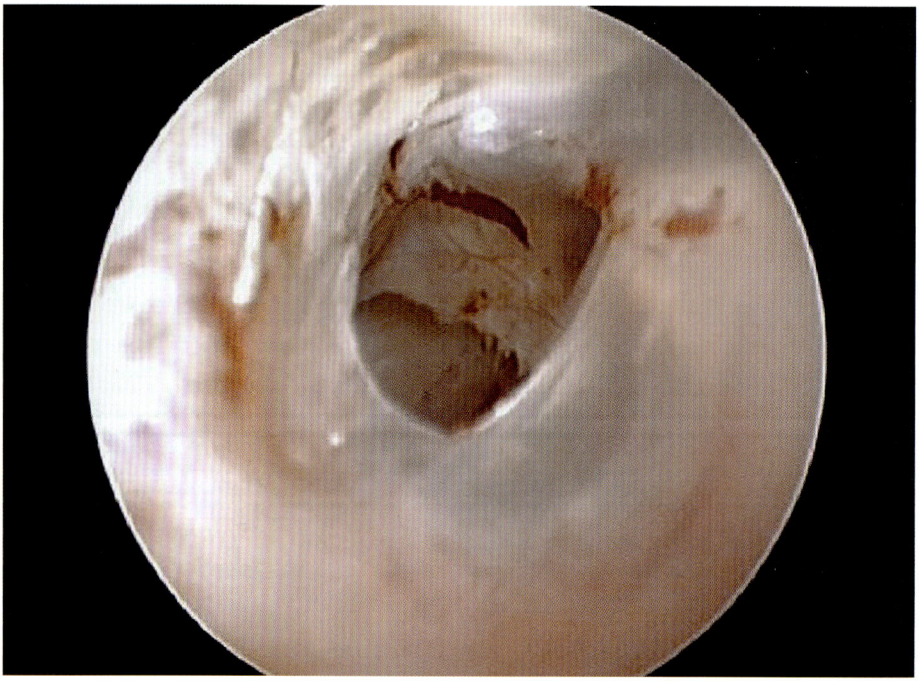

图 5.87 VOE图像。犬的鼓膜，鼓膜紧张部可见部分破裂

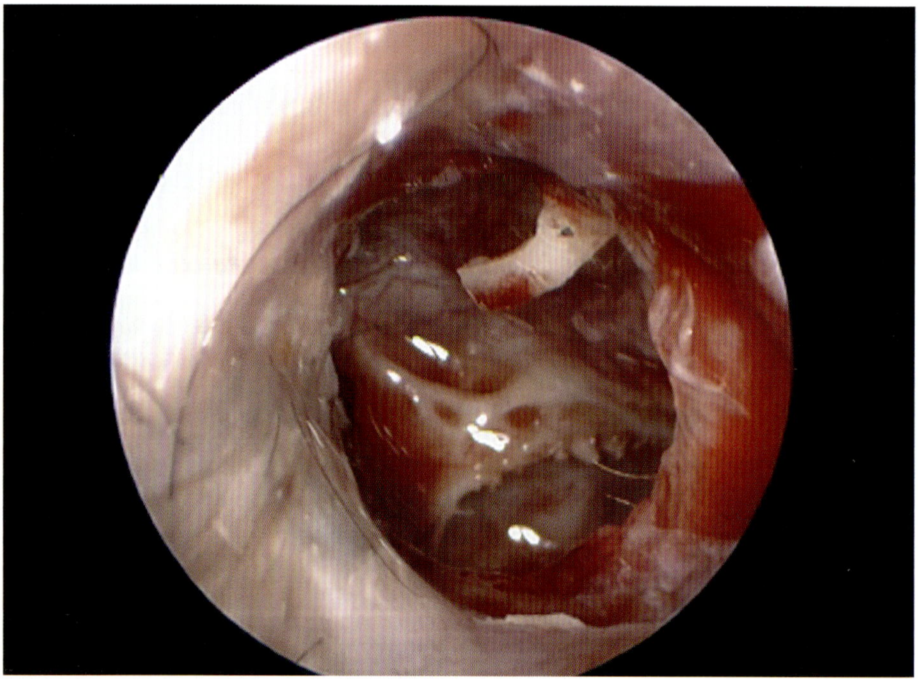

图 5.88 VOE图像。犬的鼓膜，鼓膜紧张部可见完全破裂（仅存锤骨柄）

5.2.3.1 病因

5.2.3.1.1 渗出性/盯聍性外耳炎的发展

当外耳炎急性病例转为慢性时，患宠有发展为中耳炎的风险；据报道，患有慢性外耳炎的犬中有32%～89%同时患有中耳炎。如上所述，大多数犬的中耳炎病例都是外耳炎的延伸。因此，中耳炎是一个持久性因子（图5.89），在慢性或复发性外耳炎中发挥重要作用。中耳炎患宠可能不会出现神经症状，鼓膜可能完好无损。然而，如果不及时治疗，中耳炎可能会进展至内耳结构和/或周围组织，并出现神经功能缺损和慢性不可修复的病理变化。这种“终末期”耳炎病例不再适合内科治疗，而需要手术移除病变组织。

5.2.3.1.2 异物

异物（通常是草芒）在初期可能不会被发现和清除。在经历一段无症状时期后，这种持续存在的异物可能会导致单侧化脓性耳炎（图5.90）。异物可能会导致鼓膜破裂并到达中耳，导致深层感染和炎症（图5.91）。此外，解剖学损伤和慢性感染可能会导致严重的耳道变化（图5.92）。

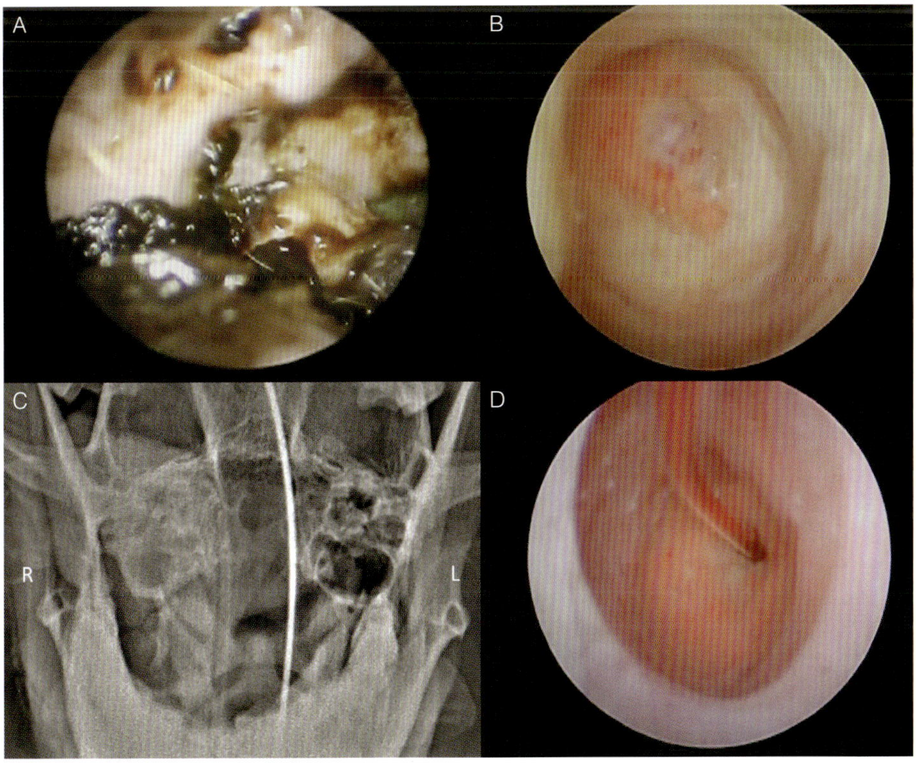

图 5.89 VOE图像。慢性化脓性外耳炎(A)会导致耳道狭窄(B)等解剖学变化，X线等影像诊断技术(C)证实存在中耳炎（右侧），并需要进行鼓泡清洁(D)

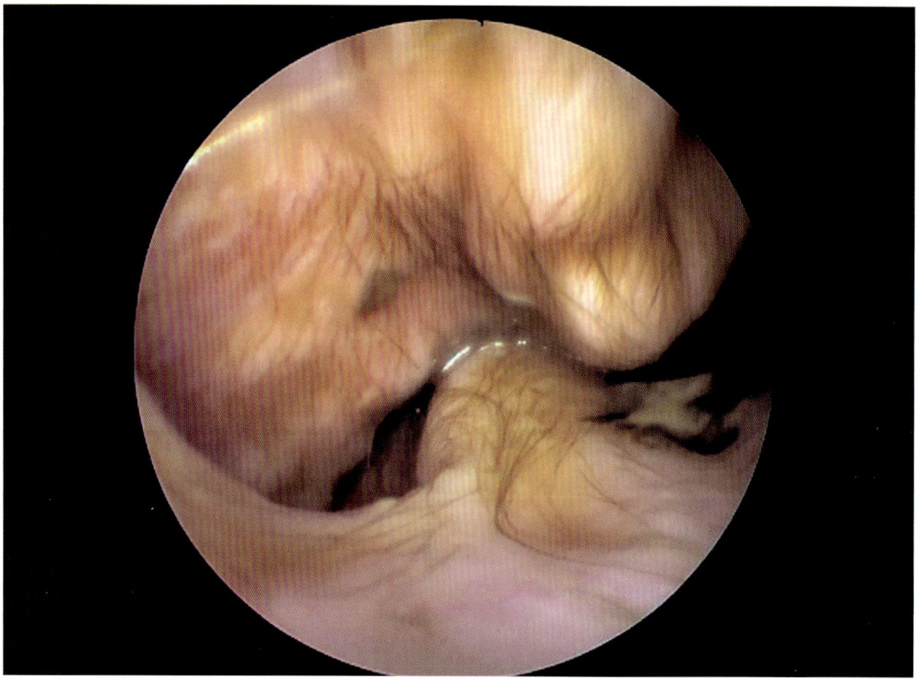

图 5.90 VOE图像。犬因异物而持续化脓感染，右侧耳道有绿色分泌物

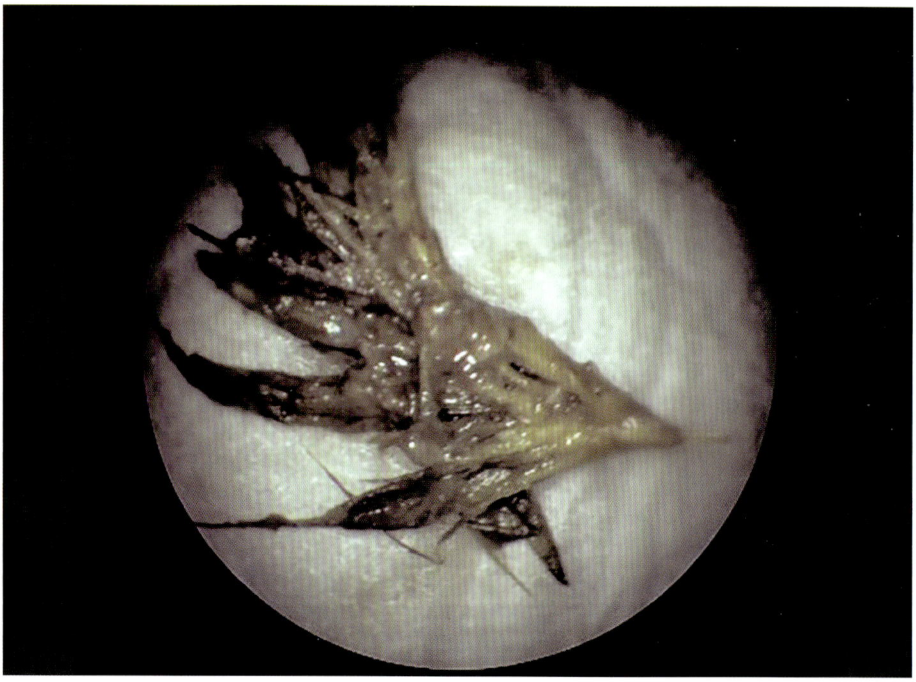

图 5.91 VOE图像。洗耳后从中耳移出数个草芒（图5.90）

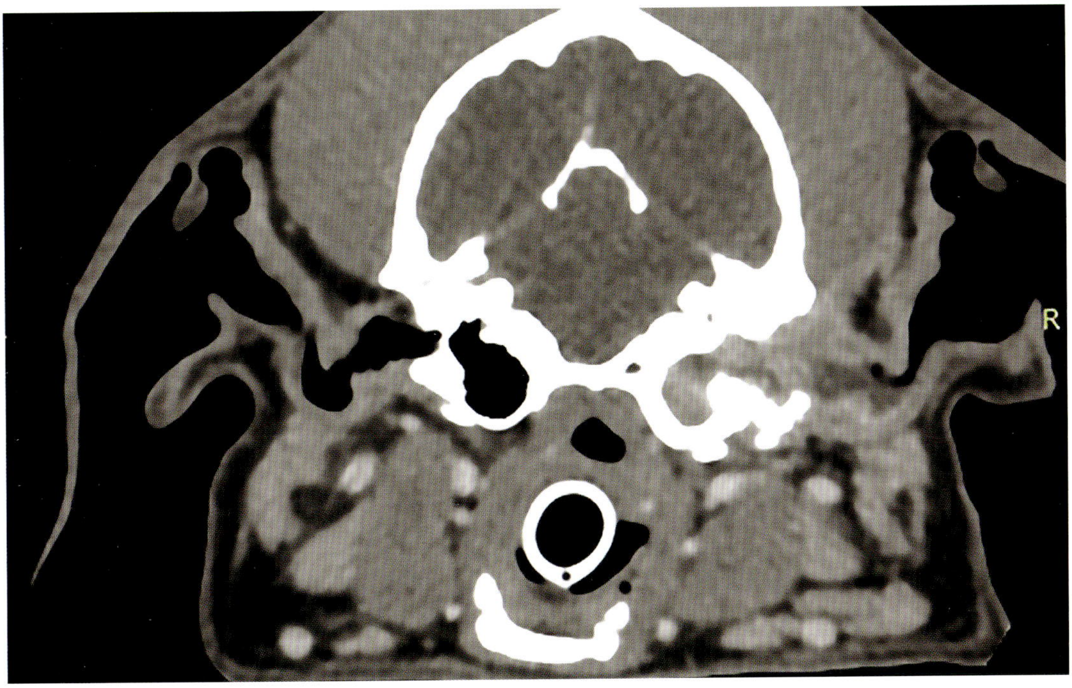

图 5.92 横向CT软组织窗。注射造影剂后（图5.90），表现为右侧外耳炎和中耳炎（图片来源：由Centro Veterinario Futuravet提供）

5.2.3.1.3 原发性分泌性中耳炎

原发性分泌性中耳炎是一种常见且几乎仅见于骑士查理王小猎犬的综合征。获得诊断的年龄范围为11月龄至12岁。受影响个体鼓室内充满无菌黏液物质，它可以是单侧的或双侧的。这种情况可能会引发头部和颈部区域的疼痛和其他感觉，类似于脊髓空洞症（SM）的临床症状。两种疾病在该品种中经常同时存在，应区别对待以采取适当的治疗。患有原发性分泌性中耳炎的犬经常表现为耳聋，并可能出现神经系统症状，例如霍纳综合征和前庭综合征。通过观察膨出的松弛部可以进一步怀疑原发性分泌性中耳炎（图5.93）。

影像学(CT/MRI)作为脊髓空洞症检查的一部分和/或由于耳聋和/或神经症状而进行的检查，可识别鼓室内的软组织不透性。在无症状病例中，这可能是偶然发现。通常通过鼓膜切开术后发现无菌黏液来确诊。用导管冲洗和抽吸（图5.94）以及使用耳刷收集和去除黏液物质（图5.95）。清洁耳朵后，将N-乙酰半胱氨酸(NAC)溶液冲洗到鼓泡中可稀释黏液的稠度。

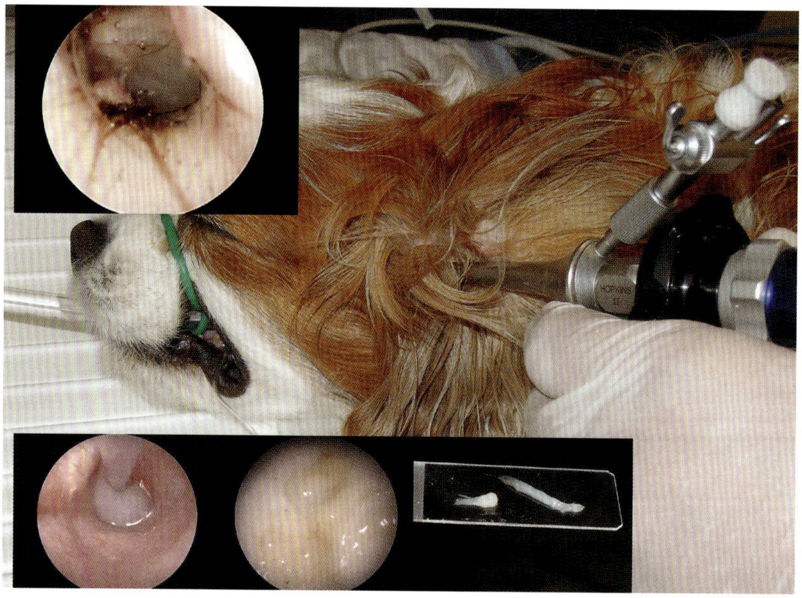

图 5.93　VOE图像。骑士查理王小猎犬(CKCS)，患有原发性分泌性中耳炎的犬。图中可以看到膨出的鼓膜和白色的黏液物质

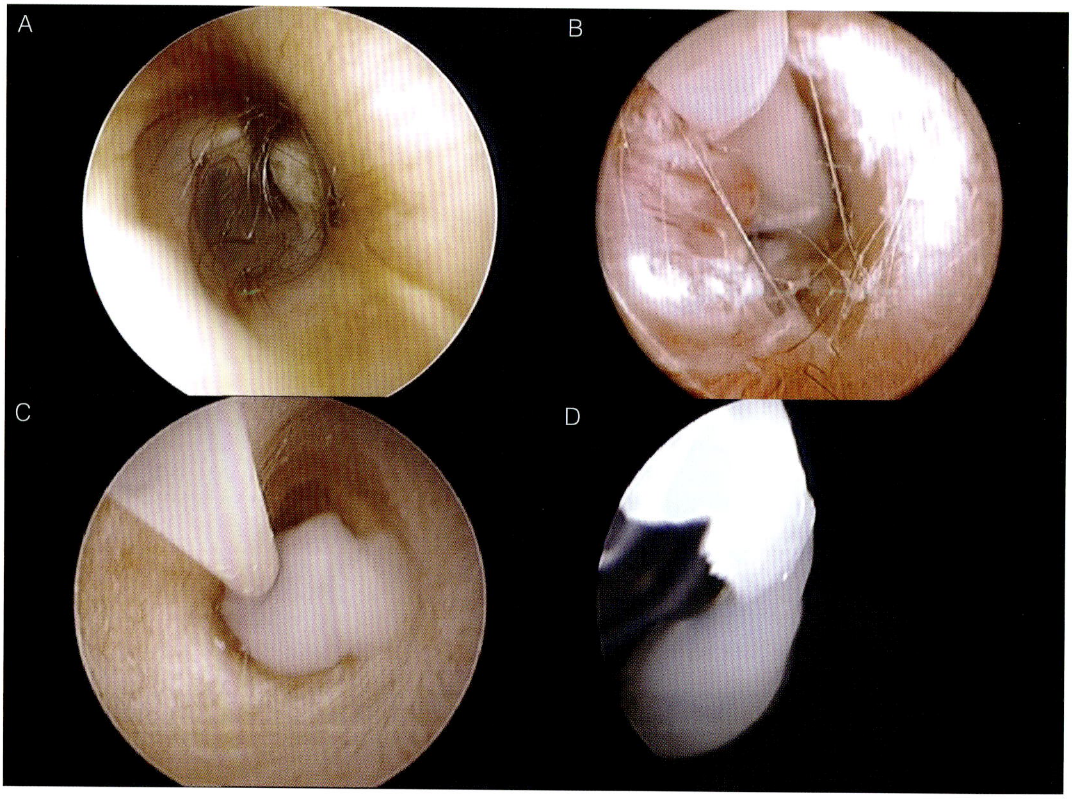

图 5.94　VOE图像。一只患有原发性分泌性中耳炎的骑士查理王小猎犬。图像（A～D）描述了通过导管冲洗和抽吸技术去除黏液物质

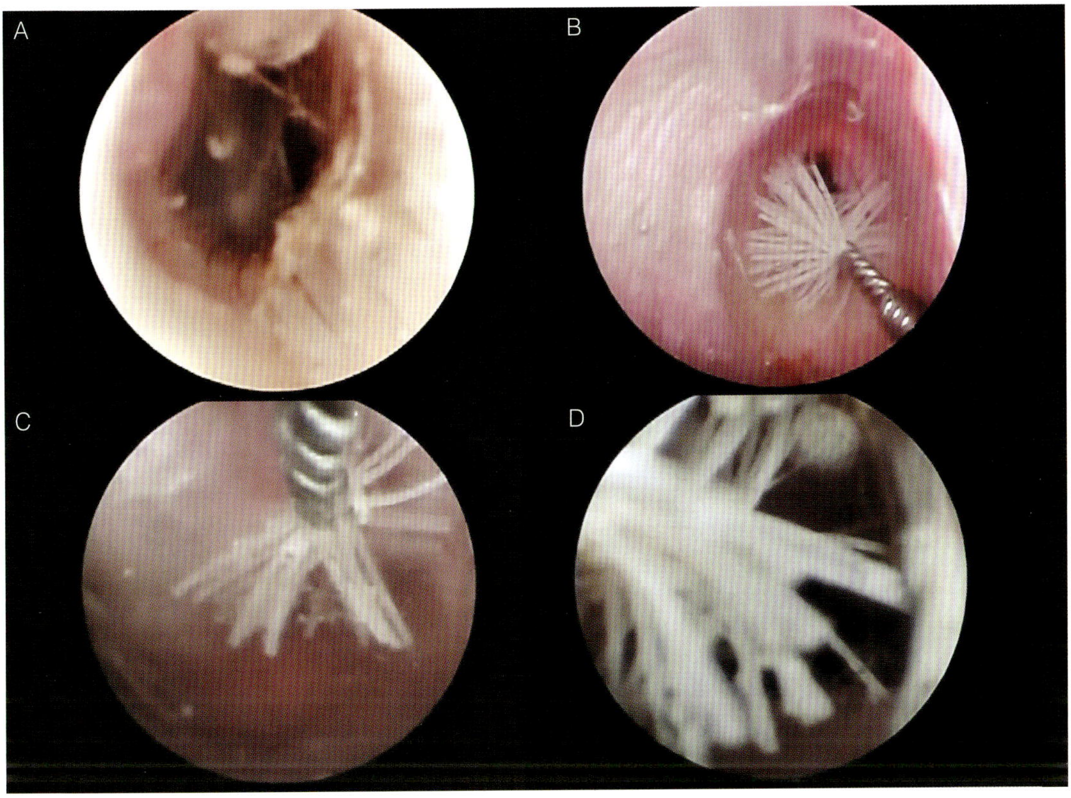

图 5.95 VOE图像。一只患有原发性分泌性中耳炎的骑士查理王小猎犬。图像（A～D）描述了使用耳毛刷技术去除黏液物质

5.2.3.1.4 新生物

- 犬猫炎性息肉

炎性息肉是耳朵和/或鼻咽部内的良性带蒂“粉红色”结节。怀疑它们源自鼓室的呼吸上皮或耳道。炎性息肉的发病机制尚不清楚，然而，兽医界认为它们是由于长期炎症过程和咽鼓管功能障碍而产生的。传统诊断方法涉及通过颅骨X线片或CT扫描对鼓泡进行成像。犬的炎性息肉发病频率低于猫（图5.96），可发生在单侧或双侧。由于诊断成像的广泛使用，猫双侧炎性息肉的诊断其实并不少见。

患有单侧化脓性耳炎的幼猫通常有一个炎性息肉，它穿过鼓膜并占据部分外耳道（图5.97）。或者，炎性息肉可以生长到上鼓室隐窝并引起早期神经症状（头部倾斜、霍纳综合征、耳聋），而鼓膜保持完整（图5.98）。治疗包括息肉牵拉和撕脱术（图5.99）或腹侧鼓泡截骨术（VBO）。复发的概率取决于几个因素：操作者的技能（用双向旋转的

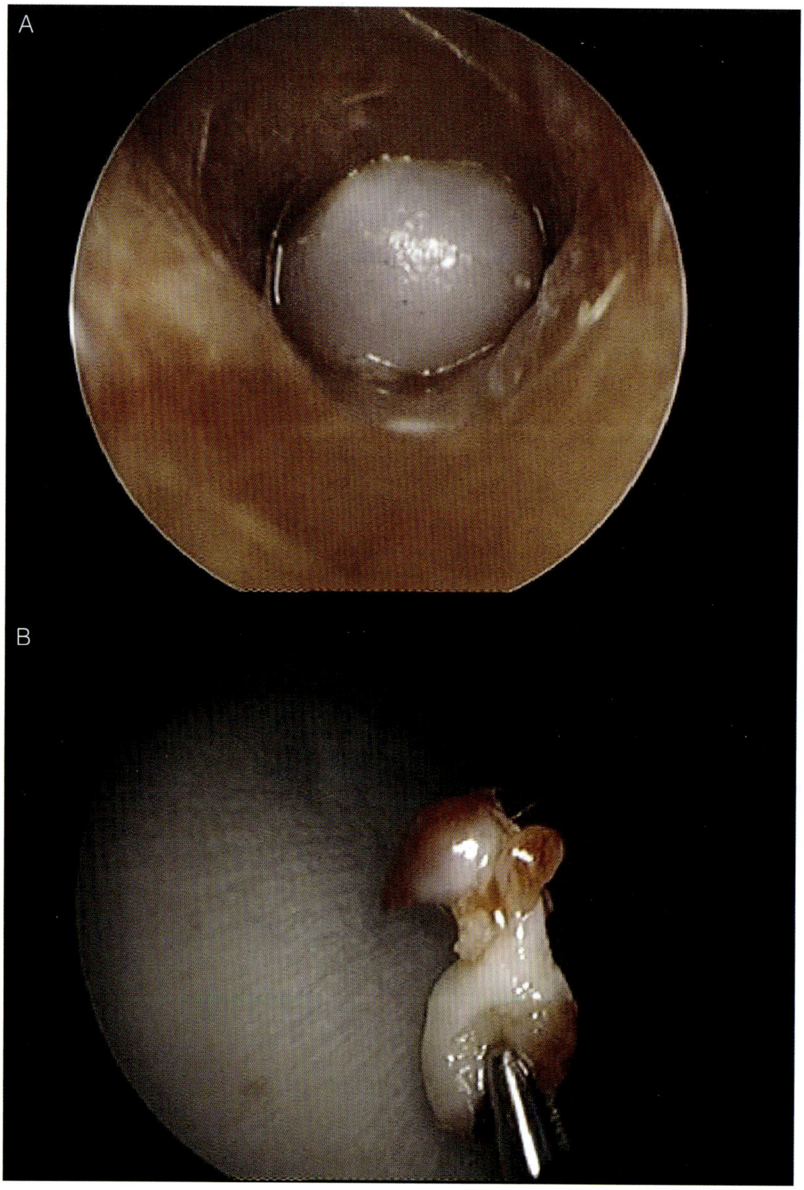

图 5.96　VOE图像。犬的炎性息肉。耳道内可见炎性息肉(A)以及息肉被牵拉和撕脱后(B)

钳子做出正确的动作，并在牵拉之前等待息肉慢慢脱落)；细胞学（图5.100）和组织学（图5.101）检查可确诊。

撕脱后，建议识别并确保具有咽鼓管解剖学特点的炎性息肉已被移除（图5.102）。另一个因素是息肉的性质：有些息肉紧凑且易于去除，而另一些则易碎。使用牵引移除，57%的病例可能会复发，而内镜下经鼓室牵引(PTT)技术的复发率为13.5%，腹侧鼓泡

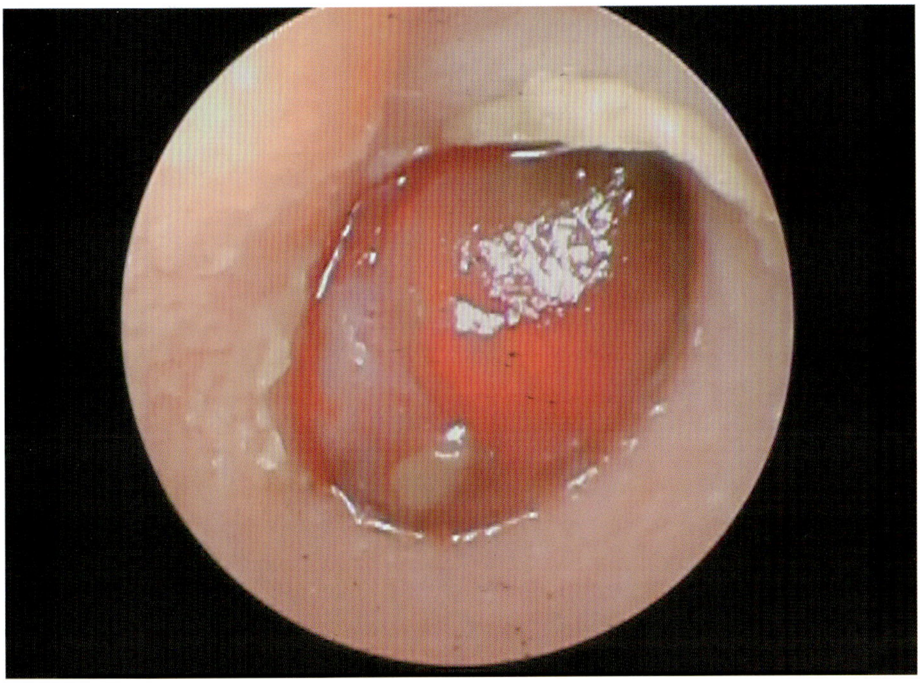

图 5.97 VOE图像。猫的炎性息肉。耳道内可见淡红色且光滑的炎性息肉

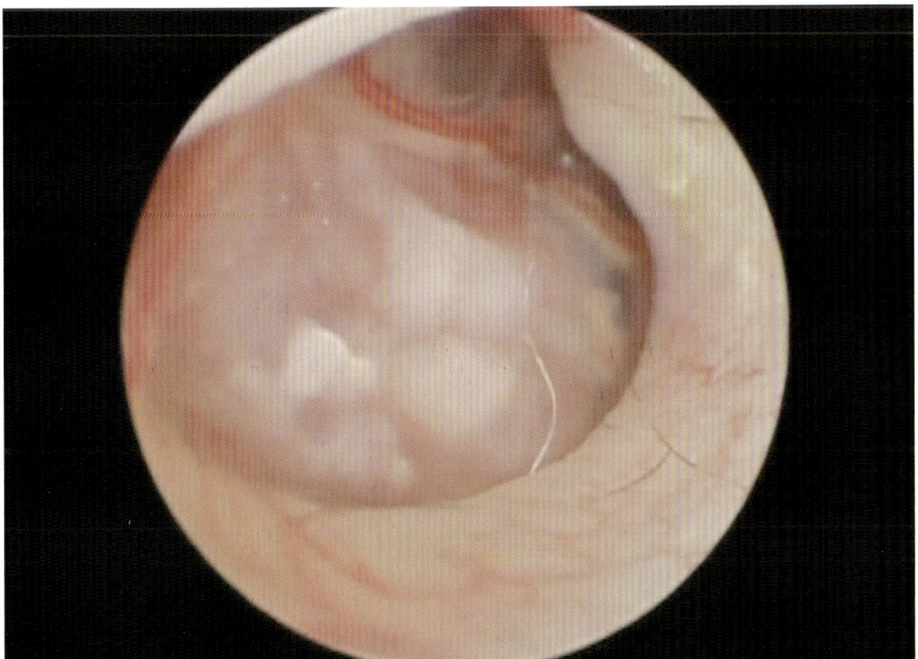

图 5.98 VOE图像。猫的炎性息肉。可以看到完整的病态鼓膜。鼓膜内面后方有一个小的炎性息肉

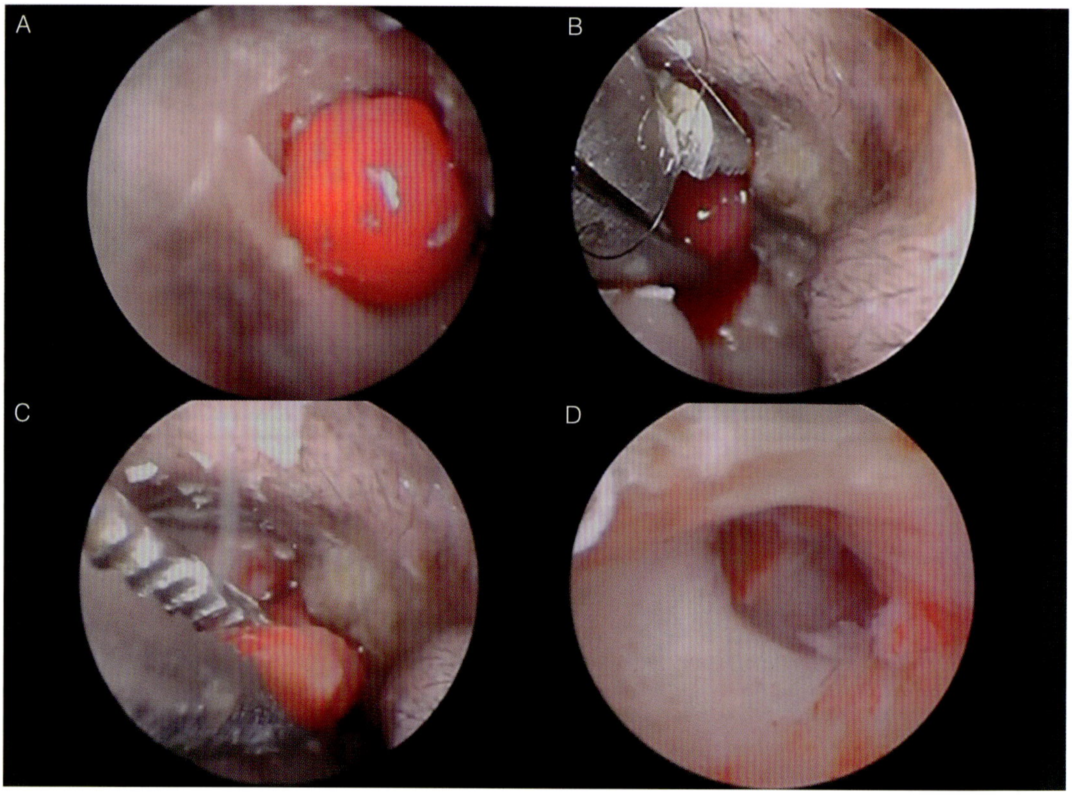

图 5.99 VOE图像。猫的炎性息肉。在系列图像中，耳内镜下使用手术钳进行牵拉和撕脱操作

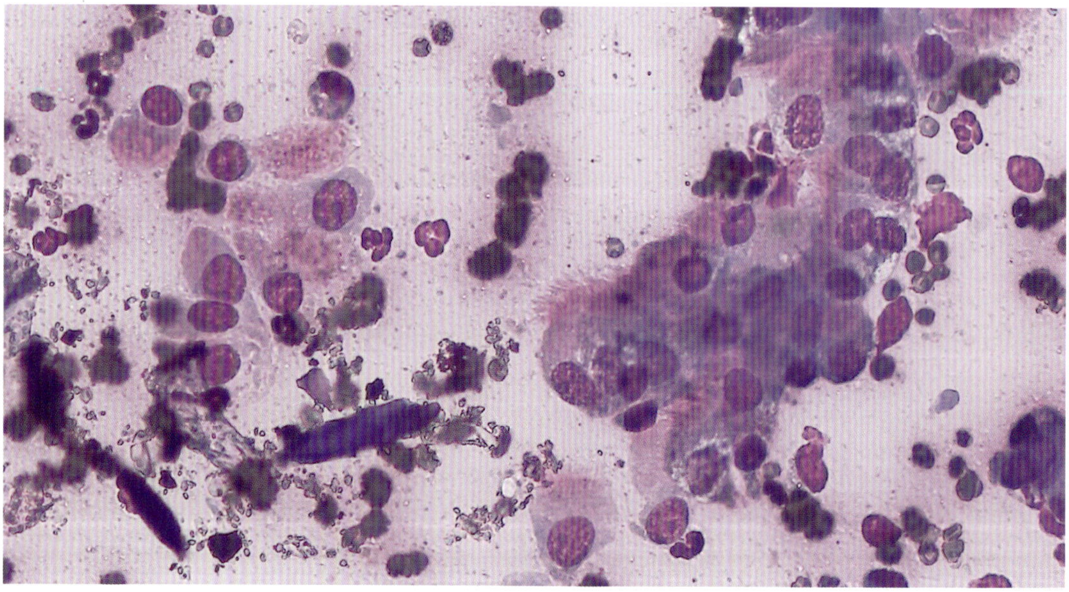

图 5.100 显微镜检查。猫耳朵炎性息肉的细胞学检查。可见上皮细胞具有纤毛以及中性粒细胞和红细胞。该细胞学图片提示存在炎性息肉（Diff Quick染色，40× 高倍视野）

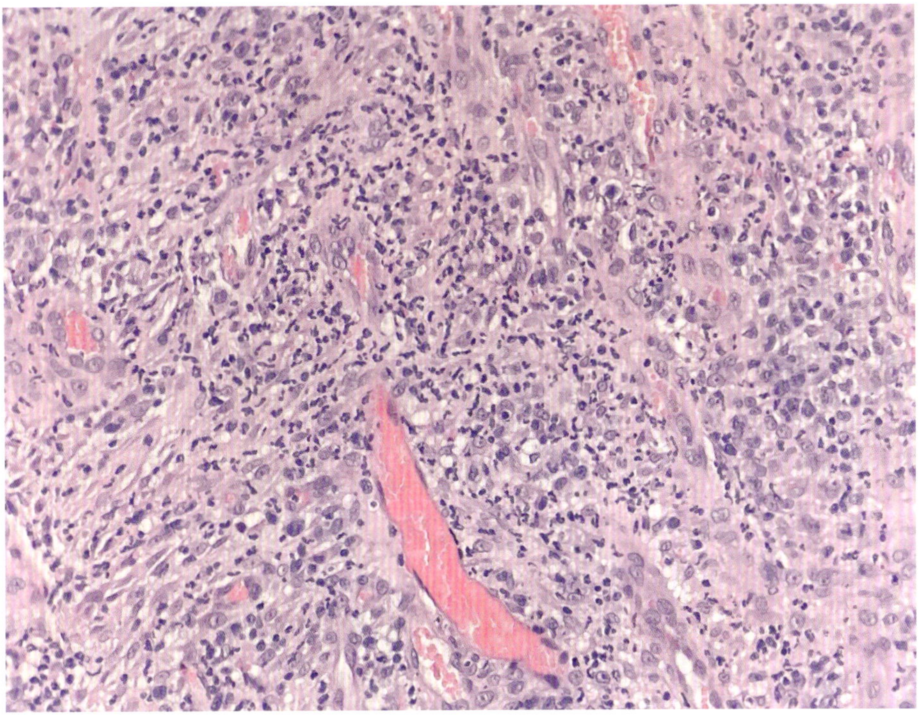

图 5.101 显微镜检查。组织病理学。猫的耳道炎性息肉。真皮组织中未见附件，完全由伴有淋巴浆细胞的混合性脓性肉芽肿性炎症组成（苏木精和伊红染色，40×高倍视野）（图片来源：由Francesco Albanese 提供）

截骨术的复发率为0%～33%。然而，必须考虑到手术方法更有可能导致霍纳综合征和歪头等神经症状，并且这些症状可能是永久性的（57%～81%）。此外，对于复发的息肉进行重复VOE牵拉和撕脱手术仅需再进行一次麻醉，而对于经历过手术的患宠，不可能进行第二次手术。

• 胆脂瘤（鼓膜角化瘤）

胆脂瘤是由于鼓泡内负压导致鼓膜内陷到背侧鼓室而形成的。在犬身上，通常是获得性的，与慢性外耳炎、中耳炎和/或耳道功能异常有关。

最初，这些病灶可能很小、无症状，并且是在影像学、VOE和/或手术(TECABO)过程中偶然被发现的。随着时间的推移，鼓室内膨胀的肿块会引起临床症状。

此外，复发性外耳炎可能是由鼓膜角化瘤压迫鼓膜并使其破裂引起的（图5.103和图5.104）。影像学，例如MRI或CT（图5.105）检查，以及VOE检查后，会怀疑诊断，并通过组织学检查确认（图5.106）。推迟诊断的胆脂瘤病例预后需谨慎，因为肿块扩张

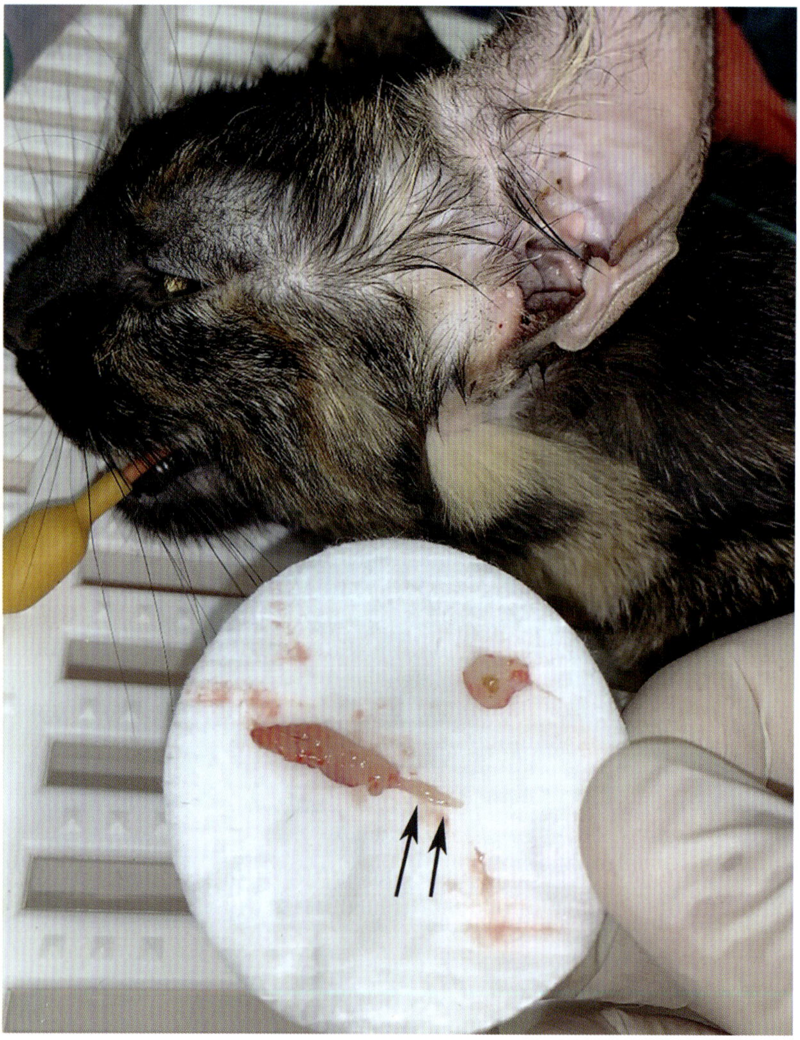

图 5.102 临床图像。撕脱后的猫炎性息肉的大小和形状。注意尾巴（黑色箭头）

造成的损伤可能导致鼓泡破裂和周围组织炎症。这些终末期胆脂瘤的生物学行为类似于肿瘤。

- 肿瘤

在良性肿瘤病变中，有乳头状腺瘤（犬、猫）、咽鼓管腺瘤（犬）和纤维黏液瘤（犬）的病例报道。

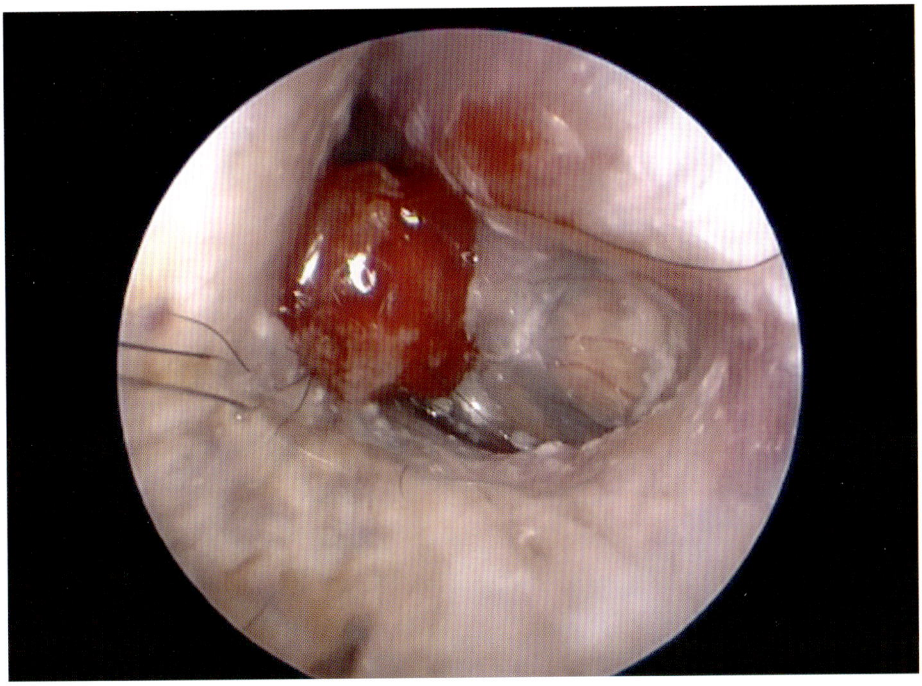

图 5.103 VOE图像。犬的鼓膜角化瘤。肿块已造成鼓膜破裂并伸入耳道

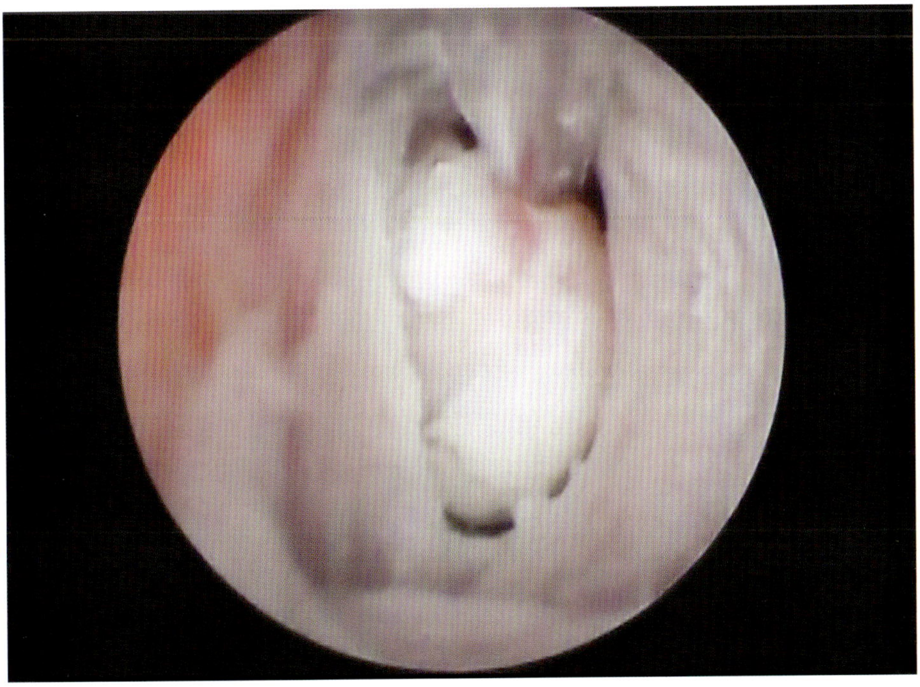

图 5.104 VOE图像。犬的胆脂瘤。在耳朵清洁过程中可见苍白色的肿块造成鼓膜破裂

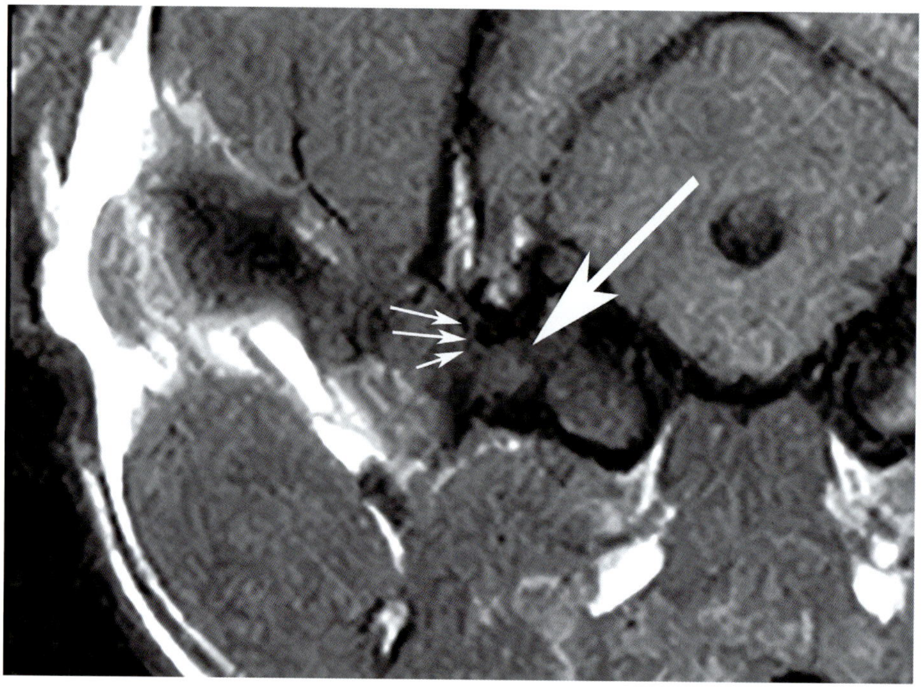

图 5.105　患有双侧中耳炎的法国斗牛犬的横向MRI造影后T1加权图像。可见一小的鼓膜角化瘤（大白色箭头）附着在鼓膜内表面（小白色箭头）（图片来源：由Norad Diagnostica提供）

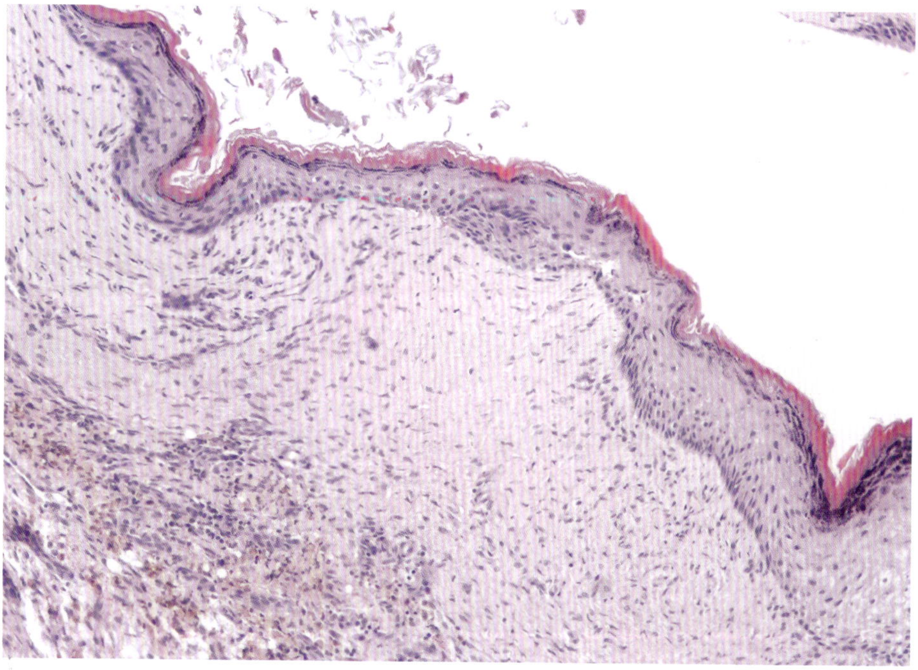

图 5.106　显微镜检查。组织病理学。犬的鼓膜角化瘤（见图 5.103）。病灶由复层鳞状角化上皮组成，后者由纤维间质支持，在纤维间质中可见中度淋巴浆细胞浸润和脓性肉芽肿性炎症（苏木精和伊红染色，40× 高倍视野）（图片来源：由Giancarlo Avallone提供）

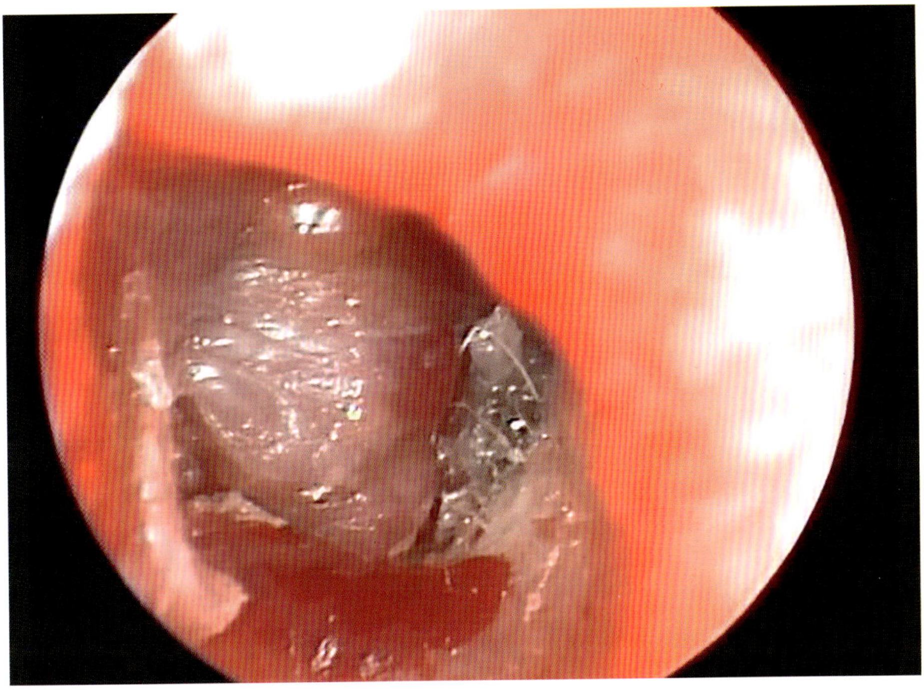

图 5.107 VOE图像。猫的中耳炎、淋巴瘤。肿块生长至耳道腔并占据右侧鼓泡

中耳恶性肿瘤包括腺癌和鳞状细胞癌（在猫中最常见）、纤维肉瘤（在猫中有报道）、淋巴瘤（在猫中有报道）（图5.107）、副神经节瘤（在犬中有报道）和骨原发性肉瘤（骨肉瘤、软骨肉瘤）。

5.2.3.1.5 耳聋的诊断

主人怀疑犬猫耳聋的信息可以为诊断提供帮助，但需要进行客观测试来确诊。例如，如果犬猫做出向不同方向移动的反应（不得与人进行目光接触），则主人可以怀疑单侧耳聋。另一方面，如果主人发出过大声音，患宠却没有反应，则怀疑双侧耳聋。脑干听觉诱发反应（BAER）测试可以在全身麻醉下与VOE检查和诊断成像（CT或MRI）同时进行，或者在镇静状态下与多频率鼓室导抗测试(WBT)一起进行。

脑干听觉诱发反应是一项客观测试，用于测量犬猫对声音刺激的听力反应。它是通过将3个小针电极连接在皮肤下并将柔软的泡沫耳塞放入耳道来进行的。设备发出特定强度(60～100dB)的声音，通常是咔嗒声，以分贝(dB)为单位。该设备记录耳蜗和脑干对声音的电反应（图5.108）。每只耳朵分别进行测试，响应波形由一系列用罗马数字Ⅰ到Ⅴ编号的峰值组成（图5.109）。第一个峰值指的是听神经远端部分的整体电位，如果

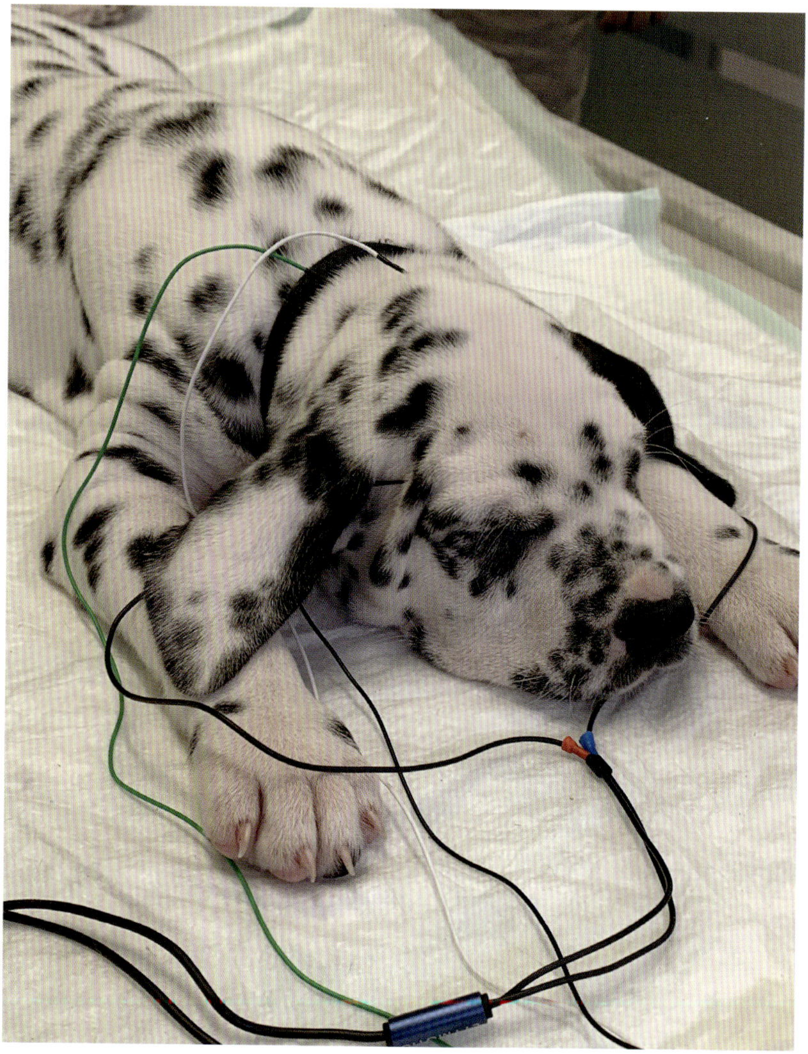

图 5.108 临床图像。2月龄的大麦町幼犬在进行脑干听觉诱发反应测试

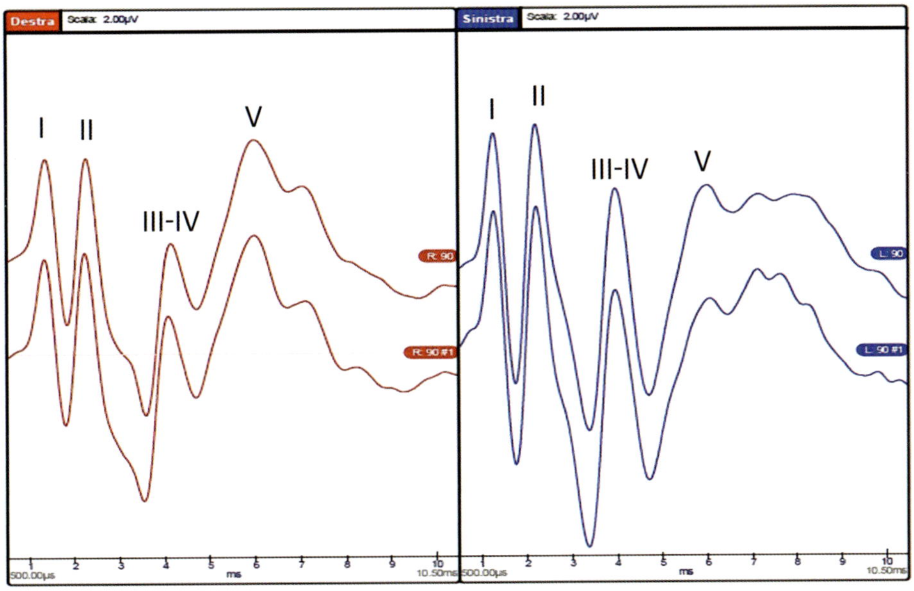

图 5.109 犬的典型的脑干听觉诱发反应测试—Evocorti©波形（图片来源：由Audiocorti©提供，意大利）

缺乏，则表明前庭耳蜗神经缺损。

它适用于狭窄性外耳炎和中耳炎，因为在这些情况下经常发生传导性耳聋。一旦病因得到控制，应进行另一次脑干听觉诱发反应测试，以了解耳聋是暂时性的还是永久性的。对于易发品种的幼犬（例如大麦町犬、阿根廷杜高犬、斗牛梗），脑干听觉诱发反应测试是诊断先天性遗传性感应神经性耳聋发作的首选测试。有必要结合VOE检查来排除某种形式的传导性耳聋（例如耵聍性外耳炎）并评估鼓膜的完整性。

多频率鼓室导抗测试通过瞬态宽频刺激来评估中耳功能和鼓膜的活动性，以捕获宽频率范围内的中耳行为。例如，Vetwave©分析100～1500Hz之间每个频率的声导纳以及每只耳朵的导纳峰值（图5.110）。这是一种非侵入性测试，因为它是在不对耳道施加机械压力变化的情况下进行的。

最后，表5.3总结了中耳炎和内耳炎期间可能出现的神经症状及其相关的神经功能缺损（图5.111～图5.113）。

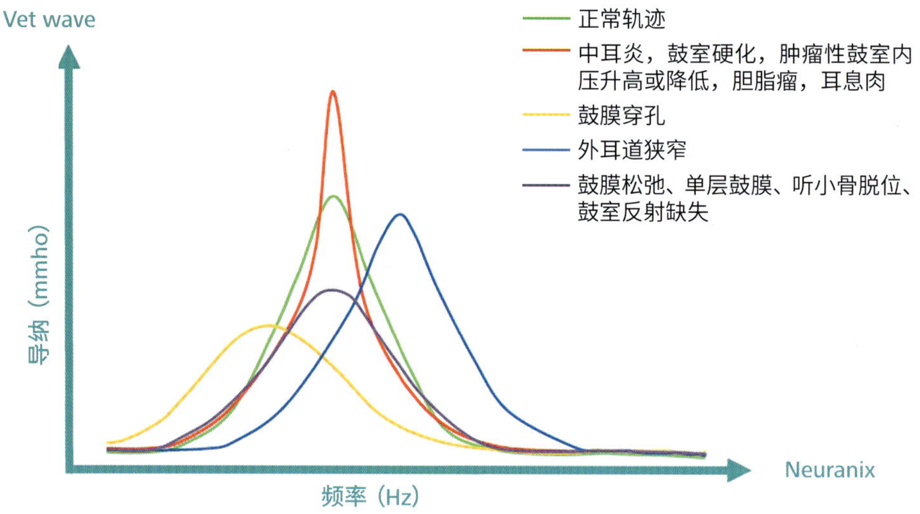

图 5.110 不同条件下的不同多频率鼓室导抗测试Vetwave©波形（图片来源：由Neuranix©提供，意大利）

表 5.3 患有中耳炎和内耳炎的犬猫的临床神经症状

缺损	神经症状
前庭功能障碍 涉及的脑神经：前庭蜗神经（VIII）	眼球震颤、斜视、歪头（图5.111）以及平衡和运动异常，例如共济失调、转圈、跌倒或滚动 耳聋 其他临床症状可能包括姿势缺陷、呕吐、行为改变、霍纳综合征
面神经麻痹 涉及脑神经：面神经（VII）	患侧耳朵下垂（立耳犬更明显） 如果副交感神经功能受到影响，受影响一侧可能会出现干眼和干鼻（鼻干燥，图5.112）
影响交感神经通路的病变	霍纳综合征（图5.113）

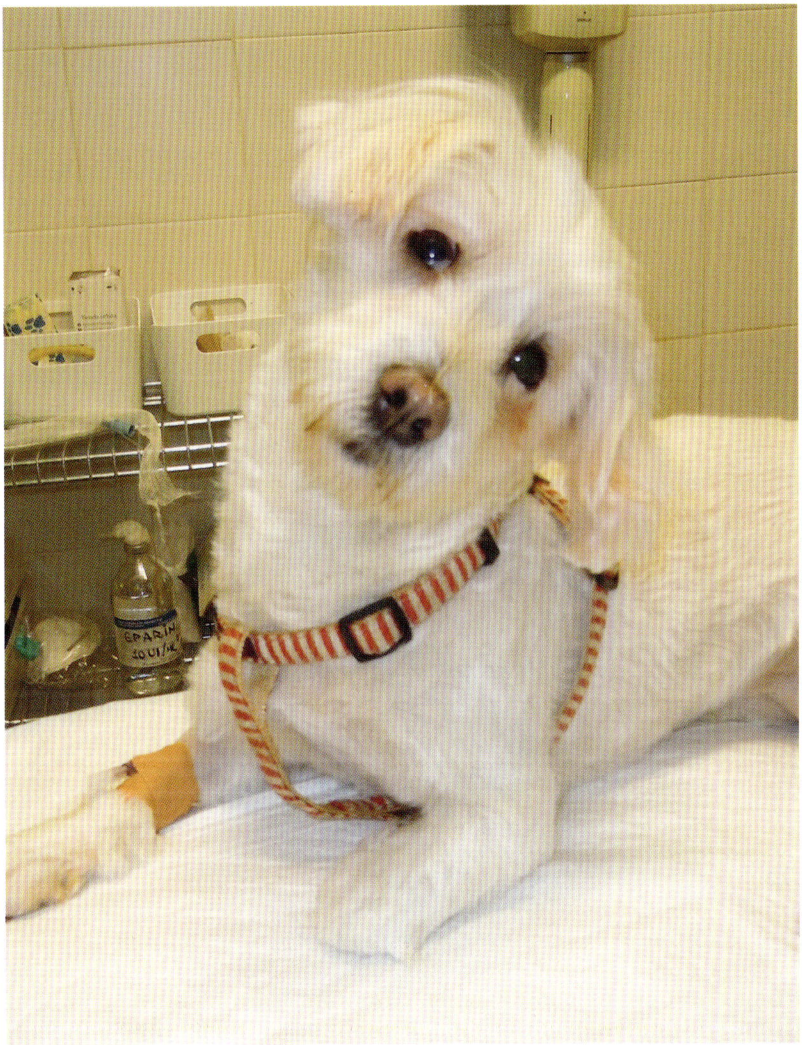

图 5.111 临床图像。患有单侧中耳炎和内耳炎的犬出现歪头症状

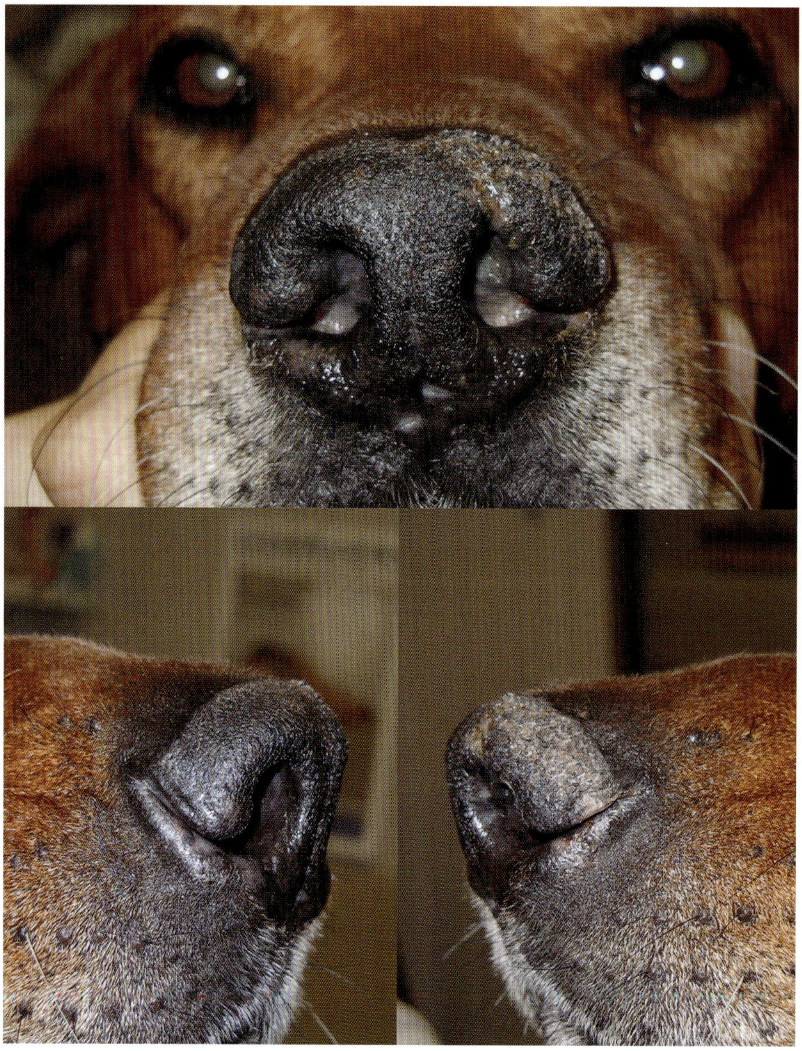

图 5.112 临床图像。患有左侧单侧中耳炎的犬可见干燥的鼻子（鼻干燥，交感神经鼻）

图 5.113 临床图像。患有右侧单侧中耳炎和内耳炎的犬出现霍纳综合征（图片来源：由Vincenzo Montinaro提供）

延伸阅读

Allgoewer I, Lucas S, Schmitz SA (2000) Magnetic resonance imaging of the normal and diseased feline middle ear. Vet Radiol Ultrasound 41(5):413–418

Anders BB et al (2008) Analysis of auditory and neurologic effects associated with ventral bulla osteotomy for removal of inflammatory polyps or nasopharyngeal masses in cats. J Am Vet Med Assoc 233(4):580–585

Angus JC, Campbell KL (2001) Uses and indications for video-otoscopy in small animal practice. Vet Clin North Am Small Anim Pract 31(4):809–828

Banco B, Grieco V et al (2014) Canine aural cholesteatoma: a histological and immunohistochemical study. Vet J 200(3):440–445

Benigni L, Lamb C (2006) Diagnostic imaging of ear disease in the dog and cat. Practice 28:122–130

Beula AP et al (2014) Importance of ear and face abnormalities in cat eye syndrome – a prenatal and postnatal report. Eur J Biotechnol Biosci 1(4):12–15

Bichsel P, Schärer V (1985) Un néoplasme de l'oreille moyenne à l'origine d'un syndrôme vestibulaire chez le chien [A neoplasm of the middle ear causing a vestibular syndrome in a dog]. Schweiz Arch Tierheilkd 127(11):717–722

Bischoff MG, Kneller SK (2004) Diagnostic imaging of the canine and feline ear. Vet Clin North Am Small Anim Pract 34(2):437–458

Classen J et al (2016) Comparison of ultrasound imaging and video otoscopy with cross-sectional imaging for the diagnosis of canine otitis media. Vet J 217:68–71

Cole LK (2009) Anatomy and physiology of the canine ear. Vet Dermatol 20(5–6):412–421

Cole LK (2011) Otoscopy. In: Tams TR, Rawlings CA (eds) Small animal endoscopy, vol 20, 3rd edn. Elsevier – Mosby, St. Louis, MO, pp 587–605

Cole LK, Kwochka KW et al (1998) Microbial flora and antimicrobial susceptibility patterns of isolated pathogens from the horizontal ear canal and middle ear in dogs with otitis media. J Am Vet Med Assoc 212(4):534–538

Cole LK, Samii VF et al (2015) Diagnosis of primary secretory otitis media in the cavalier King Charles spaniel. Vet Dermatol 26(6):459–466

Dickie AM et al (2003a) Ultrasound imaging of the canine tympanic bulla. Res Vet Sci 75:121–126

Dickie AM et al (2003b) Comparison of ultrasonography, radiography and a single computed tomography slice for the identification of fluid within the canine tympanic bulla. Res Vet Sci 75:209–216

Fernandez M et al (2020) Invasive histiocytoma in the ear canal of a dog. Vet Dermatol 31:317–e80

Garosi LS, Dennis R, Schwarz T (2003) Review of diagnostic imaging of ear diseases in the dog and cat. Vet Radiol Ultrasound 44(2):137–146

Ghibaudo G (2010) Principi di video-otoendoscopia nel cane e nel gatto. Poletto Editore, Milan, p 109

Ghibaudo G (2011) Otoendoscopia, Chapter 9. In: Bottero E, Ruggiero P (eds) Endoscopia negli animali d'affezione. Testo Atlante. Poletto Editore, Milan, pp 157–172

Greci V, Mortellaro CM (2016) Management of otic and nasopharyngeal, and nasal polyps in cats and dogs. Vet Clin North Am Small Anim Pract 46(4):643–661

Greci V, Vernia E, Mortellaro CM (2014) Per-endoscopic trans-tympanic traction for the management of feline aural inflammatory polyps: a case review of 37 cats. J Feline Med Surg 16(8): 645–650

Hargis AM, Thomassen RW (1980) Adenoma of the epithelium lining the eustachian tube in a beagle dog. Vet Pathol 17(2):238–240

Hoppers SE, May ER, Frank LA (2020) Feline bilateral inflammatory aural polyps: a descriptive retrospective study. Vet Dermatol 31(5):385

Imai A, Kondo H et al (2019) Clinical analysis and nonsurgical management of 11 dogs with aural cholesteatoma. Vet Dermatol 30(1):42

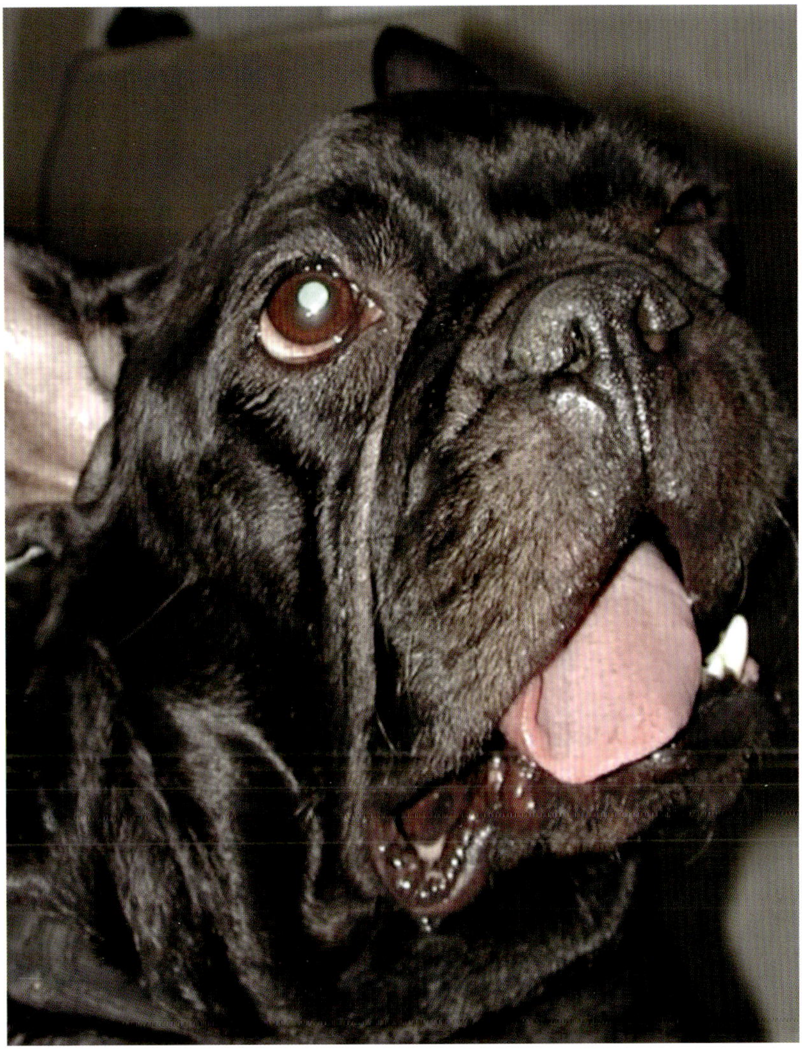

图 5.113 临床图像。患有右侧单侧中耳炎和内耳炎的犬出现霍纳综合征（图片来源：由Vincenzo Montinaro提供）

延伸阅读

Allgoewer I, Lucas S, Schmitz SA (2000) Magnetic resonance imaging of the normal and diseased feline middle ear. Vet Radiol Ultrasound 41(5):413–418

Anders BB et al (2008) Analysis of auditory and neurologic effects associated with ventral bulla osteotomy for removal of inflammatory polyps or nasopharyngeal masses in cats. J Am Vet Med Assoc 233(4):580–585

Angus JC, Campbell KL (2001) Uses and indications for video-otoscopy in small animal practice. Vet Clin North Am Small Anim Pract 31(4):809–828

Banco B, Grieco V et al (2014) Canine aural cholesteatoma: a histological and immunohistochemical study. Vet J 200(3):440–445

Benigni L, Lamb C (2006) Diagnostic imaging of ear disease in the dog and cat. Practice 28:122–130

Beula AP et al (2014) Importance of ear and face abnormalities in cat eye syndrome – a prenatal and postnatal report. Eur J Biotechnol Biosci 1(4):12–15

Bichsel P, Schärer V (1985) Un néoplasme de l'oreille moyenne à l'origine d'un syndrôme vestibulaire chez le chien [A neoplasm of the middle ear causing a vestibular syndrome in a dog]. Schweiz Arch Tierheilkd 127(11):717–722

Bischoff MG, Kneller SK (2004) Diagnostic imaging of the canine and feline ear. Vet Clin North Am Small Anim Pract 34(2):437–458

Classen J et al (2016) Comparison of ultrasound imaging and video otoscopy with cross-sectional imaging for the diagnosis of canine otitis media. Vet J 217:68–71

Cole LK (2009) Anatomy and physiology of the canine ear. Vet Dermatol 20(5–6):412–421

Cole LK (2011) Otoscopy. In: Tams TR, Rawlings CA (eds) Small animal endoscopy, vol 20, 3rd edn. Elsevier – Mosby, St. Louis, MO, pp 587–605

Cole LK, Kwochka KW et al (1998) Microbial flora and antimicrobial susceptibility patterns of isolated pathogens from the horizontal ear canal and middle ear in dogs with otitis media. J Am Vet Med Assoc 212(4):534–538

Cole LK, Samii VF et al (2015) Diagnosis of primary secretory otitis media in the cavalier King Charles spaniel. Vet Dermatol 26(6):459–466

Dickie AM et al (2003a) Ultrasound imaging of the canine tympanic bulla. Res Vet Sci 75:121–126

Dickie AM et al (2003b) Comparison of ultrasonography, radiography and a single computed tomography slice for the identification of fluid within the canine tympanic bulla. Res Vet Sci 75:209–216

Fernandez M et al (2020) Invasive histiocytoma in the ear canal of a dog. Vet Dermatol 31:317–e80

Garosi LS, Dennis R, Schwarz T (2003) Review of diagnostic imaging of ear diseases in the dog and cat. Vet Radiol Ultrasound 44(2):137–146

Ghibaudo G (2010) Principi di video-otoendoscopia nel cane e nel gatto. Poletto Editore, Milan, p 109

Ghibaudo G (2011) Otoendoscopia, Chapter 9. In: Bottero E, Ruggiero P (eds) Endoscopia negli animali d'affezione. Testo Atlante. Poletto Editore, Milan, pp 157–172

Greci V, Mortellaro CM (2016) Management of otic and nasopharyngeal, and nasal polyps in cats and dogs. Vet Clin North Am Small Anim Pract 46(4):643–661

Greci V, Vernia E, Mortellaro CM (2014) Per-endoscopic trans-tympanic traction for the management of feline aural inflammatory polyps: a case review of 37 cats. J Feline Med Surg 16(8): 645–650

Hargis AM, Thomassen RW (1980) Adenoma of the epithelium lining the eustachian tube in a beagle dog. Vet Pathol 17(2):238–240

Hoppers SE, May ER, Frank LA (2020) Feline bilateral inflammatory aural polyps: a descriptive retrospective study. Vet Dermatol 31(5):385

Imai A, Kondo H et al (2019) Clinical analysis and nonsurgical management of 11 dogs with aural cholesteatoma. Vet Dermatol 30(1):42

Janssens SDS, Haagsman AN, Haar GT (2017) Middle ear polyps: results of traction avulsion after a lateral approach to the ear canal in 62 cats (2004–2014). J Feline Med Surg 19(8):803–808

Little CJ, Pearson GR, Lane JG (1989) Neoplasia involving the middle ear cavity of dogs. Vet Rec 124(3):54–57

Little CJ, Lane JG et al (1991) Inflammatory middle ear disease of the dog: the clinical and pathological features of cholesteatoma, a complication of otitis media. Vet Rec 128:319–322

London CA, Dubilzeig RR et al (1996) Evaluation of dogs and cats with tumors of the ear canal: 145 cases (1978–1992). J Am Vet Med Assoc 208:1413–1418

Lorek A, Dennis R et al (2020a) Occult otitis media in dogs with chronic otitis externa - magnetic resonance imaging and association with otoscopic and cytological findings. Vet Dermatol 31(2): 146–153

Lorek A et al (2020b) Occult otitis media in dogs with chronic otitis externa - magnetic resonance imaging and association with otoscopic and cytological findings. Vet Dermatol 31(2):146–153

Moisan PG, Watson GL (1996) Ceruminous gland tumors in dogs and cats: a review of 124 cases. J Am Anim Hosp Assoc. 32(5):448–452

Pratschke KM (2003) Inflammatory polyps of the middle ear in 5 dogs. Vet Surg 32(3):292–296

Reinbacher E et al (2020) Myringotomy in dogs: contamination rate from the external ear canal - a pilot study. Vet Anim Sci 10(100125):18

Rezaei M, Mahmoudi T, Ebrahimi M et al (2015) First report of microtia in dog. Comp Clin Pathol 24:699–702

Rohlerder JJ et al (2006) Comparative performance of radiography and computed tomography in the diagnosis of middle ear disease in 31 dogs. Vet Radiol Ultrasound 47(1):45–52

Rosychuk RA (1994) Management of otitis externa. Vet Clin North Am Small Anim Pract. 24(5): 921–952

Rosychuk R (2021) Video otoscopy. In: Mccarthy T (ed) Veterinary endoscopy for the small animal practitioner, vol 10, 2nd edn. Wiley, Boca Raton, FL, pp 637–659

Russo M et al (2002) Computed tomographic anatomy of the canine inner and middle ear. Vet Radiol Ultrasound 43(1):22–26

Schmidt K, Piaia T, Bertolini G et al (2007) External auditory canal atresia of probable congenital origin in a dog. J Small Anim Pract. 48(4):233–236

Shahnaz N, Feeney MP, Schairer KS (2013) Wideband acoustic immittance normative data: ethnicity, gender, aging, and instrumentation. Ear Hear. 34(Suppl 1):27S–35S

Simpson D (1997) Atresia of the external acoustic meatus in a dog. Aust Vet J 75:18–20

Sobel DS (2012) Endoscopy of the canine and feline ear: otoendoscopy. In: Ragni SA, Moore AH (eds) Clinical manual of small animal endosurgery, vol 9, 1st edn. Blackwell Publishing, London, pp 256–272

Strain GM, Tedford L, Jackson RM (1994) Postnatal development of the brainstem auditory-evoked potential in dogs. Am J Vet Res 52:410